新型低维材料性能及其在光电器件中的应用研究

XINXING DIWEI CAILIAO XINGNENG JIQI ZAI
GUANGDIAN QIJIAN ZHONG DE YINGYONG YANJIU

单　丹◎著

中国纺织出版社有限公司

内 容 提 要

本书围绕硅基纳米材料（纳米硅、纳米锗等）和新型钙钛矿材料（碘酸铅甲胺和三溴化铅铯）的输运机制和器件应用展开探索。借助变温霍尔效应测试技术，系统研究了这两类材料的载流子输运性质，探讨了材料的界面态、晶粒间界和晶格声子等对载流子输运行为的影响，还深入研究了磷和硼的掺杂对纳米硅/锗材料载流子输运机制的影响。此外，本书中制备的钙钛矿薄膜电池在薄膜质量和电池性能方面均取得了显著的优势，为提高光伏器件的效率和稳定性提供了一种可行的途径。

本书适合作为材料领域科研从业人员的技术参考用书。

图书在版编目（CIP）数据

新型低维材料性能及其在光电器件中的应用研究 /
单丹著 .--北京：中国纺织出版社有限公司，2024.7
　　ISBN 978-7-5229-1751-1

　　Ⅰ.①新… Ⅱ.①单… Ⅲ.①低维物理-纳米材料-
应用-光电器件-研究 Ⅳ.①TB383②TN15

　　中国国家版本馆 CIP 数据核字（2024）第 089508 号

责任编辑：毕仕林 罗晓莉 责任校对：王花妮 责任印制：王艳丽

中国纺织出版社有限公司出版发行
地址：北京市朝阳区百子湾东里 A407 号楼 邮政编码：100124
销售电话：010—67004422 传真：010—87155801
http://wwwc-textilep.com
中国纺织出版社天猫旗舰店
官方微博 http://weibo.com/2119887771
三河市宏盛印务有限公司印刷 各地新华书店经销
2024 年 7 月第 1 版第 1 次印刷
开本：710×1000 1/16 印张：13.75
字数：268 千字 定价：98.00 元

前　言

随着半导体工艺技术和半导体材料制备技术的不断发展，新型低维半导体材料和光电子材料不断涌现。这些新型半导体功能材料具有新颖独特的物理性质，在未来纳电子和光电子器件中显示出良好的应用前景，因而引起了人们极大的研究兴趣。以半导体纳米硅材料为例，其所具有的量子尺寸效应、表面和界面效应等使其显示出与体硅材料不同的性能，因而有可能在全硅基太阳电池，硅基发光二极管、非易失性存储器、生物传感器等新型器件上得到应用。为提高相应器件的性能，需要对半导体材料中的载流子输运过程进行深入研究，进而结合材料微结构和光电行为的表征结果提出改善和提高材料性能的可能途径。因此，无论是从基础研究角度还是从器件应用角度，研究新型半导体材料的输运性质都具有重要的意义与价值。

本书围绕硅基纳米材料和新型钙钛矿材料（以碘酸铅甲胺和三溴化铅铯为主）展开。在对材料结构进行表征的基础上，借助变温霍尔效应测试技术，系统研究了这两类材料的载流子输运性质，特别是给出了载流子迁移率随温度变化的物理图像，结合结构的表征探讨了材料的界面态、晶粒间界和晶格声子等对载流子输运行为的影响。针对纳米硅/锗材料，还深入研究了磷和硼掺杂对载流子输运过程的影响，发现了不同掺杂浓度对材料导电类型和导电能力有显著作用，一定掺杂浓度还有助于改善载流子的迁移率。针对碘酸铅甲胺钙钛矿薄膜材料，不仅测得其载流子的迁移率，还通过不同退火温度下变温迁移率测试证实了少量碘化铅的析出可以有效钝化材料的晶界，从而提高了载流子迁移率。此外，在器件应用方面，本书中制备的钙钛矿薄膜电池在薄膜质量和电池性能方面均取得了显著的优势，为提高光伏器件的效率和稳定性提供了一种可行的途径。全文主要研究成果如下。

（1）利用热退火非晶硅薄膜技术制备了纳米硅/锗薄膜，研究了材料从非晶相向纳米晶相转变过程中微结构及电学性能的变化。在不同的温度范围内，硅基薄膜材料中载流子的输运机制有所不同。在测试温度低于400K时，晶界散射机制占据主导作用；而在较高的温区（>400K）则是声子散射机制占据主导作用。基于上述探讨的结果，结合相关测试给出了硅基薄膜材料中载流子输运的物理图像，发现晶粒间界对载流子的输运机制起着较大的作用。此外，还详细分析了硅基纳米薄膜中的载流子传导过程，在各个温度区域中观察到了3种不同的载流子传导过程。在高于300K的温度下，扩展态的热激活传导主导了载流子的传导过程。在260K以下的温度范围中，载流子传输过程以渗流跳跃传导为主，当温度降至90K以下时，传导过程主要体现为莫特变程跳跃传导。

（2）在对未掺杂的硅基薄膜材料研究的基础上，对磷掺杂和硼掺杂纳米硅基薄膜的结构及电学输运性能进行了分析和研究。通过霍尔效应测试系统，对材料进行了变温电导率的测试与分析，对比了不同的掺杂杂质、杂质的掺杂浓度对纳米硅/锗薄膜材料的微结构、电学性能以及载流子输运机制的影响。

（3）基于对掺杂纳米硅结构和电学性能的研究，我们研究了掺杂对硅基纳米材料中载流子迁移率的影响。通过制备不同掺杂浓度的纳米硅/锗薄膜，系统研究了磷和硼掺杂杂质在纳米硅/锗中不同的掺杂效率和掺杂行为。同时，我们还发现了通过杂质掺杂提高纳米硅/锗薄膜电学性能的有效途径，在适当的掺杂浓度下，可以得到同时具有较高迁移率和电导率的纳米硅/锗薄膜材料。

（4）通过"两步法"制备碘酸铅甲胺钙钛矿薄膜材料，研究了不同温度下退火的钙钛矿薄膜材料的电学性能，系统分析了散射机制在钙钛矿薄膜材料载流子传导过程中的作用。在器件应用方面，采用物理化学气相法制备的硫化镉基钙钛矿薄膜电池，在薄膜质量和电池性能方面均取得了显著的优势，为提高光伏器件的效率和稳定性提供了一种可行的途径。我们开发了一种创新的化学浴沉积法，这种创新的化学浴沉积法在三溴化铅铯钙钛矿太阳能电池中引入二氧化钛作为电子传输层，同时引入氯化钾作为缓冲层的策略，展现了良好的性能和稳定性。

本专著的专业性较强，可以作为电子科学与技术专业或微电子与固体电子学专业相关方向研究人员的科研参考资料，书中列出了近 600 篇参考文献下载地址，可供大家参考分析。

本专著编写过程中得到多方大力支持，首先要感谢南京大学电子科学与工程学院对本人的培养，感谢扬州工业职业技术学院领导的殷切关怀，同时还要感谢合肥工业大学童国庆教授、扬州大学曹蕴清老师、扬州市职业大学高云捷老师以及同门季阳博士和钱明庆硕士在专著撰写上给与本人的支持和帮助。限于笔者的学识、眼界和能力，专著中难免存在疏漏和不足之处，欢迎各位专家、读者和广大师生批评指正。

著者
2024 年 3 月

目　　录

第一章 绪论

1.1 引言

1.1.1 研究背景

硅(Si)作为地壳中含量第二丰富的元素,是当前半导体工业中最为重要的材料,也是微电子学发展的基石。从 19 世纪 70 年代起,硅材料的发展和硅平面工艺的不断进步,不仅促使了大规模和超大规模集成电路的飞跃,同时也使硅基材料在光电集成与硅光子学领域、纳米电子领域、光伏与新能源领域得到了广泛的应用。目前,硅基半导体器件占据了半导体产业中 95%以上的市场份额,以硅基微电子器件为代表的信息时代以前所未有的态势改变着人们的生活方式,推动着社会的飞速发展。

自 1948 年晶体管诞生以来,半导体微电子与集成电路的器件遵循着"摩尔定律"而不断发展着,即单个芯片上晶体管的数目将会以 18 个月翻一番、集成度提高一倍的速度增长,器件的特征尺寸不断减小。图 1-1 给出了 1970~2020 年摩尔定律的趋势发展图。以集成电路中最重要的微处理器为例,1971 年 Intel 推出第一个微处理器,其特征尺寸为 $10\mu m$,单个芯片上晶体管的数目为 2300 个;2014 年 Intel 公司推出了 22nm 尺寸的微处理器,其单个芯片上晶体管的集成度超过了 14.5 亿个。Intel 第十代酷睿处理器及 AMD 锐龙处理器都采用了 14nm 工艺,而目前主流的 Intel 第十一代酷睿处理器则采用的是 10nm 工艺。10nm 工艺的出现解决了 14nm 工艺的瓶颈问题,更小的结构尺寸使计算速度更快,能效更高。随着微电子器件集成度的不断提高、器件尺寸的不断减小,微电子器件已逐渐进入纳米电子时代,相比微电子器件,纳米电子器件有着更高的存储密度和集成度,同时还具有更低的功耗,它的出现将进一步促进集成电路的发展。但是,当器件尺寸处于数十纳米范围内时,其特征尺寸与室温下电子的德布罗意波长可相比拟,材料中的电子运动将受到限制,材料的微结构以及物理性质都会发生很大的变化,出现了不同于体材料的新颖的物理学效应,如量子限制效应、库仑阻塞效应、量子隧穿效应等。这些新效应的出现将极大地影响器件的性能,并导致基于纳米硅材料新型量子器件和光电子器件的出现。根据半导体微电子与集成电路产业未来的发展趋势,针对硅材料在纳米尺寸下的制备和性质研究已经成为当前科学研究的热门课题。

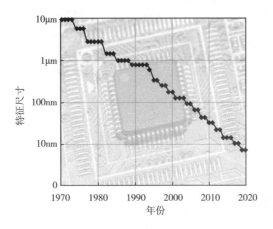

图 1-1　摩尔定律趋势图

1.1.2　纳米硅材料的特性

1.1.2.1　量子限制效应

量子限制效应(quantum confinement effect)是纳米硅的重要特性之一(图 1-2),它的基本内容是指当纳米硅的尺寸接近或小于硅的激子玻尔半径时,将形成量子化的能带结构,且材料的禁带宽度将随尺寸的减小而显著增大;同时,由于纳米硅中的电子和空穴在实空间受到限制,它们在 k 空间的波函数就将发生扩展,且纳米硅尺寸越小,其中电子和空穴波函数的交叠就越大,费米能级附近的电子能级由准连续变为离散能级或能隙变宽。对比体硅材料,低维材料中的电子在一个或者数个维度上的运动受到限制,其允许的实空间范围将变小,能带结构将发生显著变化。体硅材料对应于某个能量的能态密度 $\rho(E)$(单位体积内的能态数)可以表示为:

$$\rho(E) = \frac{1}{\pi^2}\left(\frac{m^*}{\hbar^2}\right)^{3/2}\sqrt{2E} \tag{1-1}$$

式中: m^* 指电子的有效质量。对于纳米硅量子点来说,其能态密度则可以用以下表达式来描述:

$$\rho(E) = 2\sum_{n_x,n_y,n_z}\delta(E-E_{n_x,n_y,n_z}) \tag{1-2}$$

将两个公式进行对比可以发现,当三维的晶体转变为“零”维度的纳米硅量子点后,原本准连续的能带结构将变为分立状态的能级。同时,纳米硅的带隙也会发生一定的变化。以球形纳米硅为例,根据 Brus 提出的有效质量近似模型(effective mass approximation model,EMAM),估算其带隙随半径 R 的变化关系:

$$E(R) = E_g + \frac{h^2\pi^2}{2R^2}\left(\frac{1}{m_e} + \frac{1}{m_h}\right) - \frac{1.8e^2}{\varepsilon R} \tag{1-3}$$

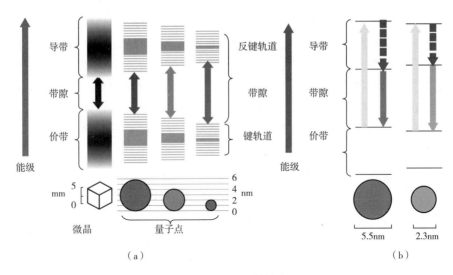

导带
带隙
价带
能级

mm 5 0
微晶

反键轨道
带隙
键轨道

6 4 2 0 nm
量子点

（a）

导带
带隙
价带
能级

5.5nm 2.3nm
（b）

图1-2 量子限制效应

式中：$E(R)$ 为激发态能量；E_g 为半导体体材料的能隙；R 为半导体纳米粒子尺寸；第二项为量子限域能；第三项为电子—空穴对的库仑作用能。从式中可以看出，纳米硅的带隙相对于体硅材料会发生一定程度的展宽，并与其颗粒尺寸相关。大量的研究报道在理论和实验上证明了纳米硅带隙随半径变化的关系，随着纳米尺寸的减小，纳米硅的光学带隙将会展宽，尺寸越小，展宽的幅度也越大。量子限制效应所导致的能隙变宽，改变了材料的光谱响应，使纳米材料表现出特殊的光电特性。同时，处于分立的量子化能级中电子的波动性使纳米粒子具有特殊性质，如高的光学非线性，强氧化性和还原性等。此外，由于纳米颗粒表面原子数与体内原子数之比增加，表面与界面效应会显著增强。当纳米颗粒的尺寸与光波的波长、传导电子的德布罗意波长以及其他物理特征尺寸相当或者更小时，周期性边界条件遭到破坏，此时，光、热、声、电等特性所表现出的小尺寸效应将导致光吸收显著增加、热熔点降低、声子谱发生变化、超导态向正常态转变等。

1.1.2.2 表面效应

表面效应与表面修饰是半导体表面由于晶格周期势的破坏会在禁带中产生附加能级，即表面态引起的。纳米硅表面的硅悬挂键以及与氧相关的表面态常常是影响纳米硅性能的重要因素之一，甚至会显著影响量子限制效应。例如，如图1-3（a）所示，二氧化硅基质中纳米硅在蓝光波段的快态光致发光（photoluminescence）常被认为来源于与氧相关的表面态，寿命在秒量级；而红光波段的慢态 PL 才与纳米硅本身的量子限制效应相关，寿命在毫秒量级。由于纳米硅量子点具有巨大的表面积—体积比，因此可以通过选择不同的表面修饰原子来调控纳米硅的能带结构，这就是所谓的表面修饰。如图1-3(b)所示,荷兰科学家Dohnalova等的理论计算显示:在氧离子修饰的纳米硅中,几乎没有载流子的波函数分布于纳米硅内部,电子和空穴被表面态束缚;在氢离子修饰的纳米硅中,空穴波函数在价带中发生微弱的延展,与电子波函数略微交叠,形成准直接带隙结构;而在甲基修饰的纳米硅中,电子波函数在导带中显著延展,与价带空穴的波函数大量交叠,形成直接带隙。Dohnalova等的实验证明,经过甲基表面修饰后,载流子的荧光发射寿命减小至纳秒量级,符合直接跃迁的特征。

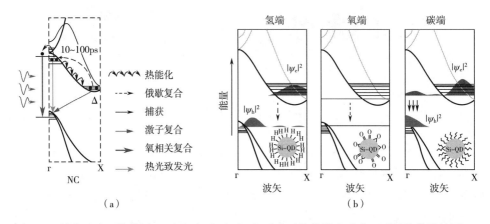

图1-3 纳米硅表面能带图(a)和氢离子、氧离子、碳离子修饰纳米硅表面后的能带结构图(b)

1.1.2.3 库仑阻塞效应

库仑阻塞效应(coulomb blockade)描述了量子点结构中电荷的量子化隧穿现象。量子点的电容C_{dot}与尺寸成正比,以球形量子点为例:

$$C_{dot} = 4\pi\varepsilon_0\varepsilon_r R \qquad (1-4)$$

式中:R为球半径,其对应的单电子充电能(charging energy)为

$$E_c = \frac{e^2}{2C_{dot}} \qquad (1-5)$$

当量子点尺寸足够小时,增减一个电子所需的能量可能超过热运动能$k_B T$(玻尔兹曼常数与温度的乘积)。在这种情况下,可以观察到电子在量子点中的量子化隧穿行为,即库仑阻塞效应,这一效应通常在低温下更为显著。基于库仑阻塞效应,可以制备单电子晶体管,如图1-4所示。典型的单电子晶体管采用量子点代替传统晶体管源、漏间的沟道结构,量子点与源、漏间形成隧穿结,与栅极间形成栅电容,实现低功耗的单电子逻辑和存储器件。

在实验中,研究人员还观察到了纳米硅的库仑阻塞现象。通过光刻工艺制备了纳米硅量子点晶体管,其中量子点的尺寸约为20nm。在温度为100K时,研究者观察

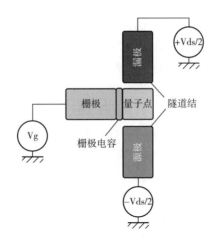

图 1-4 基于库仑阻塞效应的单电子晶体管示意图

到了漏电流随栅电压振荡的现象,他们认为这与电子在量子点中的能量量子化以及库仑阻塞效应相关。此外,Kim 等使用低压力化学气相沉积法(low pressure chemical vapor deposition,LPCVD)制备了纳米硅浮栅结构存储器件,纳米硅的尺寸约为4.5nm;首次在室温下观测到了纳米硅量子点中的库仑阻塞效应,当静态栅电压逐渐增加时,饱和漏电流表现出了单电子注入的特性。Cho 等采用电子束蒸发和等离子体增强化学气相沉积法(plasma enhanced chemical vapor deposition,PECVD)制备了金属/绝缘层/金属结构,其中氮化硅绝缘层中镶嵌有平均尺寸为 3.7nm 的纳米硅晶粒。在室温电流—电压测试中观察到了台阶电流现象,而微分电导峰间距对应的能量与估算的库仑阻塞能大小一致,因此研究者认为其中的隧穿与库仑阻塞效应相关。此外,Qian 等使用 PECVD 法制备了二氧化硅/氮化硅/二氧化硅/p 型硅衬底(SiO$_2$/SiN/SiO$_2$/p-Si)浮栅结构,在室温转移特性测试中观测到了漏电流的振荡现象,并认为是受到了库仑阻塞效应和量子化能级的影响。因此,库仑阻塞效应是影响纳米硅量子点电荷输运的一个重要因素。

1.1.2.4 掺杂效应

电学掺杂效应可以调控半导体中载流子的类型和浓度,实际上,所有实用的半导体器件都是基于掺杂实现其功能。在纳米硅中引入磷、硼等杂质原子时,也希望能够调控纳米硅中的载流子类型和浓度,从而调整其导电性和费米能级位置。例如,硅基太阳能电池采用磷和硼掺杂的纳米硅作为活性层,同时可用来构建内建电场。Rowe 等的工作还表明,简并掺杂的纳米硅还表现出类似金属纳米颗粒的局域表面等离激元共振效应。电阻率和霍尔效应测试通常用于检测纳米硅基薄膜的掺杂效率。Lechner 等发现纳米硅薄膜的掺杂效率依赖于掺杂浓度;他们推测在低浓度的掺杂条件下,高密度的表面态会钉扎费米能级,导致掺杂效率较低;而当掺杂浓度增加时,部分杂质原子将钝化表面态,逐渐表现出掺杂效果。Millo 等利用扫描隧道显微镜(STM)直接观测表面掺杂的胶体纳米硅的费米能级位置,证实了表面的 n 型或 p 型掺杂能够使费米能级向导带和价带边移动。然而需要注意的是,小尺寸的纳米硅具有自净化效应,在形成过程中会排斥杂质原子,从而导致掺杂效率较低。此外,一些研究也指出,即使掺杂是有效的,纳米硅中磷、硼等原子形成的杂质能级可能不是浅能级,而可能在禁带中引入相对较深的能级。如 Fujii 等制备了磷和硼共掺的胶体纳米硅,实现了 0.85~1.8eV 的宽光谱 PL 发射,并且性质稳定,可以在实验室环境下存放一年之久。他们认为,PL 的来源是光生载流子在磷和硼杂质能级之间的跃迁,而能够在纳米硅材料中实现低于体硅带隙(1.12eV)的光致发光也在一定程度上证明了杂质能级并不靠近导带底或价带顶。

以上讨论主要关注了掺杂对纳米硅能带结构的影响,此外,还有一些常用的检测手段被用于确定掺杂原子的位置和组态信息。如采用二次离子质谱研究纳米硅薄膜在不同表面深度下的杂质原子相对浓度分布,利用 X 射线光电子能谱研究杂质原子的价键组态,使用电子自旋共振研究施主原子的未成对电子信号以及通过拉曼光谱研究受主空穴与光学声子的相互作用。总体而言,对于纳米硅掺杂效应的研究尚缺乏直接的实验证据,而有关掺杂效率、掺杂原子位置等问题仍存在较多的争议。

1.2　纳米硅材料在半导体器件中的应用

纳米材料所表现出的新效应突破了我们对传统半导体器件的认知,为研发基于新效应工作原理的新型器件提供了机遇。利用这些新的物理特性,我们可以设计新的纳米结构来研制纳米尺寸下的光电子器件。纳电子器件不仅是微电子器件在尺寸上的缩小,更为重要的是其量子特性可以使器件性能得到改善和提高。

1.2.1　纳米硅材料在光电器件中的应用

为了减小纳米量级制程工艺带来的诸多困难对芯片研发的影响,使摩尔定律能够继续适用,人们提出了硅基光互连的概念。如图 1-5 所示,所谓光互连,即采用光子信号取代传统的电子信号,在元件中实现信号的传输。相比于电互连,光互连具有带宽高、功耗低、延迟低、串扰低等优势。这是因为相比于电子,光子具有高频特性,其可携带的信息量巨大;光子的能量极低,信号传递的过程中只会造成极小的能量损耗;光子以光速传播,信息传递速度快;光子本身不带电荷,光子之间没有相互作用,信号发生串扰的概率极低。

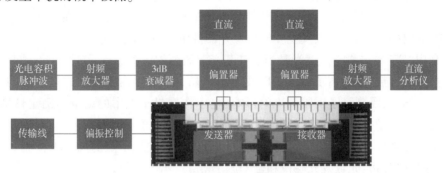

图 1-5　光互连的片上集成示意图

目前,基于硅基光互连的研究方兴未艾,如图 1-6 所示,硅基光波导、光调制器、光探测器等研究都已有明显进展。然而,作为光互连核心的硅基光源问题却迟迟没有得到解决。这是因为体硅材料是一种间接带隙半导体,电子与空穴的复合需要声子的辅助,导致了体硅材料发光效率极低,只有 $10^{-7} \sim 10^{-6}$ 量级。为了解决这一问题,人们提出了硅的 pn 结发光、硅的位错发光、多孔硅发光、硅纳米线发光、硅纳米柱发光、硅量子点发光等概念。这在一定程度上填补了光互连缺乏硅基光源这一漏洞,但其发光效率仍然低下,距离商业化应用仍然前路漫漫,需要进一步研究以提高硅基材料与器件的发光效率。

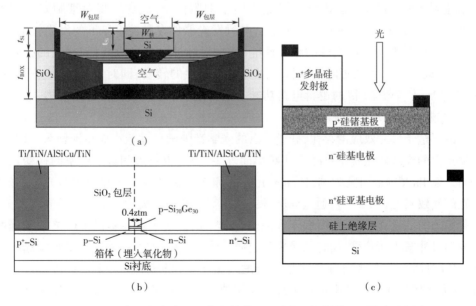

图 1-6　硅基光互连波导(a)、光调制器(b)、光探测器结构(c)设计示意图

由于量子限制效应的作用，纳米硅波函数重叠会随纳米硅尺寸的减小而增大，因而发生辐射复合的概率就更大，这就使得纳米硅的发光效率得到增强。基于这一性质，纳米硅材料在高效光致发光和电致发光器件中有着广泛的应用。

利用"零"维硅量子点发光是当前硅基光源研究的一个焦点。硅量子点的制备方法包括液相合成、冷等离子体沉积以及限制结晶方式等。由于典型硅量子点的尺寸仅有数个纳米，受到量子限制效应的影响，电子在硅量子点中的动量不确定性增加，从而提高了电子空穴对的辐射复合概率。此外，由于量子尺寸效应的存在，硅量子点的光学带隙随尺寸减小而变宽。因此，可以通过调整硅量子点的尺寸来控制其光学参数，包括吸收边、光致发光峰位和量子产率等。

硅量子点具有来源丰富、成本低廉、环保无害以及与硅基工艺相兼容等多重优势，不仅使其在硅基光互连中表现出潜在的应用价值，而且在固态照明、平板显示、能源转化、生物探测和仿生模拟等领域也广泛应用。1993 年，Ruckschloss 等在硅量子点/二氧化硅体系中首次观察到可见光波段的室温光致发光现象，研究发现，随硅量子点尺寸的减小，其发光强度增大，从而证明较小尺寸的硅量子点能够有效提高电子空穴对的辐射复合概率。1999 年，Fujita 等成功制备了硅量子点电致发光器件，实现了肉眼可见的橙光发射，并将工作电压降低至 4.0～4.5V。此外，Meinardi 等将硅量子点应用于太阳能集中器，其光学效率达到了 2.85%，可以大规模应用于现代高楼大厦的玻璃幕墙，实现廉价太阳能发电。在生物探测方面，相较于金属化合物量子点，硅量子点具有更低的毒性。因此，Zhong 等将光致发光量子产率达到 20%～25% 的胶体硅量子点应用于细胞标记，成功实现对细胞状态的实时观测。此外，Zhao 等探究了硅量子点电致发光器件在脉冲电压下的发光性能，发现其表现出类似于神经突触的相关性能，如配对脉冲易化、脉冲时间相关的突触可塑性，并成功实现了从短时程到长时程突触可塑性的转变，同时具备了"与门""或门""与非门""或非门"的逻辑电路功能。总体而言，硅量子点发光在生物、能源等关键领域都具有重要的应用前景。

由于量子尺寸效应的存在，硅量子点的光学带隙随尺寸减小而逐渐增大。同时，硅量子点的光致发光峰位也随尺寸减小而发生蓝移，吸收边和量子产率同样受尺寸影响。以 Park 等的研究为例，1.3nm、1.9nm 和 2.9nm 的硅量子点呈现蓝光、绿光和红光的光致发光（图 1-7）；通过双层量子点的空间叠加方法实现了白光的光致发光。在我们之前的研究中发现，镶嵌于非晶碳化硅中的硅量子点在室温下的电致发光峰位也随尺寸减小而蓝移，同时光强显著增强。然而，这并非意味着纳米硅尺寸越小越好。Yu 等研究发现，对于十二碳烯修饰的硅量子点，当其平均尺寸减小到 3nm 以下时，室温光致发光量子产率反而下降。这主要原因过小的硅量子点尺寸导致其对激发光的有效吸收截面减小。

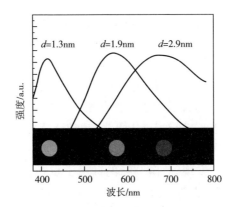

图 1-7 硅量子点的光致发光峰位随尺寸减小而蓝移

此外,在电致发光器件中,由于周围介质层(如二氧化硅)的影响,过小的硅量子点尺寸会导致较低偏压下的电流无法有效注入,从而使器件的开启电压显著提高。因此,在利用尺寸效应提高硅量子点发光效率的同时,必须充分考虑到这3个因素的影响。

第一,表面状态会对硅量子点发光产生直接影响,因为硅量子点的表面积较大,表面状况直接关系到光电性质。以胶体硅量子点为例,其表面存在的硅悬挂键可能引入非辐射复合中心,从而抑制硅量子点的发光,因此通常对硅量子点表面进行钝化处理,即进行"表面工程"。通过这种方法,首先,硅悬挂键经过钝化处理,有效地抑制了与其相关的非辐射复合中心对发光的负面影响。其次,通过引入表面修饰基团,可以调控硅量子点的能带结构,或引入新的辐射复合能级,从而调整硅量子点的发光峰位和发光强度。以 Dohnalová 等的研究为例,他们通过对胶体硅量子点表面进行烷基修饰,发现相较于传统的氧修饰胶体硅量子点光致发光为红光,经过烷基修饰的硅量子点光致发光为蓝绿光。此外,其辐射复合速率增大了 100 ~ 1000 倍,辐射复合寿命达到了纳秒级别。这启示人们可以通过控制表面修饰基团的种类以及相应被修饰胶体硅量子点的浓度比例,有效调控硅量子点的发光性能。

第二,掺杂是有效调控硅量子点发光的手段。作为改变半导体材料性能和确保器件正常运作的关键方法,体硅材料中替代式掺杂磷原子或硼原子可以改变体硅的导电类型,使其转变为 n 型或 p 型,并显著增加材料的自由载流子浓度。对于原位掺杂的硅量子点,杂质本身也参与到结晶过程中,对量子点的尺寸和分布产生影响。相应地,硅量子点的光电性质也受到结晶度和有效掺杂浓度的影响。以磷掺杂为例,随磷掺杂浓度的增加,硅量子点的尺寸增大,结晶度提高,体内有效激活的磷原子浓度增加。这使镶嵌硅量子点的薄膜材料的迁移率、载流子浓度和电导率明显提高。同时,磷掺杂导致硅量子点尺寸增大,晶粒间势垒作用增强,硅—碳键浓度在界面处增高,进而导致镶嵌硅量子点的薄膜材料的光学带隙随磷掺杂浓度的提高而增大。除对硅量子点尺寸和分布的影响外,掺杂还能够改变硅量子点的表面状态。例如,Fujii等探究了磷掺杂浓度对硅量子点光致发光的影响。他们发现,随磷掺杂浓度的增加,室温光致发光强度先增大后减小。这是因为在磷掺杂浓度较小的情况下,磷原子首先钝化硅量子点表面的悬挂键,减少了表面非辐射复合中心对发光的不利影响。随后增加掺杂浓度,磷原子进入硅量子点内部,发生替代式掺杂,导致载流子浓度增加,俄歇复合概率增加,进而导致发光强度降低。

在之前的研究中,我们发现硼、磷共掺的硅量子点在适量掺杂浓度下,硼原子更倾向分布在硅量子点的近表面处,而磷原子则处于硅量子点的内部并被激活,使材料呈现 n 型导电性质。近表面处的硼原子可能引入与缺陷相关的非辐射复合中心,导致硅量子点的发光减弱。此外,对比体硅材料,硅量子点具有更大的带隙,掺杂引入的能级可能较远离带边,呈现为深能级,而非体硅材料呈现为浅能级,这可能导致禁带中存在若干辐射复合中心能级,使硅量子点呈现出亚带隙发光特性。我们之前的研究发现,在磷掺杂的较小尺寸(约 2nm)的硅量子点中确实存在这样的亚带隙发光,其室温下光致发光峰位约在 1300nm 处,发光强度可通过磷掺杂浓度进行调控,如图 1-8 所示。因此,掺杂可使硅量子点的发光从可见光波段进一步扩展到近红外波段,满足光通信等领域的需求。

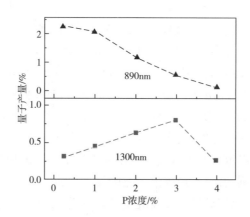

图 1-8 通过掺杂调控硅量子点的亚带隙发光

第三,金属微纳米结构对于硅量子点发光具有一定的调控作用。由于硅量子点属于一种间接带隙半导体,只能吸收能量高于其带隙对应能量的光,导致其对部分可见光和红外光的吸收率较低,这使其在光伏器件和生物传感器等领域的应用受到极大限制。引入贵金属微纳米结构(如金、银、铂)以实现局域表面等离子体共振,从而拓宽硅量子点的吸收波长。通过调节金属微纳米结构的尺寸、形状以及与发光材料之间的介质和距离,可以实现对共振特征峰的调节。局域表面等离子体共振的利用不仅能有效控制硅量子点对特定波长光的吸收截面,还能调控硅量子点的发光峰位和发光强度。在光致发光方面,当共振吸收峰与激发光峰位一致或相近时,硅量子点对激发光的吸收截面增大;当共振吸收峰与发射光峰位一致或相近时,硅量子点中辐射复合速率加快。因此,利用局域表面等离子体共振增强硅量子点光致发光强度存在两种机制。Fujii 等巧妙地结合了这两种机制,他们通过精细调控银的微纳米颗粒与胶体硅量子点之间的距离,实现了材料吸收谱上的两个共振吸收峰;通过局域表面等离子体共振,他们不仅拓宽了胶体硅量子点对激发光的吸收截面,同时也加速了辐射复合速率,从而增强了光致发光强度。同时,Mertens 等发现,在银纳米颗粒阵列作用下,硅量子点的光吸收和光致发光增强程度在不同方向上呈现差异,这种增强可以归因于硅量子点的发射偶极与银纳米颗粒中的偶极等离子体模式相耦合。因此,金属微纳米结构不仅影响吸收截面和辐射复合速率,还能够调控硅量子点的发光方向。

金属微纳米结构也可优化硅量子点电致发光器件的性能。一方面,金属微纳米结构能够提高器件的局部导电性,从而增强电流注入效率。另一方面,当金属微纳米结构的共振特征峰与硅量子点的发光峰一致或相差不大时,局部表面等离子体共振将提升硅量子点的辐射复合速率。Li 等利用铂纳米颗粒的局域表面等离子体共振效应增强了镶嵌二氧化硅多层膜中的硅量子点的电致发光强度,并将器件的开启电压降低至 3V。因此,引入局域表面等离子体共振将显著改善并拓展硅量子点发光材料与器件的性能。

我们在硅量子点/硅纳米线电致发光器件的制备和界面钝化方面进行了深入研究,借助原子层沉积技术,将超薄氧化铝(Al_2O_3)薄膜引入硅量子点/硅纳米线电致发光器件中,旨在通过钝化硅纳米线来提高发光器件的性能。我们为了量化评估氧化铝对硅纳米线的钝化效果,设计并制备了铝/硅纳米线/氧化铝/铝金属—氧化物—半导体(MOS)器件,并采用电导法和电容-电压(C-V)曲线等手段评估不同厚度的氧化铝对硅纳米线化学和场效应的钝化效果。对比了平面和纳米线形貌的硅量子点电致发光器件的光电性能后,我们发现具有较高纳米线深度的发光器件,其发光减弱主要源于硅纳米线表面与硅悬挂键相关的缺陷态。因此,我们通过原子层沉积技术在硅纳米线上均匀包覆了一层厚为 7nm 的超薄氧化铝,并将其作为衬底制备了硅量子点/硅纳米线电致发光器件,与原始器件进行了对比。对包覆氧化铝的硅纳米线及相应电致发光器件进行了详细表征,并通过电子自旋共振及 MOS 器件的高频 C-V 曲线证明了氧化铝对硅纳米线的钝化效果。最终,通过对氧化铝钝化硅量子点/硅纳米线电致发光器件的分析和讨论,发现原子层沉积制备的氧化铝能够均匀包覆硅纳米线,而在加入硅量子点/二氧化硅多层膜等功能层后,器件仍然保持核壳结构。氧化铝表现出对硅纳米线的出色化学钝化效果,有效减少硅纳米线表面与硅悬挂键相关的缺陷态密度。此外,由于氧化铝具有固定负电荷,它还表现出一定的场效应钝化效果。在氧化铝钝化的硅量子点/硅纳米线电致发光器件中,电流注入效率明显提高。在相同的注入电流下,发光强度最高提高到原来的 8.5 倍,并且所需偏压减小,器件的电光转换效率明显提高。这一系列实验结果表明,氧化铝的引入不仅改善了硅纳米线的钝化效果,还显著增强了硅量子点/硅纳米线电致发光器件的性能。

1.2.2 纳米硅材料在存储器件中的应用

闪存作为当前存储器市场的主要组成部分,其基本构成单元是一种非易失性存储器,即使在断电后仍能保存数据信息。1967 年,Sze 和 Kahng 在传统金属—氧化物半导体场效晶体管结构基础上的栅氧化层与栅极之间创新性地引入了一层多晶硅浮栅层,首次发明并设计了浮栅存储器,成为构建闪存的主要技术。然而,随着集成电路工艺的不断深入和集成度的提高,器件的特征尺寸不断缩小,传统的多晶硅浮栅存储器显露出一些缺点。由于多晶硅电荷存储层是连续导电的,存储的电子可以在存储层横向方向上自由移动。一旦隧穿氧化层某处存在缺陷,存储的电子就会通过该缺陷通道泄漏到衬底中,从而改变存储的状态。此外,在采用沟道热电子注入机制进行写入操作时,注入的高能电子可能会损坏隧穿氧化层产生缺陷,影响存储器的保持特性和寿命。为了避免缺陷的产生,需要制备较厚的隧穿氧化层。然而,随着存储单元尺寸的不断缩小,按照等比例缩小原则,隧穿氧化层的厚度也相应减小,这显然是相互矛盾的。同时,较厚的隧穿氧化层会影响存储器的擦写速度。若要提高擦写速度以满足日常需求,则需增加操作偏压,这无疑会提高器件的功耗。

1995 年,Tiwari 等提出了一种采用纳米硅为电荷存储层的浮栅存储器,如图 1-9 所示。纳米硅浮栅存储器与传统的多晶硅浮栅存储器及浮栅存储器相似,不同之处在于它使用纳米硅替代多晶硅和氮化硅(SiN_x)作为存储介质。与浮栅存储器一样,纳米晶浮栅存储器也是基于分立电荷存储技术,电荷存储在一个个相互分离的纳米晶中,极大地减小了电荷的横向移动。在擦写过程中,若隧穿氧化层某处损坏而产生缺陷,只有存储在靠近缺陷附近的纳米硅中的电荷会发生泄漏,而其余位置的纳米硅中存储的电荷依然能够保持。因此,大大提高了存储单元的保持特性和耐久性。同时,纳米晶浮栅存储器的隧穿氧化层厚度也能够进一步减小,从而提高存储单元的擦写速度、降低操作电压和功耗。此外,纳米晶自身的量子尺寸效应和库仑阻塞效应导致电子能级发生分裂。当某一分立能级与硅衬底的费米能级持平时,衬底反型区的电子便会进入纳米晶中,由于库仑阻塞效应而不容易逃出,极大提高了存储单元的保持特性。纳米晶浮栅存储器具有明显的优势,其作为电荷存储介质的纳米晶可以通过原子力显微镜、扫描电子显微镜和透射电子显微镜等电镜技术直观地进行尺寸大小、密度以及均匀性的表征。然后,根据这些表征结果,可以不断优化生长参数,以获取尺寸均一、密度高及分布均匀的纳米晶浮栅层。因此,在最近的十几年里,纳米晶浮栅存储器引起了广泛关注,成为研究的热点。纳米硅浮栅存储器具有以下 3 个优点:一,由于纳米硅间的相互隔离,所以存储于其中的电荷也是相互隔离的,不存在多晶硅中横向泄漏的问题;二,由于纳米硅的量子限制效应和库仑阻塞效应,电荷在其中可以分步注入,从而实现多级存储,有效提升存储密度;三,纳米硅浮栅存储器的隧穿氧化层一般小于 5nm,电子可以很容易隧穿进入浮栅层中,使存储器的功耗更小,读写速度更快。以下介绍了除纳米硅外纳米晶浮栅存储器的两个典型代表。

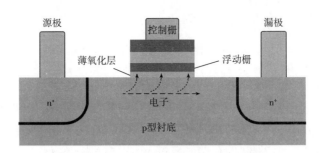

图 1-9　纳米晶浮栅存储器的结构示意图

　　金属纳米晶浮栅存储器是一种备受研究关注的浮栅电荷存储介质,其独特之处在于金属纳米晶在费米能级附近具有高态密度、均匀的尺寸和分布、较小的能量扰动以及宽广的功函数范围等优势。这种存储器涵盖了多种金属纳米晶。一种典型代表是 2014 年由 Ramalingam 等报道的双层铂(Pt)纳米晶浮栅存储器。其结构如图 1-10 所示,隧穿氧化层氧化铝厚度为 3nm,第一层铂纳米晶平均尺寸为 0.52nm,第二层铂纳米晶平均尺寸为 1.11nm,两层纳米晶之间的隔离层氧化铝厚度为 6nm,最后控制氧化层氧化铝厚度为 15nm。在单层纳米铂浮栅存储器中,尺寸较大的存储器具有更大的存储窗口,即在大尺寸的纳米铂中存储了更多的电荷。而双层纳米晶浮栅存储器的存储窗口要比任一单层纳米晶的大,当扫描电压为 ±7V 时,存储窗口趋于饱和,仅在扫描电压增至 ±14V 时才会进一步增大。通过控制扫描电压的大小,可以实现多级存储,提高单个单元的存储密度,为高密度大容量的存储阵列提供了可能性。

　　除半导体纳米晶和金属纳米晶作为浮栅电荷存储层的研究外,近年来,高介电纳米晶也成为浮栅电荷存储层的研究热点,并在相关文献中得到报道。2005 年,Lin 等首次研究了氧化铪(HfO_2)纳米晶浮栅存储器。2006 年,他们进一步报道了 2-bit 的氧化铪纳米晶浮栅存储器,其基本结构如图 1-11 所示。该器件以热氧化生长的 2nm 厚的二氧化硅为隧穿层,在氧气氛围中采用纯 Si 靶和 Hf 靶共溅射的方法制备一层 12nm 厚的非晶矽氧化铪($HfSiO_x$)层。再在快速热退火(RTA)炉的氧气氛围中进行

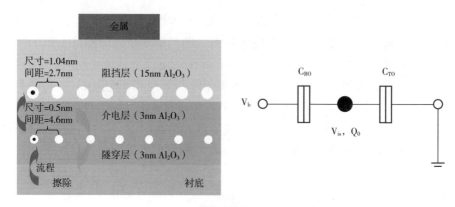

图 1-10　双层铂纳米晶浮栅存储器结构示意图

900℃、1min 退火,将非晶矽氧化铪薄膜分解成氧化铪和二氧化硅相,形成氧化铪纳米晶镶嵌在二氧化硅中的结构,其中氧化铪纳米晶的尺寸为 58nm,密度为 $0.9 \sim 1.9 \times 10^{12} cm^{-2}$。最后,在 PECVD 系统中沉积了一层 8nm 厚的控制氧化层,并通过反向读取手段实现了单个单元 2-bit 的存储。经过 10^8 次擦写循环操作后,存储单元仍然能够获得一个 1V 以上的存储窗口。

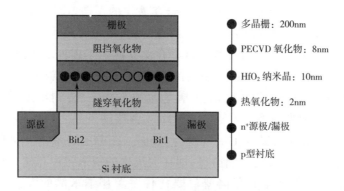

图 1-11　氧化铪纳米晶浮栅存储器结构示意图

我们团队在基于分立电荷存储模式的纳米硅浮栅结构及其存储特性方面取得了一系列成就。首先,我们成功制备了高质量、高均匀性的超薄二氧化硅隧穿层,其厚度约为 3.5nm,具有高达 16.6mV/cm 的击穿场强。其次,采用 LPCVD 方法成功制备了尺寸均匀、面密度大、分布均匀的纳米硅浮栅层,其纳米硅的平均尺寸为 12nm,面密度为 $1.8 \times 10^{11} cm^{-2}$,纳米硅尺寸的标准偏差和单分散性分别为 1.5nm 和 12.5%。同时,在纳米硅制备后,我们引入了氮化技术进行处理。氮化处理的优点:第一,钝化纳米硅表面的悬挂键,降低界面态密度,有效改善纳米硅上下接触面的质量,从而有效降低存储单元的擦写操作电压和提高擦写速度。第二,氮化处理能在纳米硅与超薄二氧化硅隧穿层之间增加一层氮化硅势垒层,使电荷在横向方向上限制泄漏,显著提升了存储单元的电荷保持特性。第三,引入氮化硅包裹层使纳米晶彼此之间更好地隔离,降低了电荷交换,进一步提高了存储单元的保持特性。由于氮化过程中的自限制效应,纳米硅的尺寸越来越接近,均匀性逐渐提高,有助于增强存储单元之间的一致性。最后,对纳米硅浮栅 MOS 结构的存储特性进行了研究,并分析了高温退火对样品存储性能的改善作用。高温退火有效减少了超薄二氧化硅隧穿层与硅衬底、纳米硅之间的界面态和固定正电荷,降低了对栅极偏压的屏蔽作用。这使更多的栅极偏压施加在超薄二氧化硅隧穿层和衬底上,有助于电荷更大能量地隧穿注入到纳米硅中。因此,在相同的栅极扫描电压范围内,经过高温退火处理的样品能够获得更大的存储窗口,有效改善了存储特性。

1.2.3 纳米硅材料在太阳能电池中的应用

太阳能电池是推动光伏新能源发展的基础。其光电转换原理基于半导体材料的光生伏特效应。以 p-n 结构为例,当太阳光照射到电池表面时,p-n 结内部会生成大量电子—空穴对。电子流向 n 侧,空穴流向 p 侧,当它们扩散到两端并被有效收集后,就形成了光电流。常见的太阳能电池种类有多种,包括元素半导体太阳能电池,如单晶硅太阳能电池、多晶硅太阳能电池、非晶硅薄膜太阳能电池等。传统的晶体硅材料太阳能电池在光伏市场中占据主导地位,与此同时,硅基薄膜材料因其独特的低温淀积制备工艺和轻便灵活的特点,以及与低成本大规模光伏电站、建筑与光伏一体化相结合等优势而逐渐在光伏市场中崭露头角。硅基薄膜太阳能电池根据结晶程度的不同可分为非晶硅薄膜太阳能电池、微晶硅薄膜太阳能电池和多晶硅薄膜太阳能电池。早在 2001 年,Green 就提出了第三代太阳能电池的概念,简而言之,就是实现环保与低成本下的超高转换效率。新一代太阳能电池除成本低廉与环境友好的优势外,更为突出的是具有超高的光电转换效率。众所周知,单晶硅的光学带隙为1.1eV,正好落在太阳光谱的峰值附近,但由于其间接带隙的能带结构,使其对可见光波段的吸收系数较低。同时,由于长波长侧的透射损失与短波长侧的热弛豫损失以及结损失、复合损失等,导致单结晶体硅太阳能电池的光电转换效率理论计算值只有30%,称为 Shockley-Queisser(S-Q)转换效率极限。为了突破这一极限,发展高效率、低成本的第三代硅基太阳能电池,一个主要的解决途径就是实现宽光谱响应。基于此,随着纳米技术的不断发展,硅基纳米结构在新一代太阳能电池中的应用引起了国内外研究者的广泛关注。

纳米结构硅材料在硅基光电器件、复合结构功能器件等方面已有多年的发展,其中,有很多光电性能优异的半导体纳米材料可应用于太阳能电池结构中,也有多种纳米组装方法可用于太阳能电池的制备与组装。利用纳米技术,设计宽光谱响应的新一代复合型高效太阳能电池对科技发展与社会进步具有十分重要的意义。首先，为了克服太阳能电池厚度减小引起的光吸收降低而导致的转换效率的损失，设计并制备高收集效率的纳米陷光结构成为新一代太阳能电池开发利用中的一个重要环节。近年来，半导体纳米线因其独特的光学和电学特性引起了科研工作者的广泛关注，在太阳能电池方面具有很大的潜在应用价值。理论计算结果显示，由于光在纳米线结构中的多次散射，半导体纳米线在全波段特别是短波长侧具有极低的光反射率；通过优化纳米线的长度、直径等参数实现与折射率的匹配，可以进一步减少反射从而实现光吸收的增强。硅纳米线的有效减反效应可以在传统的平面晶硅太阳电池中有很好的应用，贾锐等利用金属诱导化学腐蚀的方法制备纳米阵列结构的硅衬底，离子注入形成 p-n 结单晶硅电池结构，获得了 7.7% 的转换效率，反而低于传统的单晶硅电池。他们认为可能的原因是表面电极接触不够致密，表面缺陷增加了表面电子空穴复合的速率。进一步将纳米线阵列的方向由垂直改成略微倾斜，从而改善表面电极接触，降低接触电阻，实验上已证明可以将电池转换效率提高到 11.4%。有学者提出的纳米线径向结太阳能电池在提高转换效率方面具有更大的优势，这是因为一方面，入射光吸收的过程发生在电池轴向，有效增加了光程，提高了光吸收效率；另一方面，载流子的输运发生在电池径向，扩散长度显著减小，有利于提高光生载流子的收集效率，同时有效减少电子空穴对的体复合，因此，径向结太阳能电池的短路电流密度与转换效率都有显著提高。Kim 等制备了混合硅基纳米线径向结太阳能电池结构，通过刻蚀 p 型单晶硅片形成 p 型单晶硅纳米线核，然后淀积 i 层本征多晶硅钝化层，其后是 n 型多晶硅发射极，最外层是氢化非晶氮化硅钝化层。该工艺得到的径向结太阳能电池的效率最高达到了 11.0%，而使用相同工艺的平面结电池的效率只有 8.6%。这将极有可能在低成本材料上实现较高的转换效率，将是未来新型纳米线太阳电池的重要研究方向。

此外，在低维半导体纳米结构材料中，有可能会出现多激子产生过程，即纳米材料吸收一个较高能量的入射光子，产生多个电子—空穴对（激子）的过程。Nozik 等从理论上讨论了纳米半导体中存在载流子倍增现象的可能性。半导体低维结构中，由于载流子的运动受到限制，并且在有限的受限环境中有着高密度的电子和空穴，所以，电子和空穴的库仑相互作用也增强，相对于体材料，由于碰撞离化而产生多激子的概率也增大。因此，当一个高能光子被吸收产生一对电子空穴对后，所产生的电子空穴有很高的能量，其可以通过碰撞电离产生两个或两个以上的电子空穴对，通过这样的多激子效应产生多个电子—空穴对，而多激子效应可以显著提高太阳电池的短路电流，并提高相应电池的能量转换性能，但电池的成本并不会因此有较明显的增加。Schaller 等最先通过计算表明，多激子效应可以使单结纳米硅太阳能电池的效率达到 60.3%，突破 S-Q 极限。Davis 等发现，在理想状态下，电池的外量子效率会随带隙的减小而提高,并且可以趋近 100%。因此,低维半导体纳米结构材料的多激子效应可以实现原本在太阳能电池中以热能形式损失的部分短波长光子能量以及不能被有效吸收的长波长光子能量的有效转换,从而大幅增加硅基太阳能电池的光电转换效率。

金属纳米颗粒的局域表面等离激元效应可以显著增强硅基薄膜太阳能电池的光吸收,进而提高电池的光电转换效率。位于薄膜太阳能电池表面的金属纳米颗粒可增强入射光的散射作用,并将入射光通过局域表面等离激元效应的垂直模式转变为薄膜电池内部的水平向光传导模式,从而增加电池有源层的光吸收,提高电池性能。通过硅基薄膜太阳能电池表面沉积的金属纳米颗粒,不仅在硅材料光响应较强的可见光波段实现 3.3% 的增强,在光吸收很弱的近红外波段更有 7 倍的显著增强。Zhou 等将金属银颗粒制备在单晶硅太阳能电池的表面,最终使电池的转换效率提高了 10%。将金属纳米颗粒置于薄膜太阳能电池的有源层中,也可实现电池光电流的增大。入射光场与金属纳米颗粒中的自由电子发生耦合振动,在金属纳米颗粒附近形成增强的局域电磁场,使本来直接透过薄膜而损失的一部分光子被限制在金属纳米颗粒周围,进而显著增强纳米颗粒周围有源层的光吸收,从而提高电池的转换效率。Kim 等利用金属银纳米颗粒的局域表面等离子体激元的场局域效应增强光吸收,将薄膜太阳能电池的效率提高了 21%。总之,基于表面等离激元增强的光伏器件,能够使低成本、有源层很薄的薄膜太阳能电池获得超高的光电转换效率。

突破 S-Q 极限的关键问题在于降低长波和短波范围内的光学损失。除前文提到的纳米技术外,通过能带工程实现半导体能带结构的调控,增加材料的带隙差异以更好地匹配太阳光谱,是解决能量损失的有效途径。近年来,随着纳米材料制备技术和纳米科学的进展,人们对纳米硅量子点材料的关注逐渐增强。采用纳米硅量子点材料,可以通过调控量子点的尺寸,利用量子尺寸效应调节量子点的禁带宽度。这样就可以获得比单晶硅更大带隙的可控宽带隙纳米硅薄膜。这有利于提高近紫外至可见光波段的光学吸收效果,实现宽光谱的吸收增强。因此,设计和制备基于半导体硅基纳米材料与结构的宽光谱吸收的太阳能电池已经成为当前研究和发展中的重要方向之一。

太阳光光谱的广泛能量分布是太阳能电池光电转换中的挑战之一。单一带隙的半导体材料只能吸收高于其禁带宽度的光子能量,导致太阳光中能量较低的光子无法被材料充分吸收。这些未被有效吸收的光子穿透电池并最终被背电极金属吸收,产生热能。与此同时,能量较高的光子超出禁带宽度,其多余的能量在光生载流子的能量弛豫过程中通过热释放传递给电池材料晶格原子,导致材料发热。这些能量损失使单晶硅太阳能电池的最高转换效率理论极限值在 30% 以下。

为克服这一限制,太阳能电池的研发取得了显著进展。通过研发一系列带隙不同的材料,构建叠层电池,选择具有不同禁带宽度的半导体材料,并按照从大到小的顺序叠加,有效提高了光电转换效率。这一结构设计的核心思想是将波长最短的光吸收于最外层宽带隙材料,而波长较长的光则透过后被内层窄带隙材料吸收。这种方法可最大化地将太阳光转化为电能,已经成为太阳能电池领域的主要研究方法。

对于硅叠层太阳能电池而言,纳米硅量子点超晶格结构被认为是一种优越的材料,可以有效调节禁带宽度,实现光谱匹配。这使全硅基叠层电池得以在更广泛的波长范围内高效利用太阳光谱。因此,纳米硅量子点太阳能电池的结构设计变得至关重要。在太阳能电池领域,人们早就开始探索纳米硅材料的应用。然而,将其作为新一代高效、低成本太阳能电池的研究方向是近年才逐渐兴起的。最早并且最为突出的研究之一来自 Green 等。他们自 2002 年提出第三代太阳能电池的概念后,设计了基于纳米硅量子点材料的叠层太阳能电池结构。图 1-12 展示了双结和三结电池的结构示意图。在只考虑辐射复合和俄歇复合的情况下,计算结果显示,双结和三结的叠层电池在理论上能量转换效率分别可达 42.5% 和 47.5%,超过了 S-Q 极限。为了实现最优的能量转换效率,Meillaud 等研究了全硅基叠层电池中最匹配的禁带宽度。他们设定了两个关键条件:①各子电池之间电流匹配,避免电流损失;②上层电池透射的光全部被底电池吸收。研究结果表明,对于以单晶硅电池为底电池的双结叠层电池,顶层 p-n 结的禁带宽度应控制在 1.7eV 以下;而对于以单晶硅电池为底电池的三结叠层电池,顶层和中间层的禁带宽度应分别控制在 1.5eV 和 2.0eV。在这样的设定下,它们与太阳光谱能够很好地匹配,实现了对不同能量的光子的有效吸收,从而使电池的光电转换效率达到最佳值。

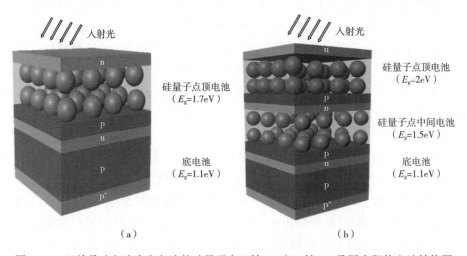

图 1-12　以单晶硅电池为底电池的硅量子点双结(a)和三结(b)叠层太阳能电池结构图

我们团队之前的研究中,对氢化非晶碳化硅薄膜的制备、结构表征以及光电性能进行了较为系统的研究。探索了高质量氢化非晶碳化硅薄膜及纳米硅量子点/非晶碳化硅结构的制备技术,在 PECVD 系统中制备了单层氢化非晶碳化硅薄膜,光敏性(光暗电导比)高达 10^6。制备了非晶碳化硅单层膜及非晶硅/碳化硅多层膜,结合限制性晶化原理,利用高温退火工艺制备出了硅量子点/碳化硅超晶格结构,构建了电致发光原型器件,在室温下观察到电致发光(electro-luminescence,EL)信号,并发现 EL 峰位随纳米硅量子点尺寸的增大而红移,表现为尺寸依赖的纳米硅量子点的电致发光特性,说明量子限制效应在电致发光中起着非常重要的作用。

从近些年的研究趋势可以看出,成功实现基于纳米硅量子点材料的太阳能电池的最大挑战是需要获得足够高的载流子迁移率和尽可能大的电导率。这就要求量子点间距和母体基质带隙要足够小,以便量子点波函数发生重叠,形成子带以利于载流子的输运和收集;此外,实验中通常采用硼、磷原子作为掺杂材料形成 p-n 结。但对纳米硅量子点进行掺杂存在两个问题:一是理论上纳米硅量子点掺杂的形成能要高于体硅,即意味着杂质很难在小尺寸的纳米硅量子点中形成有效掺杂;二是当纳米硅量子点尺寸不断减小时,表(界)面面积和体积的比率随晶粒尺寸减小而显著增大,可能导致杂质原子从量子点内部扩散出去。

1.3 纳米硅材料电学性能的研究

1.3.1 纳米硅材料的制备方式

为制备纳米硅薄膜,人们采用了多种生长技术,其中尤以制备硅发光器件的可能性为驱动因素。这些技术包括将硅注入二氧化硅薄膜的离子注入法、溅射、PECVD或 LPCVD 以及气溶胶沉积纳米硅等。优化这些不同的过程可以控制纳米硅的大小和形状。其他技术包括在气相中使用脉冲等离子体进行纳米硅的控制生长,然后将其沉积到合适的基底上,该技术也可以很好地控制纳米硅的大小和间距。纳米硅薄膜也可以通过在由非晶硅和二氧化硅薄膜层中形成的超晶格非晶硅层的结晶或相分离来制备。超晶格可以通过 PECVD 或分子束外延技术、磁控溅射或氧化硅粉末蒸发进行生长。这些过程可以产生具有受控大小、间隔和位置的纳米硅颗粒。现阶段制备纳米硅的方法多种多样,各有特色。虽然这些方法都能够成功的制备纳米硅材料,但是不同的生长工艺导致纳米硅的结构、晶粒尺寸以及晶粒的分布有所不同,所以纳米硅材料表现出不同的输运性质。

1.3.2　连续型纳米硅材料输运机制的理论研究

在连续的纳米硅薄膜中,忽略颗粒的充电和量子限域效应对其影响的情况下,导电机制主要受晶界处电势障碍的影响。在晶界处可能形成肖特基势垒,由与晶界处大量缺陷态相关的自由载流子引起的电场产生。这个过程还会降低晶体内的载流子密度。此外,杂质原子在晶界处的偏析甚至可以进一步降低晶体内的有效载流子密度。在 n 型纳米硅颗粒的一维链图(图 1-13)中,晶界的厚度(D)相对于颗粒尺寸较小。现假设纳米硅薄膜内有均匀的施主浓度 N_d(每单位体积),以及晶界势垒在相对于本征费米能级 E_i 的能量 E_t 处,具有密度 N_t(每单位面积)。E_t 的值位于晶界中的带隙内。在大颗粒的纳米硅薄膜中,N_t 的数值可以达到 $10^{11} \sim 10^{12}/\mathrm{cm}^2$。被困在晶界中的电子会在颗粒中留下电离的施主。对于低掺杂的纳米硅薄膜而言,颗粒中的所有掺杂电子都被困在晶界中,颗粒中都是耗尽层。被困的电荷/电离的杂质形成了高度为 E_g 的类肖特基势垒[图 1-13(c)]。如果增加 N_d,则会在晶界中困住更多的电荷,增加电场和电势垒的高度,直到当 $N_d = N_d^* \approx N_t/D$ 时,颗粒中心的导带位于费米能级 E_F 附近。此时颗粒中会有自由载流子,E_g 的值处于其最大值。任何进一步增加的 N_d 都会减小 E_g。此外,从颗粒到颗粒的 D、N_t 和 N_d 值的任何变化都会决定薄膜中晶界势垒高度和宽度的分布。

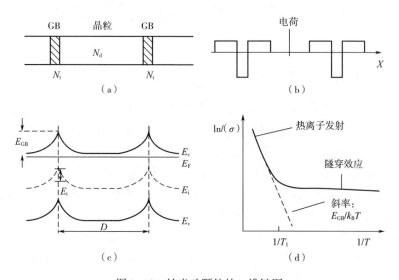

图 1-13　纳米硅颗粒的一维链图

晶界之间的电子传输是通过热电子发射实现的。对于完全耗尽的颗粒,$N_d < N_d^*$,电导率 σ 具有以下形式:

$$\sigma = \frac{e^2 D^2 N_c N_d v}{2k_B T(N_t - DN_d)} \exp\left(-\frac{0.5E_{GB} - E_t}{k_B T}\right) \tag{1-6}$$

式中：N_c 是有效导带态密度；$v = (k_B T/2m^*)^{1/2}$，是热电子速度，其中 m^* 是电子有效质；E_{GB} 是带隙，k_B 是玻尔兹曼常数。

对于部分耗尽的颗粒，$N_d > N_d^*$，电导率的形式为：

$$\sigma = \frac{e^2 D n_0 v}{k_B T} \exp\left(-\frac{E_{GB}}{k_B T}\right) \tag{1-7}$$

式中：n_0 是颗粒中自由载流子的浓度；$E_{GB} \approx e^2 N_t^2/8\varepsilon N_d$，其中 ε 是半导体的介电常数。

式(1-7)给出了穿越晶界的热电子发射电流，并得到了一个线性的 Arrhenius 图。电导机制是通过势垒内缺陷态的隧穿来辅助传导。随着温度的降低，热电子发射电流减小，隧穿效应开始占主导地位，导致 Arrhenius 图中出现了一个相对温度独立的部分。图中温度相关部分的斜率可用于提取激活能，激活能是势垒高度 E_{GB} 的一种度量。在低温下，还可能发生可变程跳跃传输。此外，沿着晶界上潜在势垒较低的低电阻通路，可以在薄膜中进行电流渗透传导机制。

由于在晶界势垒处发生载流子散射，纳米硅薄膜的载流子迁移率比较低。纳米硅薄膜中的晶粒仅为 10~50nm，远小于多晶硅薄膜（约为 1μm 或更大）。与多晶硅相比，纳米硅中晶界具有更大的密度，可更进一步降低迁移率。然而，人们在纳米硅的薄膜晶体管中观察到与多晶硅薄膜晶体管相媲美的高迁移率，电子的场迁移率约为 $450cm^2/(V \cdot s)$，空穴的场迁移率约为 $100cm^2/(V \cdot s)$。可能的原因是薄膜中低氧含量导致界面态的减少，这些界面态的能量对应于颗粒中的带隙，降低了晶界捕获载流子的能力，从而减小了 E_{GB}［图 1-13（c）］。

如果纳米硅晶粒大小及其相关电容 C 较大，则热电子发射模型可以解释其输运机制。然而，随着晶粒尺寸减小到纳米级别，单电子充电效应开始影响纳米硅薄膜的输运过程。在通过晶界势垒进行隧穿传导的温度下，纳米硅薄膜形成了一系列纳米级隧道电容器，并可能显现出单电子效应。在由两个电容 C_1 和 C_2 隔离的纳米硅晶粒中［图 1-14（a）］，单个电子进入纳米硅颗粒所需的能量为：

$$E_c = \frac{e^2}{2C} \tag{1-8}$$

式中：$C = C_1 + C_2$，是纳米硅颗粒的总电容；e 是电子电荷。如果 C 约为 10^{-15} F，那么 E_c 约为 $80\mu eV$，仅在低温下大于热能 $k_B T$。如果 $E_{GB} \gg k_B T$，并且晶界隧穿电阻 $R_{GB} > R_Q = h/e^2 \approx 22.5k\Omega$，那么在低温下，电子被局域在纳米硅颗粒上，甚至向颗粒中添加一个电子也需要克服 E_c，这就是库仑阻塞效应［图 1-14（b）］。

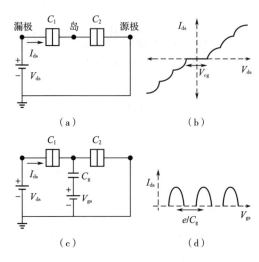

图 1-14　热电子发射模型

如果纳米硅颗粒大小约为 10nm,那么 C 可能约为 1aF,使室温下 $E_c > k_BT \approx 26$meV。在晶体硅材料中,采用控制氧化或蚀刻过程,结合高分辨率电子束光刻,可以控制这种尺寸岛屿的形成。相比之下,纳米硅薄膜中的颗粒会自然形成直径约为 10nm 的岛屿。此外,由于电子受晶界势垒的量子限制,纳米硅颗粒上可能存在离散的电子能级,形成一个量子点。而在大的纳米硅颗粒中,晶粒尺寸和晶界势垒的变化可能导致效应的消失。此外,通过具有最低电阻传输路径的渗流传导可能会出现在大纳米硅晶体中。这个过程可能会绕过具有较大单电子能量或较高晶界势垒的纳米硅晶粒。因此,纳米硅中的单电子器件通常需要减少电流路径的数量,如通过纳米线或点接触(长度和宽度近似的短纳米线)。

1.3.3　离散型纳米硅材料输运机制的理论研究

纳米硅薄膜中的输运机制随温度变化而变化很大。人们在一系列半导体纳米晶薄膜中观察到空间电荷限制电流、隧道电流、渗流跳跃和单电子效应。在通过脉冲激光烧蚀制备的纳米硅中,发现了空间电荷限制电流传导机制和隧穿导电机制。在高电场下,可以观察到纳米硅薄膜中的电子发射。在较低温度下,会发现纳米硅薄膜中存在各种跳跃导电机制。Fujii 等在二氧化硅薄膜中分散约 2nm 的纳米硅团簇中观察到,从 120K 至 300K,电导率 σ 遵循 $\ln(\sigma)-T^{-1/4}$ 的温度依赖性。这种特性被定义为 Mott 变程跳跃传导机制。而在约 3nm 大小的超小离散纳米硅薄膜中,即使仅仅在室温下也会出现强烈的单电子效应。

Rafiq 等在纳米硅薄膜输运机制的研究中发现,硅纳米晶粒的尺寸和间隔能够通过工艺进行控制。薄膜厚度为 300nm,由离散的、不掺杂的硅纳米晶粒形成,直径约

8nm,采用硅烷的等离子体分解法制备。随着温度从 300K 变化到 30K,呈现出不同的导电机制。从 300K 到约 200K 时,输运机制为空间电荷限制电流传导机制,薄膜中存在指数分布的定域态。其陷阱密度与硅纳米晶粒数密度相似,表明硅纳米晶粒捕获了单载流子,或少量载流子。从约 200K 到 30K,电导率遵循 $\ln(\sigma)-T^{-1/2}$ 的依赖关系,这种特性被描述为渗流跳跃导电机制。在对铝电极/纳米硅/p 型硅衬底/铝电极"三明治"结构进行了 $I-V$ 测量时发现,其中的电流垂直流过薄膜。通过电子束光刻和反应性离子刻蚀制备了接触面积从 $35\mu m \times 35\mu m$ 到 $200\mu m \times 200\mu m$ 的器件。硅纳米晶粒无掺杂,直径为 $(8\pm1)nm$,表面有 1~2nm 厚的二氧化硅层。硅纳米晶粒数量密度 N_c 约为 $1.2\times10^{18}/cm^3$。图 1-15(a) 显示了在 280K、240K 和 200K 时,$35\mu m \times 35\mu m$ 二极管的正偏(施加到基底的正电压,幅度超过阈值电压) $I-V$ 特性,采用对数-对数图。在低于阈值电压时,特性由 Al 背电极的整流接触点和 p 型硅/纳米硅界面确定。在大于阈值电压时,温度范围从 300K 到约 200K 时,特性曲线沿着直线排列,对应于 $I-V^m$ 的依赖关系。在这个温度范围内,m 值从 1.8 增加到 4。m 的增加导致 $I-V$ 特性曲线逐渐收敛到 V_c[图 1-15(a)]。在 200K 以下,曲线不会收敛到 V_c,而是具有一个恒定的斜率。在一个类似的器件中,4V 偏置电压下的 Arrhenius 图[图 1-15(b)]显示出两个明显的区域。在约 180K 以上,观察到一个单一的、陡峭的斜率(由实线标记)。这归因于沿着导电路径的扩展态热激活输运机制,激活能约 200meV。在 180K 以下,数据可以拟合成 $\ln(\sigma)-T^{1/2}$ 的依赖关系。

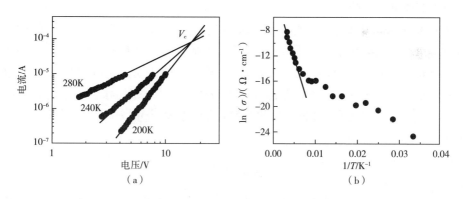

图 1-15　纳米硅 $I-V$ 特性和 Arrhenius 图

　　Rafiq 等通过使用具有指数陷阱密度的空间电荷限制电流模型,解释了从 300K 到约 200K 温度范围内的输运特性。自由载流子(在这种情况下为空穴)从基底注入到纳米硅中存在扩展态。在这些态中指数分布的空穴陷阱态的存在降低了自由载流子(空穴)的数量。随着捕获载流子数量的变化,可用于传输的载流子总数随温度和施加电压的变化而变化。假设迁移率恒定,陷阱态分布呈指数分布,并且自由载流子浓度远小于捕获载流子浓度,空间电荷限制电流电流密度 J 通过以下公式给出。

$$J = q^{1-l}\mu_\mathrm{p} N_\mathrm{v} \left(\frac{2l+1}{l+1}\right)^{l+1} \left(\frac{l}{l+1}\frac{\varepsilon_\mathrm{s}\varepsilon_0}{N_\mathrm{t}}\right)^l \frac{V^{l+1}}{d^{2l+1}} \qquad (1-9)$$

式中:N_t 是陷阱密度;ε_0 是自由空间的介电常数;ε_s 是介电常数;μ_p 是空穴迁移率;N_v 是传输态密度;d 是样品厚度;$l = T_\mathrm{t}/T$,其中 T 是测量温度,T_t 是特征温度。T_t 是陷阱分布的特征能量 $E_\mathrm{t} = k_\mathrm{B}T_\mathrm{t}$ 的度量。式(1-9)预测了 J-V^m 的关系,其中 $m = l + 1$。图 1-15(a)显示了 J-V^m 与数据的拟合图,从 280K 到 200K,数据趋于交叉点 V_c,并且可以通过斜率给出指数 m。通过 m 的值可得到 $T_\mathrm{t} = 1670\mathrm{K}$ 和 $E_\mathrm{t} = 0.14\mathrm{eV}$。Kumar 等提出交叉点 V_c 由以下公式给出。

$$V_\mathrm{c} = \frac{qN_\mathrm{t}d^2}{2\varepsilon_\mathrm{s}\varepsilon_0} \qquad (1-10)$$

在图 1-15(a)中,$V_\mathrm{c} = 17\mathrm{V}$,$N_\mathrm{t} = 2.3\times10^{17}\mathrm{cm}^{-3}$。$N_\mathrm{t}$ 的值与纳米晶粒的数密度 N_c(约为 $1.2\times10^{18}\mathrm{cm}^{-3}$)非常相似,这意味着每个纳米晶粒中只有很少的载流子被捕获。Rafiq 等提出,单电子效应中纳米硅/二氧化硅界面处只存在很少的捕获态,从而限制了每个纳米晶体中被捕获的载流子数量。

实验测得的 $T_\mathrm{t} = 1670\mathrm{K}$ 和 $N_\mathrm{t} = 2.3\times10^{17}\mathrm{cm}^{-3}$ 可以与非晶硅和其他纳米晶体系统中的值进行比较。在大体积或纳米颗粒的非晶硅中,T_t 的差异很大(T_t 为 $300\sim 1300\mathrm{K}$),而 N_t 却高两个数量级。然而,在尺寸相似的硒化镉(CdSe)纳米晶体中观察到了相似的数值(T_t 约为 $1750\mathrm{K}$ 和 N_t 约为 $10^{17}\mathrm{cm}^{-3}$)。

在研究纳米硅器件的温度范围($35\sim 200\mathrm{K}$)内,J-V^m 的关系曲线趋于一个常数 m,说明空间电荷限制电流模型不适用解释其输运机制。这是因为热能不足以使载流子在陷阱和传输态之间进行电离。在这些温度下,载流子的传输是通过跳跃电导发生的。图 1-16 显示了在 4V 下,从 35K 到 200K 的 $\ln(\sigma)$-$T^{1/2}$ 关系图,对于更高的施加偏压,由于场效应的增加,跃迁温度依赖性的斜率可能会降低。$\ln(\sigma)$-$T^{1/2}$ 的依赖性给出公式:

$$\sigma \propto \exp\left[-\left(\frac{T_0}{T}\right)^{\frac{1}{2}}\right] \qquad (1-11)$$

其中,T_0 是材料的常数。这种行为在金属—绝缘体纳米复合膜和非晶或掺杂半导体材料中可经常观察到,可以通过 Šimánek 的渗透跃迁传输模型或 Efros 和 Shklovskii 变程跃迁(efros aond shklovskii–variable range hopping, ES – VRH)模型来解释。

渗透跃迁传输模型考虑了邻近纳米晶体之间的热激发载流子隧道传输,并已用于解释嵌入二氧化硅中的纳米锗在宽温度范围内的导电性。该模型认为,跃迁的激活能 E_a 与相邻纳米晶体上第一电子能级 E_1 的能量差相关。这里,$E_1 = E_\mathrm{c} + E_\mathrm{d}$,其中 E_c

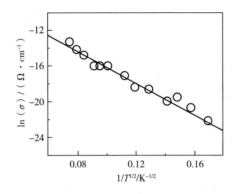

图 1-16　在 4V 下纳米硅 35K 到 200K 的 $\ln(\sigma)-T^{1/2}$ 关系

是单电子充电能量，E_d 是量子限制能量。纳米晶体间距 s 和直径 d 的变化导致 E_1 和 E_a 的变化。由于纳米晶体之间的电阻随 E_a 的变化而变化，纳米晶体薄膜可以被建模为三维随机电阻网络，由临界渗透电导描述，Šimánek 基于此推导出式（1-11），其中 T_0 由以下公式给出：

$$T_0 = \frac{2P_c s_{\max} E_{a,\max}}{k_B \alpha} \qquad (1-12)$$

式中：P_c 是渗透阈值；$s_{\max}$ 是最大的粒子间距；$E_{a,\max}$ 是激活能的最大值（由薄膜中 E_1 的最大值减去最小值得到）；α 是绝缘基质中的载流子波函数衰减长度。Rafiq 等计算了纳米硅薄膜（$s_{\max}$ 为 3nm，d 从 7nm 变化到 9nm，P_c 近似为 0.25）的 T_0，约为 1.15×10^4 K，这与实验值 $T_0 = 1.23 \times 10^4$ K 非常吻合。

ES-VRH 考虑了跃迁过程中产生的电子-空穴对所相关的库仑相互作用的贡献，这意味着 E_a 与 $1/r$ 成正比，其中 r 是跃迁长度。该模型还预测了类似于式（1-11）的温度依赖性，其中 T_0 由以下公式给出。

$$T_0 = \frac{2.8e^2}{4\pi\varepsilon\varepsilon_0 k_B \alpha} \qquad (1-13)$$

Rafiq 等估计了他们的薄膜的 $T_0 = 1.18 \times 10^5$ K，比实验值大一个数量级。ES-VRH 模型还预测了一个关键的温度 $T_c = \dfrac{e^4 g_0 \alpha}{k_B(4\pi\varepsilon\varepsilon_0)^2}$，在此方程中，$g_0$ 是态密度。在 T_c 温度以上，可以忽略库仑相互作用，并且发生了 Mott 变程跳跃过程的转变。Rafiq 等估计 T_c 约为 6K，远低于其依赖性的最高温度（约 200K）。与 ES-VRH 机制相比，排列跳跃模型似乎能更好地解释 Rafiq 体系中的低温（<200K）传导机制。

纳米硅薄膜中的跃迁参数可以与纳米锗和硒化镉薄膜进行比较。Fujii 等使用了排列跳跃模型来描述镶嵌在二氧化硅薄膜中厚约 9nm 的纳米锗的传导机制。他们观察到 300K 温度以下的 $\ln(\sigma)-T^{1/2}$ 的依赖关系，其中 $T_0 = 1.08 \times 10^5$ K，结果与排列跳跃模型的理论值相当。相反,Yu 等使用 ES-VRH 模型解释了溶液中厚约 5nm 的硒化镉晶体的 $\ln(\sigma)-T^{1/2}$ 的依赖关系,其中 $T_0=6.2\times10^3$ K,在这里,ES-VRH 过程的 T_c 约为 400K,远高于 Rafiq 等的纳米硅薄膜系统。

1.3.4 纳米硅材料输运机制的研究现状

目前关于对多晶硅及纳米硅输运性质的研究和报道还处于初步阶段,尚没有系统而深入的研究结论。Myong 等研究了镶嵌在二氧化硅薄膜中大小约为 2nm 的纳米硅团簇的输运机制,通过对其变温电导率的测试发现,在 120~300K 的温度范围内,输运机制主要是 Mott 变程跳跃传导(Mott-VRH)机制,并且在室温附近温区内有较强的单电子效应。Das 等对纳米硅在室温以上温度范围内的输运性质进行了研究,认为在该区域内的输运机制主要是以热激活的扩展态电导机制和隧穿机制为主,同时薄膜中的晶粒间界以及大量缺陷态的存在对输运机制有着很大的影响。Wienkes 等利用简易激活能的模型对更宽温度范围内的纳米硅输运机制进行了分析,分别得到了 10~80K 温度范围内为 Mott 变程跳跃传导机制、80~220K 温度范围内为多声子辅助跳跃传导机制(MPH)以及 220K 以上为热激活传导机制。Schnabel 等还研究了镶嵌于碳化硅薄膜中的纳米硅输运机制,主要分析了隧穿机制、晶界、界面态及表面态在其输运过程中的作用和影响。

与此同时,对于多晶硅及纳米硅中载流子迁移率的研究也有着一定的历史。Seto 等通过迁移率随掺杂浓度的变化关系得到了多晶硅薄膜中晶粒间界对载流子输运性能的影响作用,他们认为晶界中存在着大量的缺陷态,这些缺陷态"捕获"了载流子从而在晶界处形成了相应的势垒。晶界处的势垒高度在低掺杂浓度下随着材料中的载流子浓度的升高而升高。然而,当载流子浓度高于晶界处缺陷态浓度时,势垒高度却会随着载流子浓度的升高而降低。Schindler 等发现微晶硅中的晶粒间界可以通过捕获载流子而形成相应的势垒,阻碍了载流子的传输,影响其迁移率,迁移率较无势垒时降低了 30% 左右。Cheng 通过 PECVD 技术制备出纳米硅薄膜,达到了 $12\text{cm}^2/(\text{V}\cdot\text{s})$ 的电子场迁移率。Lee 等在制备的纳米硅超薄场效应管中测试出其电子的场迁移率高达 $450\text{cm}^2/(\text{V}\cdot\text{s})$,他们还研究了薄膜材料中的缺陷态对载流子迁移率的影响,认为材料中氧空位浓度的降低能够有效提高其载流子迁移率。Stieler 等在对纳米硅进行空间电流限制技术测试时发现,其电子迁移率随着纳米硅晶粒的生长而增加,同时界面氧化物的存在会对迁移率造成一定的影响。

此外,掺杂对纳米硅及其电学性能的影响和改进的相关研究也越来越得到人们的广泛关注。大量研究表明在掺杂纳米硅材料的过程中存在着一种"自净化"效率,使杂质原子磷或硼很难掺杂进入纳米硅内部。人们对掺杂原子在纳米硅中的位置并没有确切的定论,一种观点认为磷原子倾向于进入纳米硅的内部,而硼原子则更倾向于停留在纳米硅的表面处;而另外一种观点认为磷原子更易于在纳米硅表面,而硼原子则会进入纳米硅内部。Fujii 等认为磷掺杂能够有效提高纳米硅材料的光电流,Stegner 等则发现纳米硅的电导率随着掺杂浓度的升高而增加,但是在 100~300K 的温度范围内却随着测试温度的升高而降低,展现了不同的散射机制对其载流子输运过程的影响。在我们先前的工作中,通过 PECVD 以及高温热退火的方式制备了磷和硼掺杂的纳米硅薄膜,发现掺杂后纳米硅的电导率有了明显的提高,磷和硼掺杂后的纳米硅电导率分别达到了 5.3S/cm 和 130S/cm,比未掺杂时的电导率(10^{-7}S/cm)提高了近 9 个数量级,明确了磷和硼原子可通过高温退火方式在纳米硅中有效激活。我们还制备了磷掺杂的纳米硅/二氧化硅多层膜薄膜,通过 X 射线光电子能谱技术的分析证实了只有部分磷原子进入纳米硅内部,而电子自旋共振的测试则发现未掺杂纳米硅的悬挂键电子信号随着纳米硅磷掺杂浓度的升高而逐渐消失,证明了部分磷原子停留在了纳米硅与二氧化硅的界面处,钝化了悬挂键。

从以上的介绍我们可以看出,目前人们对纳米硅输运机制的研究已经进行了大量的工作。然而由于纳米硅结构的复杂性,人们在对其输运机制的认知中并没有一个共同和细致的结果,特别是关于纳米硅输运过程中的各种散射机制还缺乏一定的研究积累。要对其输运过程有一个清晰的认识,仍然需要进一步深入研究。

1.4 霍尔效应在电学输运研究中的重要性

目前,人们对以硅基为主的半导体纳米材料输运机制的研究手段大多集中在变温电导率测试或者变温 $I-V$ 测试,缺乏对迁移率及变温迁移率定性定量的研究。载流子迁移率作为输运机制中的重要参数,对其的认知在光电器件应用研究中有着举足轻重的作用。如在太阳能电池中,电池电流主要是由载流子的数目决定,而载流子的数目主要取决于少子的扩散长度 $L_n = (D_n \times \tau_n)^{1/2}$,其中,$\tau_n$ 代表的是少子的寿命,扩散系数 D_n 可以通过爱因斯坦关系 $D_n = k_B \times T \times \mu/q$ 来确定。所以,载流子的迁移率 μ 会影响到载流子的扩散长度,进而影响到太阳能电池的性能。我们通过霍尔效应测试(图 1-17),可以得到半导体薄膜的方块电阻、载流子浓度和迁移率等性质量。变温霍尔效应测试还可以通过电导率随温度变化的 Arrhenius 关系得到样品的电导激活能 E_a,通过迁移率随温度变化的 Arrhenius 关系得到迁移率激活能 E_a^μ。而在多晶薄膜中,迁移率激活能 E_a^μ 在一定程度上反映了晶界势垒高度 E_B。此外,变温霍尔迁移率往往能够反映出载流子输运过程中所存在的散射机制。在典型的体硅材料中,霍尔迁移率和温度的关系可以用 $\mu_H(T) \propto T^n$ 来表示,n 的不同数值代表了输运过程中不同的散射机制,$n=-1.5$ 代表的是声学声子散射机制,$n=1.5$ 代表的是电离杂质散射机制,而 $n=0$ 代表的是中性杂质散射机制等。我们可以通过拟合霍尔迁移率和温度的关系,根据 n 的数值定性或定量分析各种散射机制在载流子输运过程中的作用。

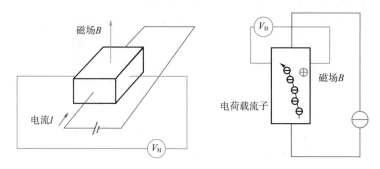

图 1-17   霍尔效应测试原理图

1.4.1   霍尔测试系统 LakeShore 8400 的介绍

我们使用的霍尔测试系统是美国 Lake Shore 公司旗下的 LakeShore 8400 霍尔效应测试系统。该系统能够提供多种测试环境,如交流磁场环境、可变直流磁场环境以及可变温度环境等,用来满足不同的测试需求。其测试对象包含了太阳能电池、有机电子器件、透明导电氧化物材料、Ⅲ-Ⅴ族/Ⅱ-Ⅵ族半导体材料、硅基半导体材料以及其他一些导电材料等。图 1-18 是 LakeShore 8400 霍尔效应测试系统的实物图。

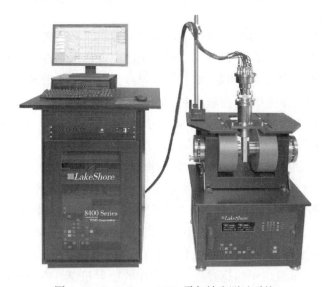

图 1-18   LakeShore 8400 霍尔效应测试系统

通过 LakeShore 8400 霍尔效应测试系统能直接或间接计算出样品的以下参数：
迁移率、电阻率、霍尔电压、霍尔系数、载流子类型及浓度等。表 1-1 分别给出了迁移
率、电阻率、磁场参数以及温度参数的相关测试范围。

表 1-1　LakeShore 8400 霍尔效应测试系统测试参数

参数	范围
迁移率量程	直流场测试:>1cm²/(V·s)
	交流场测试:>0.001cm²/(V·s)
电阻量程	标准测试:0.5~10 MΩ
	高阻测试:10 MΩ~200 GΩ
磁场配置	直流场测试:1.67 T
	交流场测试:1.18 T
温度量程	高温:305~1273K
	低温:15~350K

LakeShore 8400 霍尔效应测试系统是基于范德堡法测试原理。在制备样品的过
程中,将待测试样品制备在 1cm × 1cm 大小的石英衬底上,在样品的四角上通过蒸镀
法蒸镀一层铝电极,通过合金化过程使样品和电极间形成欧姆接触。在测试前,将样
品于 150℃氩气中放置 30min,用来消除表面态对其电学性能的影响。

1.4.2　霍尔测试原理

样品的霍尔迁移率可以通过霍尔效应的测试来获得。图 1-19 为霍尔效应测试
的样品结构示意图。在-z 方向施加磁场,该磁场垂直于电流的方向,如样品是 n 型
的,电子为多数载流子。由于电流是向右流动的,所以电子向左移动。磁场对电荷量
q、速度 v_n 的电子产生的洛伦兹力为 $\overrightarrow{F_{Hn}} = -q(\overrightarrow{v_n} \times \overrightarrow{B})$,洛伦兹力使电子加速移向样品
顶部。因此,样品顶部带负电荷,产生了负的霍尔电压 V_H。 反之,如果样品是 p 型
的,空穴为多数载流子,洛伦兹力同样会使空穴加速移向样品顶部,会得到正的霍尔
电压。根据霍尔电压的正负,可判断材料是 n 型还是 p 型的(图 1-20)。

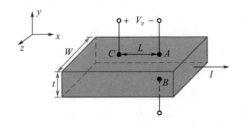

图 1-19　测试电阻率和霍尔效应的样品结构

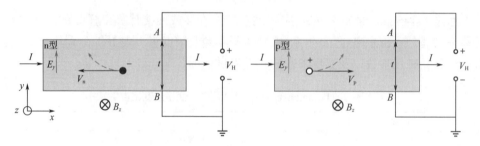

图 1-20 霍尔效应可以用来测量样品的掺杂类型和载流子浓度

霍尔电压在 y 方向形成的电场为:

$$E_y = \frac{\mathrm{d}V_y}{\mathrm{d}y} = \frac{V_H}{t} \tag{1-14}$$

载流子在样品中达到平衡时,磁场力和霍尔电压的电场力大小相等,方向相反。因此,对电子来说有:

$$F_y = -qE_y + qv_x B = 0 \tag{1-15}$$

通过电流 I 为:

$$I = -qnv_x tW \tag{1-16}$$

对于电子,式中的霍尔系数 R_H 定义为:

$$R_{Hn} = \frac{-1}{nq} \text{（电子）} \tag{1-17}$$

由式(1-15)~式(1-17),有:

$$E_y = -\frac{IB}{nqtW} = +\frac{R_H IB}{tW} \tag{1-18}$$

由于霍尔电压为 $V_H = E_y t$,结合式(1-18)和式(1-14),有:

$$R_{Hn} = \frac{-1}{nq} = \frac{V_{Hn} W}{IB} \tag{1-19}$$

因此,知道了 V_{Hn}、I、B 和 W,就可以得霍尔系数,进而得到电子浓度 n。载流子迁移率可以通过电导率与霍尔系数的乘积 σR_H 得到。对于电子,迁移率有:

$$\sigma_n R_{Hn} = nq\mu_n \frac{-1}{nq} = -\mu_n \tag{1-20}$$

对于空穴,迁移率有:

$$\sigma_p R_{Hp} = pq\mu_p \frac{1}{pq} = \mu_p \tag{1-21}$$

用这种方法得到的迁移率被称为霍尔迁移率 μ_H。

在霍尔效应测试中,我们常用的技术是范德堡法测试技术。通过该测试手段,我们能够计算出被测材料的面电阻率(如果已知材料的厚度,就能够计算出相应的电阻率,进而得到电导率)、材料的载流子类型(p 型或 n 型)、材料的多子载流子浓度以及材料的载流子迁移率等。范德堡法测试要求样品形状呈片状且厚度均匀,其厚度应远小于样品尺寸的大小,同时样品须组分均匀且具有各相同性。样品的电极制备如图 1-21 所示,4 个电极的位置必须位于样品表面的边缘并且电极尺寸应远小于电极间的间距,电极和样品之间须形成欧姆接触。

范德堡法霍尔效应测试一般分为两个步骤,首先是对样品电阻率的测试,其次是对样品霍尔电压的测试,然后根据霍尔效应的公式,计算出材料中的载流子类型、多子载流子浓度以及载流子迁移率。

在对样品进行电阻率的测试中,4 个电极编号为 1~4,如图 1-21 所示,电流源采用的是直流电流源。在样品的一侧电极 1→2 方向通入电流(I_{12}),另一侧在电极 3→4 方向上测试电压(V_{34}),通过欧姆定律可以得到电阻 $R_{12,34} = \dfrac{V_{34}}{I_{12}}$。范德堡认为任何形状不规则的样品,都可以通过两组电阻率来获得物体的面电阻率,一组是沿着垂直方向的电阻($R_{12,34}$),一组是沿着水平方向的电阻($R_{23,14}$),通过范德堡方程 $e^{-\pi R_{12,34}/R_s}$ + $e^{-\pi R_{23,14}/R_s} = 1$ 来确定样品的面电阻率 R_s。

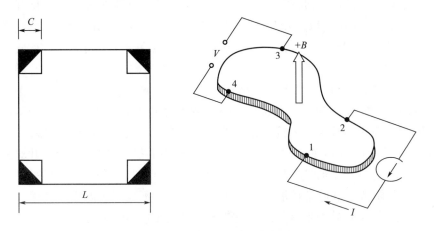

图 1-21　范德堡法霍尔效应测试

在对样品进行霍尔电压的测试中,需要通入磁场,磁场从 z 轴的正、负两个方向垂直穿过样品,如图 1-21 所示。在 z 轴正方向磁场中,电极 2→4 方向通入电流(I_{24}),在电极 1→3 方向上测试电压,记录为 $V_{13,P}$;电极 4→2 方向通入电流(I_{42}),在电极 3→1 方向上测试电压,记录为 $V_{31,P}$;电极 3→1 方向通入电流(I_{31}),在电极 2→4 方向上测试电压,记录为 $V_{24,P}$;电极 1→3 方向通入电流(I_{13}),在电极 4→2 方向上测试电压,记录为 $V_{42,P}$。在 z 轴负方向磁场中,重复以上测试可以得到 4 组电压数值,分别记录为 $V_{13,N}$、$V_{31,N}$、$V_{24,N}$ 和 $V_{42,N}$。根据以上获得的 8 组电压数值,可以得到:

$$V_{13} = V_{13,\mathrm{P}} - V_{13,\mathrm{N}}$$
$$V_{24} = V_{24,\mathrm{P}} - V_{24,\mathrm{N}}$$
$$V_{31} = V_{31,\mathrm{P}} - V_{31,\mathrm{N}}$$
$$V_{42} = V_{42,\mathrm{P}} - V_{42,\mathrm{N}}$$

霍尔电压为：

$$V_{\mathrm{H}} = \frac{V_{13} + V_{24} + V_{31} + V_{42}}{8} \tag{1-22}$$

通过霍尔电压可以计算出测试样品的载流子面浓度，判断出载流子类型，结合电导率可以获得样品的载流子迁移率。

1.5　本书的主要内容

纳米硅材料在各种光电子器件的研制中具有极大的应用前景，由于其完全与当前成熟的半导体集成工艺相兼容，并且性能稳定、无毒性、无污染等，已经在硅基单片光电集成、非易失性浮栅存储器和新一代薄膜太阳能电池等领域显示出良好的应用前景，并步入了实用化阶段。新型钙钛矿材料碘酸铅甲胺（$MAPbI_3$）禁带宽度适当，光吸收系数高，光生激子束缚能相对较低，载流子迁移率高且扩散距离长，使其迅速成为新型光电器件中的热点研究材料之一。为了进一步提高器件的性能，对纳米硅材料以及新型钙钛矿材料 $MAPbI_3$ 的结构以及载流子输运性质的研究具有重要的意义。本书的主要工作分为 3 个方面，第一是围绕纳米硅的特性展开的，对纳米硅的结构、光电性质，特别是载流子的输运过程进行了系统的研究。对掺杂纳米硅薄膜的电学性能进行了表征，获得了具有高电导率和高迁移率的掺杂纳米硅薄膜，并对其输运机制和掺杂行为进行了研究。第二是围绕了钙钛矿材料 $MAPbI_3$ 的制备与特性，对 $MAPbI_3$ 的结构、光学和电学性能进行了研究。分析了不同退火温度对其输运机制的影响。第三是围绕着硅纳米材料以及钙钛矿材料在光电器件上的应用展开了当前成果的介绍和展望。

参考文献

[1] Hatzopoulos A T, Pappas I, Tassis D H, et al. Analytical current-voltage model for nanocrystalline silicon thin-film transistors [J]. Applied Physics Letters, 2006, 89 (19):193504.

[2] Cody G D, Tiedje T, Abeles B, et al. Disorder and the optical-absorption edge of hydrogenated amorphous silicon[J]. Physical Review Letters, 1981, 47(20):1480-1483.

[3] Meirav U, Kastner M A, Wind S J. Single-electron charging and periodic conductance

resonances in GaAs nanostructures[J]. Physical review letters,1990,65(6):771.

[4]Datta T,Woollam J A,Notohamiprodjo W. Optical-absorption edge and disorder effects in hydrogenated amorphous diamondlike carbon films[J]. Physical Review B,1989,40 (9):5956-5960.

[5]Koha J,Fujiwara H,Collins R W,et al. Microstructural evolution of a-Si：H prepared using hydrogen dilution of silane studied by real time spectroellipsometry [J]. Journal of non-crystalline solids,1998,227:73-77.

[6]Shah A,Torres P,Tscharner R,et al. Photovoltaic technology：The case for thin-film solar cells[J]. Science,1999,285(5428):692-698.

[7]Kilby J S. Invention of the integrated circuit[J]. IEEE Transactions on Electron Devices,1976,23(7):648-654.

[8]Schaller R R. Moore's law：Past,present and future[J]. IEEE Spectrum,1997,34(6): 52-59.

[9]Moore G E. Lithography and the futurre of Moore's law[J]. International Society for Optics and Photonics,1995:2-17.

[10]Thompson S E,Parthasarathy S. Moore's law：The future of Si microelectronics[J]. Materials Today,2006,9(6):20-25.

[11]Takagahara T,Takeda K. Theory of the quantum confinement effect on excitons in quantum dots of indirect gap materials[J]. Physical Review B,1992,46(23):15578.

[12]Park N M,Choi C J,Seong T Y,et al. Quantum confinement in amorphous silicon quantum dots embedded in silicon nitride[J]. Physical review letters,2001,86(7):1355.

[13]Beenakker C W J. Theory of Coulomb-blockade oscillations in the conductance of a quantum dot[J]. Physical Review B,1991,44(4):1646-1656.

[14]Park J,Pasupathy A N,Goldsmith J I,et al. Coulomb blockade and the kondo effect in single-atom transistors[J]. Nature,2002,417(6890):722-725.

[15]Caldeira A O,Leggett A J. Quantum tunnelling in a dissipative system[J]. Annals of Physics,1983,149(2):374-456.

[16]Thomas L,Lionti F,Ballou R,et al. Macroscopic quantum tunnelling of magnetization in a single crystal of nanomagnets[J]. Nature,1996,383(6596):145-147.

[17]Mann C C. The end of Moore's law[J]. Technology Review,2000,103:42-48.

[18]Kish L B. End of Moore's law：Thermal (noise) death of integration in micro and nano electronics[J]. Physics Letters A,2002,305(3/4):144-149.

[19]Ray S K,Maikap S,Banerjee W,et al. Nanocrystals for silicon-based light-emitting and memory devices[J]. Journal of Physics D:Applied Physics,2013,46(15):153001.

[20] Brus L. Zero-dimensional "excitons" in semiconductor clusters[J]. IEEE Journal of Quantum Electronics,1986,22(9):1909-1914.

[21] Tsolakidis A,Martin R M. Comparison of the optical response of hydrogen-passivated germanium and silicon clusters[J]. Physical Review B,2005,71(12):125319.

[22] Garoufalis C S,Zdetsis A D,Grimme S. High level Ab initio calculations of the optical gap of small silicon quantum dots [J] . Physical Review Letters, 2001, 87 (27):276402.

[23] Yu P Y,Cardona M,Yu P Y,et al. Effect of quantum confinement on electrons and phonons in semiconductors [J] . Fundamentals of Semiconductors: Physics and Materials Properties,2010:469-551.

[24] De Boer W D A M,Timmerman D,Dohnalová K,et al. Red spectral shift and enhanced quantum efficiency in phonon-free photoluminescence from silicon nanocrystals[J]. Nature Nanotechnology,2010,5(12):878-884.

[25] 刘恩科.《半导体物理学》[M]. 西安:西安交通大学出版社,1998.

[26] Dohnalová K,Poddubny A N,Prokofiev A A,et al. Surface brightens up siquantum dots:direct bandgaplike size. tunable emissicon[J]. Light:science & applications, 2013,2(1):e47-e47.

[27] Dohnalová K, Gregorkiewicz T, Kůsová K. Silicon quantum dots: Surface matters [J]. Journal of Physics:Condensed Matter,2014,26(17):173201.

[28] Cho I H,Kim D H,Noh D Y. X-ray photochemical wet etching of n-Si (100) in hydrofluoric solution[J]. Applied Physics Letters,2006,89(5):402.

[29] Leobandung E,Guo L J,Wang Y,et al. Observation of quantum effects and Coulomb blockade in silicon quantum-dot transistors at temperatures over 100K[J]. Applied Physics Letters,1995,67(7):938-940.

[30] Kim I,Han S,Han K,et al. Room temperature single electron effects in a Si nano-crystal memory[J]. IEEE Electron Device Letters,1999,20(12):630-631.

[31] Qian X Y,Chen K J,Huang J,et al. Room-temperature multi-peak NDR in nc-Si quantum-dot stacking MOS structures for multiple value memory and logic[J]. Chinese Physics Letters,2013,30(7):077303.

[32] Perez Wurfl I,Ma L,Lin D,et al. Silicon nanocrystals in an oxide matrix for thin film solar cells with 492mV open circuit voltage[J]. Solar Energy Materials and Solar Cells,2012,100:65-68.

[33] Cho E C,Park S,Hao X,et al. Silicon quantum dot/crystalline silicon solar cells[J]. Nanotechnology,2008,19(24):245201.

[34] Rowe D J, Jeong J S, Mkhoyan K A, et al. Phosphorus-doped silicon nanocrystals exhibiting mid-infrared localized surface plasmon resonance [J]. Nano Letters, 2013, 13(3):1317-1322.

[35] Hong S H, Kim Y S, Lee W, et al. Active doping of B in silicon nanostructures and development of a Si quantum dot solar cell[J]. Nanotechnology, 2011, 22(42):425203.

[36] Lechner R, Stegner A R, Pereira R N, et al. Electronic properties of doped silicon nanocrystal films [J]. Journal of Applied Physics, 2008, 104(5):136.

[37] Wolf O, Dasog M, Yang Z, et al. Doping and quantum confinement effects in single Si nanocrystals observed by scanning tunneling spectroscopy [J]. Nano letters, 2013, 13(6):2516-2521.

[38] Ni Z, Pi X, Yang D. Doping Si nanocrystals embedded in SiO_2 with P in the framework of density functional theory [J]. Physical review, 2014, 89(3):035312.1-035312.9.

[39] Fujii M, Toshikiyo K, Takase Y, et al. Below bulk-band-gap photoluminescence at room temperature from heavily P-and B-doped Si nanocrystals[J]. Journal of Applied Physics, 2003, 94(3):1990-1995.

[40] Conibeer G, Green M A, König D, et al. Silicon quantum dot based solar cells:Addressing the issues of doping, voltage and current transport[J]. Progress in Photovoltaics:Research and Applications, 2011, 19(7):813-824.

[41] Sugimoto H, Fujii M, Imakita K, et al. Codoping n-and p-type impurities in colloidal silicon nanocrystals:Controlling luminescence energy from below bulk band gap to visible range[J]. The Journal of Physical Chemistry C, 2013, 117(22):11850-11857.

[42] Fukuda M, Fujii M, Hayashi S. Room-temperature below bulk-Si band gap photoluminescence from P and B Co-doped and compensated Si nanocrystals with narrow size distributions[J]. Journal of Luminescence, 2011, 131(5):1066-1069.

[43] Park S, Cho E, Song D Y, et al. N-type silicon quantum dots and p-type crystalline silicon heteroface solar cells[J]. Solar Energy Materials and Solar Cells, 2009, 93(6/7):684-690.

[44] Ta V D, Chen R, Nguyen D M, et al. Application of self-assembled hemispherical microlasers as gas sensors[J]. Applied Physics Letters, 2013, 102(3):1-4.

[45] Stegner A R, Pereira R N, Klein K, et al. Electronic transport in phosphorus-doped silicon nanocrystal networks[J]. Physical Review Letters, 2008, 100(2):026803.

[46] Khoo K H, Chelikowsky J R. First-principles study of vibrational modes and Raman spectra in P-doped Si nanocrystals[J]. Physical Review B, 2014, 89(19):195309.

[47] Fujikata J, Takahashi S, Takahashi M, et al. High-performance MOS-capacitor-type Si

optical modulator and surface–illumination–type Ge photodetector for optical interconnection [J]. Japanese Journal of Applied Physics,2016,55(4S):04EC01.

[48] Chen K,Huang Q,Zhang J,et al. Wavelength–multiplexed duplex transceiver based on III–V/Si hybrid integration for off–chip and on–chip optical interconnects [J]. IEEE Photonics Journal,2016,8(1):1–10.

[49] Xu K K,Snyman L W,Aharoni H. Si light–emitting device in integrated photonic CMOS ICs[J]. Optical Materials,2017,69:274–282.

[50] Penadés J S,Sánchez–Postigo A,Nedeljkovic M,et al. Suspended silicon waveguides for long–wave infrared wavelengths[J]. Optics letters,2018,43(4):795–798.

[51] Fujikata J,Takahashi S,Mogami T,et al. High–performance si Optical Modulator ane Ge photodetector and their application to silicon photonics integrated circuit[J]. ECS Transactions,2018,86(7):17.

[52] Liu L,Fang T,Liu J,et al. Design,implementation and characteristic of cmos terahertz detectors:An overview [C]//2018 14th IEEE International Conference on Solid–State and Integrated Circuit Technology (ICSICT). IEEE,2018:1–4.

[53] Rückschloss M,Landkammer B,Veprek S. Light emitting nanocrystalline silicon prepared by dry processing:The effect of crystallite size[J]. Applied Physics Letters, 1993,63(11):1474–1476.

[54] Fujita S,Sugiyama N. Visible light–emitting devices with Schottky contacts on an ultrathin amorphous silicon layer containing silicon nanocrystals[J]. Applied Physics Letters,1999,74(2):308–310.

[55] Meinardi F,Ehrenberg S,Dhamo L,et al. Highly efficient luminescent solar concentrators based on earth–abundant indirect–bandgap silicon quantum dots[J]. Nature Photonics, 2017,11(3):177–185.

[56] Zhong Y L,Peng F,Bao F,et al. Large–scale aqueous synthesis of fluorescent and biocompatible silicon nanoparticles and their use as highly photostable biological probes[J]. Journal of the American Chemical Society,2013,135(22):8350–8356.

[57] Zhao S Y,Ni Z Y,Tan H,et al. Electroluminescent synaptic devices with logic functions[J]. Nano Energy,2018,54:383–389.

[58] Park N M,Kim T S,Park S J. Band gap engineering of amorphous silicon quantum dots for light–emitting diodes[J]. Applied Physics Letters,2001,78(17):2575–2577.

[59] He C,Han C B,Xu Y R,et al. Photovoltaic effect of CdS/Si nanoheterojunction array [J]. Journal of Applied Physics,2011,110(9):203501–93.

[60] Zhou T,Anderson R T,Li H,et al. Bandgap tuning of silicon quantum dots by surface

functionalization with conjugated organic groups [J]. Nano Letters, 2015, 15 (6): 3657-3663.

[61] Ji Y, Shan D, Qian M, et al. Formation of high conductive nano-crystalline silicon embedded in amorphous silicon-carbide films with large optical band gap [J]. AIP Advances, 2016, 6(10).

[62] Fujii M, Mimura A, Hayashi S, et al. Hyperfine structure of the electron spin resonance of phosphorus-doped Si nanocrystals[J]. Physical review letters, 2002, 89(20): 206805.

[63] Lu P, Mu W, Xu J, et al. Phosphorus doping in si nanocrystals/SiO_2 multilayers and light emission with wavelength compatible for optical telecommunication[J]. Scientific reports, 2016, 6(1): 22888.

[64] Inoue A, Sugimoto H, Fujii M. Photoluminescence enhancement of silicon quantum dot monolayer by double resonance plasmonic substrate[J]. The Journal of Physical Chemistry C, 2017, 121(21): 11609-11615.

[65] Mertens H, Biteen J S, Atwater H A, et al. Polarization-selective plasmon-enhanced silicon quantum-dot luminescence[J]. Nano letters, 2006, 6(11): 2622-2625.

[66] Li W, Wang S, Hu M, et al. Enhancement of electroluminescence from embedded Si quantum dots/SiO_2 multilayers film by localized-surface-plasmon and surface roughening[J]. Scientific Reports, 2015, 5(1): 11881.

[67] 季阳. 界面层调控和修饰对提高硅量子点/硅纳米线电致发光器件性能的研究 [D]. 南京: 南京大学, 2019.

[68] Sikora A, Pesl F P, Unger W, et al. Technologies and reliability of modern embedded flash cells[J]. Microelectronics Reliability, 2006, 46(12): 1980-2005.

[69] Tilke A T, Simmel F C, Lorenz H, et al. Quantum interference in a one-dimensional silicon nanowire[J]. Physical Review B, 2003, 68(7): 075311.

[70] Chow W W, Jahnke F. On the physics of semiconductor quantum dots for applications in lasers and quantum optics [J]. Progress in quantum electronics, 2013, 37(3): 109-184.

[71] Yu L W, Chen K J, Wu L C, et al. Coupling induced subband structures and collective single electron behavior in a single layer Si quantum dot array [J]. Journal of Applied Physics, 2006, 100(8): 083701.

[72] Yu L W, Chen K J, Wu L C, et al. Collective behavior of single electron effects in a single layer Si quantum dot array at room temperature[J]. Physical Review B, 2005, 71(24): 245305.

[73] Lee J J, Wang X G, Bai W P, et al. Theoretical and experimental investigation of Si nanocrystal memory device with HfO/sub 2/high-k tunneling dielectric [J]. IEEE

Transactions on Electron Devices,2003,50(10):2067-2072.

[74] Ramalingam B,Zheng H S,Gangopadhyay S. Layer-by-layer charging in non-volatile memory devices using embedded sub-2nm platinum nanoparticles[J]. Applied Physics Letters,2014,104(14):256-259.

[75] Lin Y H,Chien C H,Lin C T, et al. High-performance nonvolatile HfO/sub 2/ nanocrystal memory[J]. IEEE Electron Device Letters,2005,26(3):154-156.

[76] Lin Y H,Chien C H,Lin C T,et al. Novel two-bit HfO/sub 2/nanocrystal nonvolatile flash memory[J]. IEEE Transactions on Electron Devices,2006,53(4):782-789.

[77] 于杰,8Kb NOR 功能纳米硅非易失性存储器原型器件的研制和器件物理研究 [D].南京:南京大学,2016.

[78] Sze S M. 半导体器件物理与工艺[M]. 赵鹤鸣,等译. 苏州:苏州大学出版 社,2002.

[79] Zhao J,Wang A,Yun F,et al. 20000 PERL silicon cells for the '1996 World Solar Challenge' solar car race[J]. Progress in Photovoltaics,1997,5:269.

[80] Engelhart P,Wendt J,Schulze A,et al. R&D pilot line production of multi-crystalline Si solar cells exceeding cell efficiencies of 18% [J]. Energy Procedia,2011,8:313-317.

[81] Tsuda S,Tarui H,Matsuyama T,et al. Superlattice structure a-Si films fabricated by the photo-CVD method and their application to solar cells[J]. Japanese Journal of Applied Physics,1987,26(1R):28.

[82] Keevers M J ,Young T L ,Schubert U ,et al. 10% Efficient Csg Minimodules[C]// European photovoltaic solar energy conference. 2007.

[83] Green M A. Third generation photovoltaics:Ultra-high conversion efficiency at low cost [J]. Progress in Photovoltaics,2001,9(2):123.

[84] Shockley W,Queisser H J. Detailed balance limit of efficiency of p-n junction solar cells[J]. Journal of Applied Physics,1961,32(3):510-519.

[85] Hu L,Chen G. Analysis of optical absorption in Silicon nanowire arrays for photovoltaic applications[J]. Nano Letters,2007,7(11):3249.

[86] Muskens O L,Rivas J G,Algra R E,et al. Design of light scattering in nanowire materials for photovoltaic applications[J]. Nano Letters,2008,8(9):2638.

[87] Li H F,Jia R,Chen C,et al. Influence of nanowires length on performance of crystalline silicon solar cell[J]. Applied Physics Letters,2011,98(15):1940.

[88] Fang H,Li X,Song S,et al. Fabrication of slantingly-aligned silicon nanowire arrays for solar cell applications[J]. Nanotechnology,2008,19(25):711.

[89] Li Y,Li M,Fu P,et al. A comparison of light-harvesting performance of silicon nanocones

and nanowires for radial-junction solar cells[J]. Scientific Reports,2015,5:11532.

[90]Kim D R,Lee C H,Rao P M,et al. Hybrid Si microwire and planar solar cells: passivation and characterization[J]. Nano Letters,2011,11(7):2704.

[91]Nozik A J. Spectroscopy and hot electron relaxation dynamics in semiconductor quantum wells and quantum dots[J]. Annual Review of Physical Chemistry,2001,52 (1):193.

[92]Schaller R D,Klimov V I. High efficiency carrier multiplication in PbSe nanocrystals: Implications for solar energy conversion[J]. Physical Review Letters,2004,92(18):186601.

[93]Davis N J,Bohm M L Tabachnyk M,et al. Multiple-exciton generation in lead selenide nanorod solar cells with external quantum efficiencies exceeding 120 [J]. Nature Communications,2015,6:8259.

[94]Service R F. Framework materials grab CO_2 and researchers'attention[J]. Science,2008, 319:718.

[95]Shen H H,Bienstman P,Maes B. Plasmonic absorption enhancement in organic solar cells with thin active layers[J]. Journal of Applied Physics,2009,106(7):1924.

[96]Zhou Z Q,Wang L X,Shi W,et al. A synergetic application of surface plasmon and field effect to improve Si solar cell performance[J]. Nanotechnology,2016,27:14.

[97]Mann S A,Garnett E C. Resonant nanophotonic spectrum splitting for ultrathin multijunction solar cells[J]. ACS Photonics,2015,2:816.

[98]Kim S S,Na S I,Jo J,et al. Plasmon enhanced performance of organic solar cells using electrodeposited Ag nanoparticles[J]. Applied Physics Letters,2008,93(7):305.

[99]Choi M K,Yang J,Kang K,et al. Wearable red-green-blue quantum dot light-emitting diode array using high-resolution intaglio transfer printing [J]. Nature Communications,2015,6:7149.

[100]Xin Y Z,Nishio K,Saitow K I. White-blue electroluminescence from a Si quantum dot hybrid light-emitting diode[J]. Applied Physics Letters,2015,106(20).

[101]Su S P,Wu C L,Lin Y H,et al. All-optical modulation in Si quantum dot-doped SiOx micro-ring waveguide Resonator[J]. IEEE Journal of Selected Topics in Quantum Electronics,2015,22(2):40-48.

[102]Hong S,Baek I B,Kwak G Y,et al. Improved electrical properties of silicon quantum dot layers for photovoltaic applications[J]. Solar Energy Materials and Solar Cells, 2016,150:71.

[103]Ioannou D,Griffin D K. Nanotechnology and molecular cytogenetics:the future has not yet arrived[J]. Nano Reviews,2010,1:5117.

[104]Kondo M. Microcrystalline materials and cells deposited by RF glow discharge[J]. Solar

Energy Materials and Solar Cells,2003,78(1/2/3/4):543-566.

[105] Smets A H M, Matsui T, Kondo M. High-rate deposition of microcrystalline silicon p-i-n solar cells in the high pressure depletion regime[J]. Journal of Applied Physics,2008, 104(3):1614.

[106] Cho E C, Green M A, Conibeer G, et al. Silicon quantum dots in a dielectric matrix for all-silicon tandem solar cells[J]. Advanced Optoelectronics,2007,1:69578.

[107] Meillaud F, Shah A, Droz C, et al. Efficiency limits for single-junction and tandem solar cells[J]. Solar Energy Materials and Solar Cells,2006,90(18/19):2952-2959.

[108] 曹蕴清. 基于硅量子点/碳化硅多层膜的新型异质结光伏器件探索 [D]. 南京: 南京大学,2016.

[109] Hao X J, Cho E C, Flynn C, et al. Effects of boron doping on the structural and optical properties of silicon nanocrystals in a silicon dioxide matrix[J]. Nanotechnology,2008, 19(42):424019.

[110] Erwin S C, Zu L, Haftel M I, et al. Doping semiconductor nanocrystals[J]. Nature, 2005,436:91.

[111] Shimizu-Iwayama T, Fujita K, Nakao S, et al. Visible photoluminescence in Si^+-implanted silica glass[J]. Journal of Applied Physics,1994,75(12):7779-7783.

[112] Mutti P, Ghislotti G, Bertoni S, et al. Room-temperature visible luminescence from silicon nanocrystals in silicon implanted SiO_2 layers[J]. Applied Physics Letters,1995, 66(7):851-853.

[113] Ghislotti G, Nielsen B, Asoka-Kumar P, et al. Effect of different preparation conditions on light emission from silicon implanted SiO_2 layers [J]. Journal of Applied Physics, 1996,79(11):8660-8663.

[114] Min K S, Shcheglov K V, Yang C M, et al. Defect-related versus excitonic visible light emission from ion beam synthesized Si nanocrystals in SiO_2 [J]. Applied Physics Letters,1996,69(14):2033-2035.

[115] Fischer T, Petrova-Koch V, Shcheglov K, et al. Continuously tunable photoluminescence from Si^+-implanted and thermally annealed SiO_2 films[J]. Thin Solid Films,1996,276 (1/2):100-103.

[116] Guha S, Pace M D, Dunn D N, et al. Visible light emission from Si nanocrystals grown by ion implantation and subsequent annealing[J]. Applied Physics Letters, 1997,70(10):1207-1209.

[117] Brongersma M L, Polman A, Min K S, et al. Tuning the emission wavelength of Si nanocrystals in SiO_2 by oxidation[J]. Applied Physics Letters,1998,72(20):2577-2579.

[118] Normand P, Tsoukalas D, Kapetanakis E, et al. Formation of 2-D arrays of silicon nanocrystals in thin SiO$_2$ films by very-low energy Si$^+$ ion implantation [J]. Electrochemical and Solid-State Letters, 1998, 1(2):88-90.

[119] Brongersma M L, Kik P G, Polman A, et al. Size-dependent electron-hole exchange interaction in Si nanocrystals[J]. Applied Physics Letters, 2000, 76(3):351-353.

[120] Furukawa S, Miyasato T. Three-dimensional quantum well effects in ultrafine silicon particles[J]. Japanese Journal of Applied Physics, 1988, 27(11A):L2207.

[121] Zacharias M, Freistedt H, Stolze F, et al. Properties of sputtered a-SiO:H alloys with a visible luminescence[J]. Journal of Non-Crystalline Solids, 1993, 164/165/166: 1089-1092.

[122] Matsumoto K, Fujii M, Hayashi S. Photoluminescence from Si nanocrystals embedded in doped SiO$_2$[J]. Japanese Journal of Applied Physics, 2006, 45(4L):L450.

[123] Yano K, Ishii T, Hashimoto T, et al. Transport characteristics of polycrystalline silicon wire influenced by single-electron charging at room temperature [J]. Applied Physics Letters, 1995, 67(6):828-830.

[124] Burr T A, Seraphin A A, Werwa E, et al. Carrier transport in thin films of silicon nanoparticles[J]. Physical Review B, 1997, 56(8):4818-4824.

[125] Kenyon A J, Trwoga P F, Pitt C W, et al. The origin of photoluminescence from thin films of silicon-rich silica[J]. Journal of Applied Physics, 1996, 79(12):9291-9300.

[126] Fischer T, Muschik T, Schwarz R, et al. Luminescence properties of silicon oxynitride films[J]. MRS Proceedings, 1994, 358:851.

[127] Ma Z X, Liao X B, He J, et al. Annealing behaviors of photoluminescence from SiOx: H[J]. Journal of Applied Physics, 1998, 83(12):7934-7939.

[128] Wilson W L, Szajowski P F, Brus L E. Quantum confinement in size-selected, surface-oxidized silicon nanocrystals[J]. Science, 1993, 262(5137):1242-1244.

[129] Littau K A, Szajowski P J, Muller A J, et al. A luminescent silicon nanocrystal colloid via a high-temperature aerosol reaction[J]. The Journal of Physical Chemistry, 1993, 97(6):1224-1230.

[130] Camata R P, Atwater H A, Vahala K J, et al. Size classification of silicon nanocrystals [J]. Applied Physics Letters, 1996, 68(22):3162-3164.

[131] Oda S, Otobe M. Preparation of nanocrystalline silicon by pulsed plasma processing [J]. Mrs Proceedings, 1994, 358:721.

[132] Otobe M, Kanai T, Oda S. Fabrication of nanocrystalline Si by SiH$_4$ plasma cell [J]. Mrs Online Proceedings Library Archive, 1995, 377.

［133］Grom G F, Lockwood D J, Mccaffrey J P, et al. Ordering and self-organization in nanocrystalline silicon[J]. Nature, 2000, 407(6802):358-361.

［134］Zacharias M, Heitmann J, Scholz R, et al. Size-controlled highly luminescent silicon nanocrystals: A SiO/SiO$_2$ superlattice approach[J]. Applied Physics Letters, 2002, 80(4):661-663.

［135］Wang M X, Huang X F, Xu J, et al. Observation of the size-dependent blueshifted electroluminescence from nanocrystalline Si fabricated by KrF excimer laser annealing of hydrogenated amorphous silicon/amorphous-SiN$_x$:H superlattices[J]. Applied Physics Letters, 1998, 72(6):722-724.

［136］Tsybeskov L, Hirschman K D, Duttagupta S P, et al. Nanocrystalline-silicon superlattice produced by controlled recrystallization[J]. Applied Physics Letters, 1998, 72(1):43-45.

［137］Vinciguerra V, Franzò G, Priolo F, et al. Quantum confinement and recombination dynamics in silicon nanocrystals embedded in Si/SiO$_2$ superlattices[J]. Journal of Applied Physics, 2000, 87(11):8165-8173.

［138］Lu Z H, Lockwood D J, Baribeau J M. Quantum confinement and light emission in SiO$_2$/Si superlattices[J]. Nature, 1995, 378(6554):258-260.

［139］Zacharias M, Bläsing J, Veit P, et al. Thermal crystallization of amorphous Si/SiO$_2$ superlattices[J]. Applied Physics Letters, 1999, 74(18):2614-2616.

［140］Yi L X, Heitmann J, Scholz R, et al. Si rings, Si clusters, and Si nanocrystals—Different states of ultrathin SiOx layers[J]. Applied Physics Letters, 2002, 81(22):4248-4250.

［141］Heitmann J, Scholz R, Schmidt M, et al. Size controlled nc-Si synthesis by SiO/SiO$_2$ superlattices[J]. Journal of Non-Crystalline Solids, 2002, 299/300/301/302:1075-1078.

［142］Kamins T I. Hall mobility in chemically deposited polycrystalline silicon[J]. Journal of Applied Physics, 1971, 42(11):4357-4365.

［143］Seto J Y W. The electrical properties of polycrystalline silicon films[J]. Journal of Applied Physics, 1975, 46(12):5247-5254.

［144］Baccarani G, Riccò B, Spadini G. Transport properties of polycrystalline silicon films[J]. Journal of Applied Physics, 1978, 49(11):5565-5570.

［145］Levinson J, Shepherd F R, Scanlon P J, et al. Conductivity behavior in polycrystalline semiconductor thin film transistors[J]. Journal of Applied Physics, 1982, 53(2):1193-1202.

[146] Cowher M E,Sedgwick T O. Chemical vapor deposited polycrystalline silicon[J]. Journal of the Electrochemical Society,1972,119(11):1565.

[147] Fripp A L. Dependence of resistivity on the doping level of polycrystalline silicon[J]. Journal of Applied Physics,1975,46(3):1240−1244.

[148] Kamins T I,Pianetta P A. MOSFETs in laser−recrystallized poly−silicon on quartz [J]. IEEE Electron Device Letters,1980,1(10):214−216.

[149] Tringe J W,Plummer J D. Electrical and structural properties of polycrystalline silicon[J]. Journal of Applied Physics,2000,87(11):7913−7926.

[150] Shklovskii B I,Efros A L. Electronic properties of doped semiconductors[M]. Springer Science & Business Media,2013.

[151] Brotherton S D. Polycrystalline silicon thin film transistors[J]. Semiconductor Science and Technology,1995,10(6):721−738.

[152] Lee C H,Sazonov A,Nathan A,et al. Directly deposited nanocrystalline silicon thin−film transistors with ultra high mobilities[J]. Applied Physics Letters,2006,89(25).

[153] Grabert H, Devoret M H, Kastner M. Single charge tunneling: Coulomb blockade phenomena in nanostructures[M]. Springer Science & Business Media,2013.

[154] Likharev K K. Single−electron devices and their applications[J]. Proceedings of the IEEE,1999,87(4):606−632.

[155] Ishikuro H, Fujii T, Saraya T, et al. Coulomb blockade oscillations at room temperature in a Si quantum wire metal−oxide−semiconductor field−effect transistor fabricated by anisotropic etching on a silicon−on−insulator substrate[J]. Applied Physics Letters,1996,68(25):3585−3587.

[156] Takahashi Y,Namatsu H,Kurihara K,et al. Size dependence of the characteristics of Si single−electron transistors on SIMOX substrates[J]. IEEE Transactions on Electron Devices,1996,43(8):1213−1217.

[157] Zhuang L,Guo L J,Chou S Y. Silicon single−electron quantum−dot transistor switch operating at room temperature[J]. Applied Physics Letters,1998,72(10):1205−1207.

[158] Uchida K,Koga J,Ohba R,et al. Programmable single−electron transistor logic for future low−power intelligent LSI:Proposal and room−temperature operation[J]. IEEE Transactions on Electron Devices,2003,50(7):1623−1630.

[159] Tan Y T,Kamiya T,Durrani Z A K,et al. Room temperature nanocrystalline silicon single−electron transistors[J]. Journal of Applied Physics,2003,94(1):633−637.

[160] Kouwenhoven L P,Schön G,Sohn L L. Introduction to mesoscopic electron transport [J]. Mesoscopic electron transport,1997:1−44.

[161] Natori K, Uehara T, Sano N. A monte carlo study of current-voltage characteristics of the scaled-down single-electron transistor with a silicon rectangular parallelepiped quantum dot [J]. Japanese Journal of Applied Physics, 2000, 39(5R): 2550.

[162] Lampert M A, Mark P. Current injection in solids [J]. Electrical Science, 1970.

[163] Fujii M, Mamezaki O, Hayashi S, et al. Current transport properties of SiO_2 films containing Ge nanocrystals [J]. Journal of Applied Physics, 1998, 83(3): 1507-1512.

[164] Rafiq M A, Tsuchiya Y, Mizuta H, et al. Charge injection and trapping in silicon nanocrystals [J]. Applied Physics Letters, 2005, 87(18): 828.

[165] Rafiq M A, Tsuchiya Y, Mizuta H, et al. Hopping conduction in size-controlled Si nanocrystals [J]. Journal of Applied Physics, 2006, 100(1): 7375.

[166] Romero H E, Drndic M. Coulomb blockade and hopping conduction in PbSe quantum dots [J]. Physical Review Letters, 2005, 95(15): 156801.

[167] Nishiguchi K, Zhao X, Oda S. Nanocrystalline silicon electron emitter with a high efficiency enhanced by a planarization technique [J]. Journal of Applied Physics, 2002, 92(5): 2748-2757.

[168] Fujii M, Inoue Y, Hayashi S, et al. Hopping conduction in SiO_2 films containing C, Si, and Ge clusters [J]. Applied Physics Letters, 1996, 68(26): 3749-3751.

[169] Yano K, Ishii T, Sano T, et al. Single-electron memory for giga-to-tera bit storage [J]. Proceedings of the IEEE, 1999, 87(4): 633-651.

[170] Kumar V, Jain S C, Kapoor A K, et al. Trap density in conducting organic semiconductors determined from temperature dependence of $J-V$ characteristics [J]. Journal of Applied Physics, 2003, 94(2): 1283-1285.

[171] Mark P, Helfrich W. Space-charge-limited currents in organic crystals [J]. Journal of Applied Physics, 1962, 33(1): 205-215.

[172] R A Smith. Semiconductors [M]. Cambridge: Cambridge University Press, 1978.

[173] Hohl G F, Baranovskii S D, Becker J A, et al. Tunneling conduction in Co-cluster/tetraoctylammonium bromide/poly (phenyl - p - phenylenevinylene) nanocomposites [J]. Journal of Applied Physics, 1995, 78(12): 7130-7136.

[174] Šimánek E. The temperature dependence of the electrical resistivity of granular metals [J]. Solid State Communications, 1981, 40(11): 1021-1023.

[175] Efros A L, Shklovskii B I. Coulomb gap and low temperature conductivity of disordered systems [J]. Journal of Physics C: Solid State Physics, 1975, 8(4): 49-51.

[176] Yu D, Wang C J, Wehrenberg B L, et al. Variable range hopping conduction in semiconductor nanocrystal solids [J]. Physical Review Letters, 2004, 92(21): 216802.

[177] Myong S Y, Lim K S, Konagai M. Effect of hydrogen dilution on carrier transport in hydrogenated boron-doped nanocrystalline silicon-silicon carbide alloys [J]. Applied Physics Letters, 2006, 88(10):131.

[178] Das D, Bhattacharya K. Characterization of the Si:H network during transformation from amorphous to micro-and nanocrystalline structures [J]. Journal of applied physics, 2006, 100(10).

[179] Das D, Sain B. Electrical transport phenomena prevailing in undoped nc-Si/a-SiNx:H thin films prepared by inductively coupled plasma chemical vapor deposition [J]. Journal of Applied Physics, 2013, 114(7):073708.

[180] Wienkes L R, Blackwell C, Kakalios J. Electronic transport in doped mixed-phase hydrogenated amorphous/nanocrystalline silicon thin films [J]. Applied Physics Letters, 2012, 100(7):1233707.

[181] Wienkes L R, Blackwell C, Hutchinson T, et al. Conduction mechanisms in doped mixed-phase hydrogenated amorphous/nanocrystalline silicon thin films [J]. Journal of Applied Physics, 2013, 113(23):233707.

[182] Schnabel M, Canino M, Kühnhold-Pospischil S, et al. Charge transport in nanocrystalline SiC with and without embedded Si nanocrystals [J]. Physical Review B, 2015, 91 (19):195317.

[183] Schindler F, Geilker J, Kwapil W, et al. Hall mobility in multicrystalline silicon [J]. Journal of Applied Physics, 2011, 110(4):043722.

[184] Cheng I C, Wagner S. Hole and electron field-effect mobilities in nanocrystalline silicon deposited at 150℃ [J]. Applied Physics Letters, 2002, 80(3):440-442.

[185] Stieler D, Dalal V L, Muthukrishnan K, et al. Electron mobility in nanocrystalline silicon devices [J]. Journal of applied physics, 2006, 100(3).

[186] Norris D J, Efros A L, Erwin S C. Doped Nanocrystals [J]. Science, 2008, 319 (5871):1776-1779.

[187] Dalpian G M, Chelikowsky J R. Self-Purification in Semiconductor Nanocrystals [J]. Physical review letters, 2006, 96(22):p. 226802. 1-226802. 4.

[188] Chan T L, Kwak H, Eom J H, et al. Self-purification in Si nanocrystals:An energetics study [J]. Physical Review B, 2010, 82(11):2431-2443.

[189] Xu Q, Luo J W, Li S S, et al. Chemical trends of defect formation in Si quantum dots:The case of group-III and group-V dopants [J]. Physical Review B, 2007, 75 (23):235304.

[190] Pi X D, Gresback R, Liptak R W, et al. Doping efficiency, dopant location, and oxidation

of Si nanocrystals[J]. Applied Physics Letters,2008.

[191]Fujii M,Mimura A,Hayashi S,et al. Photoluminescence from Si nanocrystals dispersed in phosphosilicate glass thin films:Improvement of photoluminescence efficiency[J]. Applied Physics Letters,1999,75(2):184-184.

[192]Song C,Xu J,Chen G R,et al. High-conductive nanocrystalline silicon with phosphorous and boron doping[J]. Applied Surface Science,2010,257(4):1337-1341.

[193]单丹. 利用变温霍尔效应研究纳米硅和钙钛矿薄膜的输运性质[D]. 南京:南京大学,2017.

第二章 硅基纳米材料的结构及其输运性质研究

2.1 引言

硅基纳米薄膜具有优异的光电特性和光敏性、高的电导率和载流子迁移率,以及在近红外区域中有较强的光吸收系数等优点。因此其在薄膜太阳能电池、发光二极管以及非挥发性存储器等领域有巨大的应用前景,而基于纳米硅材料的硅基微纳米电子及光电子器件研究也是当前最活跃的领域之一。无论是对微电子还是光电子器件而言,深入理解其中载流子的注入、输运和复合等物理过程将对器件性能的改进有着重要的指导意义,对基于纳米硅的新型器件来说更是如此。因此,对纳米硅材料中载流子输运等电学性质的研究引起了人们的极大关注。但是,常规的研究手段如电流-电压(I-V)、变温电导率等测试手段只能给出材料和器件的宏观输运性质。而对于纳米材料或器件来说,有必要深入了解其载流子的迁移率以及在输运过程中可能存在的各种散射机制,这样更有利于进一步提高相应器件的性能。

2.2 纳米硅材料的结构及其输运性质研究

在我们先前的工作中,通过高温热退火晶化的方法,制备了未掺杂纳米硅薄膜。利用变温电导率的测试手段,对未掺杂纳米硅薄膜的结构及电学性质进行了初步研究。研究结果表明,未掺杂纳米硅薄膜在室温以上温度区域内存在了两种不同的输运机制,分别是热激活下扩展态传导机制和定域态跳跃传导机制。我们通过晶态—非晶态—晶粒间界三相模型对其输运机制进行了解释。同时,还发现薄膜的结构和成分,特别是晶粒间界的存在对载流子输运过程有很重要的影响,纳米硅薄膜中较大的晶粒尺寸和较高的晶化率有利于载流子在其间的输运。在本章中,我们采用常规 PECVD 系统制备了氢化非晶硅薄膜,然后对原始沉积的样品进行高温热退火处理,通过控制退火温度得到晶化程度不同的纳米硅薄膜材料。通过变温霍尔效应测试,结合微结构的表征和研究,讨论了纳米硅薄膜中载流子可能存在的输运机制。

2.2.1 纳米硅材料的制备

本研究通过两个步骤来完成纳米硅薄膜的制备。首先是采用 PECVD 系统制备了氢化非晶硅薄膜。其次是采用常规热炉退火技术对原始样品进行退火处理,通过在不同温度下退火来获得具有不同晶化程度的纳米硅薄膜材料。

通过 PECVD 系统分解纯硅烷(SiH_4)来制备氢化非晶硅薄膜。本研究选择了石英、p 型单晶硅和双抛单晶硅作为生长衬底,用来满足不同的测试需要。其中,石英衬底主要是用于 Raman 光谱测试、透射谱测试以及霍尔测试,p 型衬底主要是用于 TEM 的表征,而双抛单晶硅主要是用来进行傅里叶红外(FTIR)测试。所有衬底在生长前采用了工业上标准的 RCA 标准方法进行了清洗。在生长过程中,射频源的频率为 13.56MHz,射频功率和生长衬底温度分别控制在 30W 和 250℃,生长时真空室内的背景真空度在 1.333Pa 以下,硅烷的流量通过流量计精确控制在 5mL/min,沉积时间为 40min,生长后获得厚度约为 200nm 的氢化非晶硅薄膜。

为获得纳米硅薄膜,对原始沉积的氢化非晶硅薄膜进行了高温热退火处理,退火温度为 800℃和 1000℃,退火时间为 1h,为了防止样品在高温下被氧化,退火过程是在氮气下进行的。退火前,所有样品在 450℃的氮气中进行了 30min 的脱氢处理。

2.2.2 纳米硅材料的结构表征

在对材料微结构的分析中,FTIR 是分析样品中成键组态和原子化学配件的常用方法。在氢化非晶硅薄膜中,大量氢原子的存在使薄膜具有红外活性的 Si—H 键振动模式,通过 FTIR 的测试,可以对薄膜结构中与氢相关的化学组态的变化进行定性和定量的分析。图 2-1 中显示了退火前后纳米硅薄膜的 FTIR 光谱。在原始沉淀样品的 FTIR 图谱中,发现了两个吸收区域,分别是 $640cm^{-1}$ 处对应的 SiH_n 的摇摆振动模式和 $2000cm^{-1}$ 处对应的 H—Si—Si_3 的伸缩振动模式。而 800℃和 1000℃退火后薄膜的 FTIR 光谱中,$640cm^{-1}$ 以及 $2000cm^{-1}$ 两处吸收峰完全消失,说明了高温退火后薄膜中的 Si—H 键已经全部断裂,氢原子已经基本逸出到样品薄膜之外。

作为分析物质微结构的手段,Raman 光谱因其非破坏性分析的特点而受到人们的青睐。物体内部的原子、分子、成键结构以及原子质量等决定了物体内部的振动频率,因此通过测试物体内部不同的振动模式,能有效的对物体的性质进行表征。我们利用 Raman 散射光谱仪(Hobin Yvon Horiba HR800)对退火前后的样品进行拉曼散射谱的测试。图 2-2 中给出了原始沉淀样品及在不同退火温度下处理得到的样品的 Raman 图谱。在原始沉淀样品的 Raman 图谱中可以看到位于 $480cm^{-1}$ 附近的一个弥散的峰包,其对应非晶硅的类横向光学(TO)声子模式,表明原始沉淀样品保持着非晶的结构。在 800℃退火后样品的 Raman 图谱中,$480cm^{-1}$ 附近的非晶类横向光学

(TO)峰消失,而520cm⁻¹附近出现了一个尖锐的拉曼峰,其对应纳米硅的类横向光学声子模式,说明了氢化非晶硅薄膜在高温退火后可以有效获得纳米硅成分。同时,我们观察到随着退火温度增加至1000℃,纳米硅的 TO 峰也随之进一步增强,这表明了样品的晶化程度随着退火温度的升高而增加,同时有序度也得到了增加。

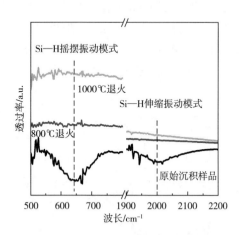

图 2-1　退火前后纳米硅薄膜的 FTIR 光谱

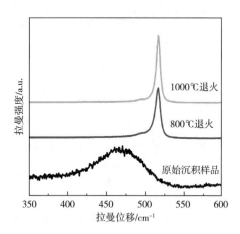

图 2-2　退火前后薄膜的 Raman 图谱

我们对退火后样品的 Raman 散射谱结果进行高斯分峰拟合处理,根据高斯分峰拟合的结果,可以计算得到样品的晶化比 X_c,计算公式为:

$$X_c = \frac{I_c}{I_c + 0.88I_a} \tag{2-1}$$

式中: I_c 是纳米硅晶粒对应的 Raman 散射峰的积分面积; I_a 为非晶硅 TO 膜的

Raman 散射峰的积分面积;0.88 是权重因子,由此可计算得到 800℃ 和 1000℃ 退火后样品的晶化率为 82.5% 和 90.2%。

此外,我们也利用 X 射线衍射(XRD)测试仪(MXP-Ⅲ BrukerInc)对退火前后的样品进行了测试。图 2-3 中给出了原始沉淀样品及在不同退火温度下处理得到的样品的 XRD 衍射谱,在原始沉淀样品的 XRD 谱线中,没有任何特征峰的出现表明了该样品是非晶相的结构。退火后的样品在 $2\theta=28.4°$ 附近出现了衍射峰,该衍射峰对应单晶硅的(111)面。随着退火温度的增加,对应单晶硅的(111)面衍射峰的峰强也逐渐增强,这说明了提高退火温度可以提升样品的晶化程度,与前面 Raman 散射谱的分析结果保持一致。

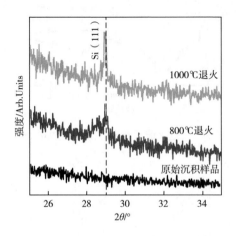

图 2-3　退火前后薄膜的 XRD 图谱

根据德拜-谢乐(Debye-Scherrer)公式,对退火后样品的 XRD 衍射谱结果进行处理,可以计算得到纳米硅样品的平均晶粒尺寸。计算公式为:

$$D = \frac{K\lambda}{B\cos\theta} \tag{2-2}$$

式中:K 为谢乐常数,其值为 0.89;B 为主衍射峰的半高宽;λ 为 X 射线的波长,其值为 0.154nm。由此可计算得到 800℃ 和 1000℃ 退火后样品的 D 分别为 10.7nm 和 16.8nm。可以看出,随着退火温度的升高,纳米硅晶粒尺寸也得到了相应的增加。

为了更清晰地了解纳米硅薄膜的微结构,我们对样品进行了透射电子显微镜(TEM)的表征。图 2-4 中给出了纳米硅薄膜的剖面透射电子显微镜图片以及不同退火温度下纳米硅薄膜的高分辨透射电子显微镜(HRTEM)图片。从图 2-4(a)剖面透射电子显微镜图谱中可以看到退火后样品的厚度均匀,约为 200nm,与原始样品的设计厚度基本相同。通过比较不同退火温度退火后样品的高分辨电镜结果[图 2-4(b)和图 2-4(c)]可以得到,800℃ 退火后的样品晶粒的尺寸约为 8nm,而 1000℃ 退火后的样品晶粒的尺寸约为 20nm，相比于 800℃退火后的样品具有较大的晶粒尺寸以及较高的晶化率，这与先前的 Raman 和 XRD 分析结果相一致。

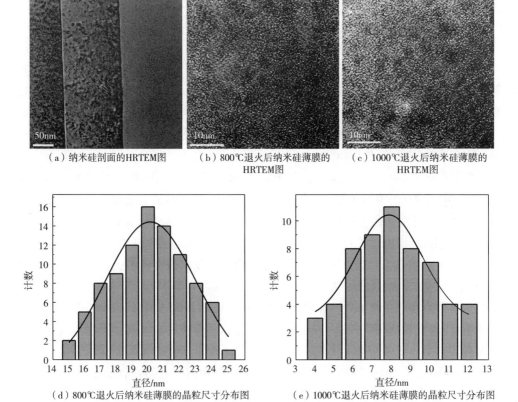

（a）纳米硅剖面的HRTEM图　　（b）800℃退火后纳米硅薄膜的　　（c）1000℃退火后纳米硅薄膜的
　　　　　　　　　　　　　　　　　　HRTEM图　　　　　　　　　　　　HRTEM图

（d）800℃退火后纳米硅薄膜的晶粒尺寸分布图　　（e）1000℃退火后纳米硅薄膜的晶粒尺寸分布图

图 2-4　高分辨透射电子显微镜图谱和晶粒尺寸分布图

根据以上 FTIR、Raman、XRD 以及 TEM 的分析结果，可以发现原始的氢化非晶硅薄膜中主要含有 Si—Si、Si—H、Si—H$_2$ 三种键合方式，高温退火后（>800℃），薄膜中的氢原子全部从薄膜中逸出，薄膜结构由非晶硅结构转化为纳米硅结构。同时，随着退火温度的提高，纳米硅颗粒尺寸不断变大，薄膜的晶化率也得到了进一步提高。

2.2.3　纳米硅材料的光学性能表征

非晶态半导体具有类似于晶态半导体的本征吸收特性，在光吸收过程中，光子能量必须满足条件：$h\nu$ 远大于 E_g。E_g 为禁带宽度，即对应着本征吸收，在低频方面必然存在一个吸收边界 ν，这个边界称为本征吸收边，也叫长波限。可以通过本征吸收边的测量和分析得到禁带宽度 E_g。对于非晶态半导体，由于不具备长程周期性，简约

波矢 k 不再是很好的量子数,跃迁过程也不受动量守恒定律的约束。因此,Tauc 等假设在导带和价带带边附近,隙态密度和能量的关系 $[N_v(E)、N_c(E)]$ 呈现抛物线形状,并且与光子能量相关的跃迁矩阵元对所有跃迁过程都是相等的,由此推导出非晶半导体薄膜中光学带隙和吸收谱的之间的关系可以表达为:

$$(\alpha h\nu)^{1/2} = B(h\nu - E_g) \tag{2-3}$$

式中:α 是样品的吸收系数;$h\nu$ 为光子能量;B 与材料的性质相关;E_g 为样品的光学带隙。式(2-3)即为 Tauc 公式。该公式被广泛应用于计算非晶和纳米半导体材料的光学带隙。一般而言,半导体薄膜的吸收会受到带尾态和缺陷态等的影响,但在高吸收区域(吸收系数 $\alpha > 10^4 cm^{-1}$),其对应的是本征吸收区域,该区域的吸收主要是由扩展态间的跳跃决定的。根据高吸收区处 Tauc 曲线直线部分的延长线与横坐标的交点可以确定薄膜的光学带隙。

我们用紫外—可见—近红外分光光度计(Shimadzu UV-3600)对样品的透射谱和反射谱进行了测试,测试的波长范围是 200~1200nm。根据透射谱和反射谱,由式 $T = (1 - R)^2 e^{-\alpha d}$ 可以计算出样品的吸收系数 α。图 2-5 给出了退火前后薄膜的吸收系数的 Tauc 曲线,根据计算我们得到原始生长的氢化非晶硅薄膜的光学带隙为 1.8eV,这与文献中的报道相一致。而退火后的样品薄膜的光学带隙随退火温度的增加而增加,当退火温度为 800℃时,薄膜的光学带隙为 1.9eV;当退火温度达到 1000℃时,薄膜的光学带隙达到了 2.0eV。在退火过程中,薄膜结构的变化对其光学带隙的影响比较明显,退火后薄膜中开始有纳米硅晶粒的出现,而这些具有高缺陷态浓度的晶粒间界会引起薄膜光学带隙的增加。Das 等认为材料的晶粒间界中存在着大量的缺陷态,这些缺陷态会"捕获"载流子从而形成相应的势垒,使得晶粒间界处具有较大的带隙。因此,退火后薄膜晶化程度的提高和薄膜中纳米晶粒以及晶粒间界的增加,导致了纳米硅薄膜的光学带隙的展宽。

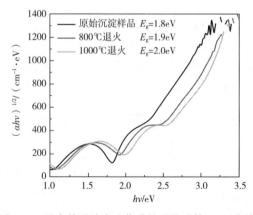

图 2-5　退火前后纳米硅薄膜的吸收系数 Tauc 曲线

2.2.4　纳米硅材料的变温霍尔效应研究

表 2-1 给出了晶化前后纳米硅的室温迁移率、载流子浓度以及电导率的测试数据。从中可以发现，退火前氢化非晶硅薄膜的迁移率和电导率为 0.4cm²/(V·s) 和 2.5×10⁻⁹S/cm，经 1000℃ 退火后形成纳米硅薄膜，其迁移率和电导率增加至 1.6cm²/(V·s) 和 8.6×10⁻⁷S/cm。与退火前原始样品相比，退火后纳米硅薄膜的电导率提高了两个数量级。一般来说，非晶半导体由于其带隙比较宽，室温下扩展态电导的机制决定了其电导率较低。而原始样品退火后形成纳米硅薄膜，薄膜中纳米硅晶粒的形成有助其电导率的增大。同时有文献报道，在纳米硅中氮和氧作为背景掺杂杂质，可以有效提高纳米硅的电导率。这是因为氮和氧的背景掺杂能够提高纳米硅薄膜的自由载流子浓度，使其浓度达到 $10^{17} \sim 10^{20}$ cm⁻³ 量级。然而我们通过霍尔效应测试得出了 1000℃ 退火纳米硅薄膜的载流子浓度仅仅只有 10^{12} 的数量级。所以，退火后样品电导率的提高完全可归因于纳米硅结构的形成。

表 2-1　晶化前后纳米硅的迁移率、载流子浓度以及电导率

样品	室温霍尔效应测试		
	霍尔迁移率/[cm²/(V·s)]	载流子浓度/cm⁻³	暗电导率/(S·cm⁻¹)
未退火	0.4	3.9×10¹⁰	2.5×10⁻⁹
1000℃ 退火	1.6	3.4×10¹²	8.6×10⁻⁷

图 2-6 给出了晶化前后纳米硅薄膜的电导率—温度谱测试结果。测试温度范围是 300~400K，每 10K 温度测试一个点。电导率 σ 随温度 T 的变化可用 Arrhenius 关系式 $\sigma = \sigma_0 \exp(-E_a/k_B T)$ 表示，其中，σ_0 是电导率的前常数因子，k_B 是玻尔兹曼常数，E_a 是样品的激活能，根据 $\sigma - 1000/T$ 的线性关系我们可以得到晶化前后纳米硅薄膜的输运机制主要是热激活电导机制。同时，根据 $\sigma - 1000/T$ 的线性关系可以计算出样品的激活能 E_a。通过计算，我们发现原始样品的激活能约为 0.67eV，1000℃ 退火后的纳米硅薄膜激活能减小为 0.55eV。Kakkad 等对尺寸为 200nm 的微晶硅薄膜的变温电导率进行了研究，发现其激活能为 0.54eV，而相应的光学带隙是 2.0eV。由此可以看出这里的结论与先前的报道相一致。激活能的大小一般代表了费米能级与导带底(价带顶)之间的能量差，参考晶体硅薄膜禁带宽度为 1.12eV，我们认为 1000℃ 退火后纳米硅薄膜的费米能级位于禁带中间。而退火后样品激活能的降低则表示退火后有更多载流子的形成。

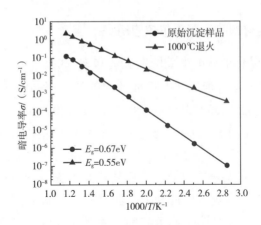

图 2-6 晶化前后薄膜的变温电导率

2.2.5 不同退火温度下形成纳米硅材料的霍尔效应研究

除利用霍尔效应测试系统研究了晶化前后纳米硅材料电学性质的变化外,我们还对比了不同退火温度下形成的纳米硅的电学性能及输运机制。表 2-2 给出了不同温度退火下形成的纳米硅的迁移率、载流子浓度、电导率以及激活能测试结果。从表中可以看出,所有纳米硅薄膜都呈现出 n 型的载流子类型,说明未掺杂纳米硅材料具有弱 n 型导电类型。随退火温度的升高,纳米硅的电导率和迁移率都有了增加。我们认为退火温度的升高有利于纳米硅更好的晶化,晶化程度的提高有助于纳米硅迁移率的提高和自由载流子浓度的增加,从而相应地增加其电导率。同时,纳米硅的激活能却随退火温度的升高而降低。800℃退火后纳米硅的激活能为 0.60eV,而 1000℃退火后纳米硅的激活能降低为 0.55eV。我们认为经 800℃以上温度退火后,纳米硅晶粒含量增加,薄膜中出现较多的晶粒间界,对于晶化度比较高的纳米硅薄膜而言,Das 等认为薄膜的输运机制主要是热激活下载流子获得足够能量克服晶界处势垒的输运过程,晶界势垒对纳米硅的激活能有一定的影响。随着退火温度的升高,晶化程度更高,晶体完整性更好,其结构也得到了充分的驰豫,导致薄膜中特别是晶界处的缺陷态密度降低,从而降低晶界处的势垒高度。所以,较高温度下退火后的纳米硅展现出较低的激活能。

表 2-2 不同温度退火后纳米硅的霍尔迁移率、暗载流子浓度、暗电导率以及激活能测试结果

样品	霍尔迁移率/ [$cm^2/(V \cdot s)$]	载流子浓度/ cm^{-3}	暗电导率/ ($S \cdot cm^{-1}$)	激活能/ eV
800℃ 退火	0.6	1.7×10^{12}	1.6×10^{-7}	0.60
1000℃ 退火	1.6	3.4×10^{12}	8.6×10^{-7}	0.55

为进一步研究不同退火温度下形成的纳米硅材料的输运机制,我们对其进行了变温霍尔效应的测试。图 2-7 给出了不同退火温度后纳米硅薄膜的变温霍尔迁移率的结果。测试温度为 310～575K。从图中可以发现退火后纳米硅的迁移率在 310～575K 具有两种不同的变化关系,迁移率首先随测试温度的升高而升高,在 400K 附近达到最大值,然后随测试温度的继续升高而降低。这说明了纳米硅材料在不同的温度区域内具有不同的载流子输运行为。

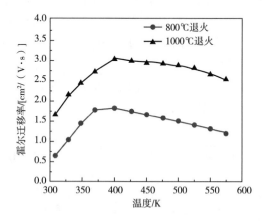

图 2-7   不同温度退火后纳米硅薄膜的变温霍尔迁移率

一方面,在温度为 310～400K 时,所有退火后纳米硅的迁移率随测试温度的升高而升高。这种迁移率变化的行为经常出现在极低温度下较高浓度掺杂的半导体材料中,其中载流子输运过程受到电离杂质散射机制的影响,表现出迁移率随温度的升高而升高的变化趋势。然而当前的纳米硅为非掺杂纳米硅,所以在输运过程中并没有受到电离杂质散射机制的影响。在先前的报道中,人们在微晶硅输运性质研究的过程中发现迁移率随温度的变化关系,认为是微晶硅中的晶粒间界在载流子的输运过程中起到了重要的作用,晶粒间界处的势垒会阻碍载流子的输运。一般认为,晶粒间界处存在着大量的缺陷,这些缺陷会"捕获"载流子,形成相应的势垒。这些势垒会阻碍载流子在晶粒间的输运,从而导致了较低的迁移率。当测试温度升高时,载流子获得了足够多的动能以克服这些势垒,从而相应地提高了载流子的迁移率。Schnabel等研究了镶嵌在碳化硅中的纳米硅薄膜的输运机制,研究发现晶粒间界"捕获"载流子后不会形成相应的势垒,但是在晶粒的衔接处钉扎住了费米能级。由于晶粒的大小只有 3nm 左右,其尺度远远小于晶粒间界处的耗尽层的宽度。在这种情况下很难区分载流子是被晶粒间界处的缺陷态所"捕获"还是被薄膜材料中的缺陷态所"捕获"。然而在我们的工作中,退火后样品的晶粒尺寸达到了 20nm 左右,其尺寸与耗尽层的宽度相当。所以当晶粒间界"捕获"载流子后,此处相应的势垒会阻碍载流子的传输。可以认为,当退火温度高于800℃时,纳米硅薄膜的晶化率高达80%及以上,纳米硅晶粒和晶粒之间存在着大量的晶粒间界,载流子在室温至400K温度范围内的输运过程主要受到晶粒间界散射的影响,输运机制主要是热激活下"翻越"晶界处势垒的输运过程。

以上是通过晶粒间界散射机制来解释载流子在纳米硅中的输运过程,根据迁移率 μ_H 与温度 T 的变化关系: $\mu_H = \mu_0 \exp(-E_B/k_B T)$,可以得到在310~400K时迁移率也具有热激活的行为。其中, μ_0 是迁移率的前因子, E_B 则是晶界处的势垒高度。图2-8(a)和(b)给出室温至400K温度范围内1000℃和800℃退火后纳米硅薄膜 $\ln\mu_H$ 与1000/T的关系。计算得出1000℃和800℃退火后纳米硅薄膜的晶界势垒高度为87meV和161meV。前面已经分析过,与800℃退火后的纳米硅薄膜相比,1000℃退火后的纳米硅薄膜具有更好的晶化程度和结构有序度,使晶界处的缺陷态浓度较低,所以导致其较低的晶界势垒高度。

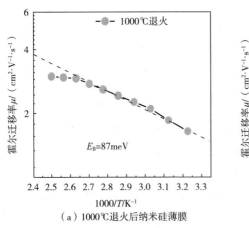

（a）1000℃退火后纳米硅薄膜

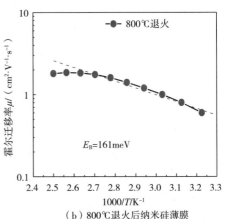

（b）800℃退火后纳米硅薄膜

图2-8　$\ln\mu_H$ 与1000/T的关系图

考虑到退火后的纳米硅除纳米硅晶粒外,在晶粒和晶粒之间还具有大量的晶粒间界,我们以1000℃退火后的纳米硅薄膜为例,提出两相结构并对其输运机制进行了详细的解释。图2-9给出了该模型的示意图。图中 E_c 和 E_V 分别表示纳米硅的导带和价带, E_f 为费米能级, E_B 为晶界处的势垒高度。同时,靠近纳米硅界面处的小部分区域为耗尽区。载流子浓度 n_0 和电导率 σ 之间有如下的关系:

$$n_0 \propto \exp[-(E_c - E_f)/kT] \tag{2-4}$$

$$\sigma = n_0 q\mu_H \propto \exp[-(E_c - E_f)/kT] \times \exp[-(E_B)/kT] \propto \exp -[E_c - E_f + E_B)/kT] \tag{2-5}$$

因此,电导激活能 $E_a = E_c - E_f + E_B$,其表示的是费米能级与晶界势垒高度顶的能量差。从霍尔效应测试中得出,1000℃退火后纳米硅薄膜的载流子浓度为 $1.7\times$

$10^{12} \mathrm{cm}^{-3}$,通过式(2-4)可以计算出其费米能级距导带底的位置 $E_c - E_f = 0.44 \mathrm{eV}$。考虑到 E_B 为 $0.087 \mathrm{eV}$,计算得出电导激活能 E_a 是 $0.53 \mathrm{eV}$,与前面通过电导率与温度关系测试出的激活能($0.55 \mathrm{eV}$)比较接近。通过以上的计算,再一次证明了退火后纳米硅薄膜室温至 400K 温度范围内载流子的输运机制主要是热激活下克服晶界处势垒的输运过程。

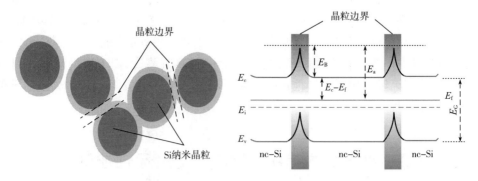

图 2-9　纳米硅/晶粒间界简易能带图

另一方面,在温度较高的范围内(>400K),所有退火后纳米硅的迁移率随测试温度的继续升高而降低。这是由于在高温区域内,载流子能够获得足够多的能量克服晶界势垒。因此,晶界势垒不再能够阻碍载流子的传输。图 2-10 给出了 400~575K 时纳米硅薄膜的迁移率与测试温度的指数关系图谱,迁移率与测试温度有如下指数关系:

$$\mu_H(T) \propto T^n \tag{2-6}$$

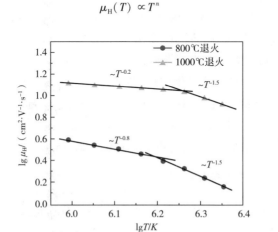

图 2-10　不同退火温度纳米硅薄膜的迁移率与测试温度的指数关系图谱

从图中可以发现,在400~500K的温度范围内,800℃和1000℃退火后纳米硅对应的n值分别为-0.8和-0.2,而在500~575K的温度范围内,800℃和1000℃退火后纳米硅对应的n值均为-1.5。在体硅材料中,典型的散射机制有声学声子散射、电离杂质散射以及中性杂质散射等,所对应的n值分别为-1.5、1.5和0。所以,n值为-1.5表示500~575K时,纳米硅的输运机制主要受到声学声子散射机制的影响。而n值为-0.8和-0.2表示400~500K时,纳米硅的输运机制是由晶界散射和声学声子散射共同作用的结果,这两种散射机制具有不同的温度指数关系。我们认为,随测试温度的升高,大量载流子的产生使晶界处的缺陷态"捕获"载流子过于饱和,导致晶界势垒高度降低,晶界散射机制逐渐消失,声子散射对纳米硅输运机制的作用渐渐占据了主导地位。高温下载流子的输运机制主要是热激活下的扩展态传导过程。

2.3 纳米锗材料的结构及其输运性质研究

近年来,硅基半导体纳米晶体引起了广泛关注,可以应用在许多纳米电子和光电子器件中的,如下一代太阳能电池、非挥发性存储器和单电子晶体管。与硅相比,锗具有更大的电子和空穴迁移率,可用于制造具有良好设备性能的基于锗的薄膜晶体管和非挥发性存储器。此外,锗在近红外区域具有较窄的能隙(0.67eV)和高声子响应性,因此适用于许多近红外应用。为了进一步提高器件性能,有必要了解这些纳米晶体中传输机制的详细知识。

在本节工作中,研究了纳米锗薄膜的微观结构和电学输运特性。研究发现,通过对非晶样品进行退火处理,在锗薄膜中形成了纳米锗颗粒,通过进一步提高退火温度,平均晶粒尺寸依次增大,纳米锗薄膜的暗导电性和霍尔迁移率均显著增强。在没有掺杂的情况下,观察到纳米锗薄膜的p型行为,表明了纳米锗薄膜结构中固有的空穴产生。此外,还系统地研究了10~500K时纳米锗薄膜中随温度变化的载流子电学输运过程。结果表明,在不同的温度区域,纳米锗薄膜呈现的3种不同机制分别主导了载体的运输过程。此外,还讨论了电荷输运的微观机制。

2.3.1 纳米锗材料的制备

本研究通过两个步骤来完成纳米锗薄膜的制备,首先是采用PECVD系统制备了氢化非晶锗薄膜,其次是采用常规热炉退火技术对原始样品进行退火处理,通过在不同温度下退火来获得具有不同晶化程度的纳米锗薄膜材料。

通过PECVD系统分解纯锗烷(GeH_4)来制备氢化非晶锗薄膜。本研究选择了石英、p 型单晶硅和双抛单晶硅作为生长衬底,用来满足不同的测试需要。其中,石英衬底主要用于 Raman 光谱测试、透射谱测试以及霍尔测试,p 型衬底主要用于 TEM的表征。所有衬底在生长前采用了工业上标准的 RCA 标准方法进行了清洗。在生长过程中,射频源的频率为 13.56MHz,射频功率和生长衬底温度分别控制在 30W 和250℃,生长时真空室内的背景真空度在 1.333Pa 以下,硅烷的流量通过流量计精确控制在 5mL/min,沉积时间为 40min,生长后获得厚度约为 180nm 的氢化非晶硅薄膜。

　　为了获得纳米锗薄膜,我们对原始沉积的氢化非晶锗薄膜进行了高温热退火处理,退火温度选择为 400℃ 和 500℃,退火时间为 1h,为了防止样品在高温下被氧化,退火过程是在氮气下进行的。退火前,所有样品在 300℃ 氮气中进行了 40min 的脱氢处理。

2.3.2　纳米锗材料的结构表征

　　我们利用 Raman 散射光谱仪对退火前后的样品进行拉曼散射谱的测试。图 2-11中给出了原始沉淀样品及在不同退火温度下处理得到的样品的 Raman 图谱。在原始沉淀样品的 Raman 图谱中可以看到位于 273cm^{-1} 附近的一个弥散的峰包,其对应于非晶硅的 TO 声子模式,表明原始沉淀样品保持着非晶的结构。在 400℃ 退火后样品的 Raman 图谱中,273cm^{-1} 附近的非晶 TO 峰消失,而位于 300cm^{-1} 附近出现了一个尖锐的拉曼峰,其对应于纳米硅的类 TO 声子模式,说明氢化非晶锗薄膜在高温退火后可以有效获得纳米硅成分。同时,我们观察到随退火温度增加至 500℃,纳米硅的 TO峰也随之进一步增强,这表明样品的晶化程度随退火温度的升高而增加,同时有序度也得到了增加。

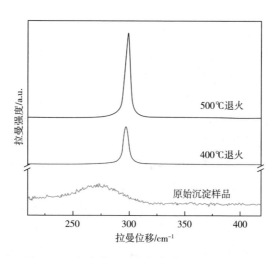

图 2-11　退火前后纳米锗薄膜的 Raman 图谱

我们对退火后样品的 Raman 散射谱结果进行高斯分峰拟合处理,根据高斯分峰拟合的结果,可计算得到 400℃和 500℃退火后样品的晶化率为 63%和 80%。

另一方面,我们也利用 X 射线衍射(XRD)测试仪对退火前后的样品进行了测试。图 2-12 中给出了原始沉淀样品及不同退火温度下处理得到的样品的 XRD 衍射谱,在原始沉淀样品的 XRD 图谱中,没有任何特征峰的出现表明了该样品是非晶相的结构。退火后的样品在 $2\theta=28.4°$ 附近出现了衍射峰,该衍射峰对应于单晶锗的(111)面。随退火温度的增加,对应于单晶锗的(111)面衍射峰的峰强也逐渐增强,这说明了提高退火温度可以提升样品的晶化程度,与前面 Raman 散射谱的分析结果保持一致。

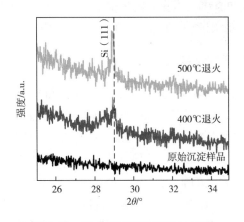

图 2-12　退火前后薄膜的 XRD 图谱

根据德拜-谢乐(Debye-Scherrer)公式,对退火后样品的 XRD 衍射谱结果进行处理,可计算得到 400℃和 500℃退火后样品的平均晶粒尺寸分别为 10.7nm 和16.8nm。可以看出,随退火温度的升高,纳米锗晶粒尺寸也得到了相应的增加。

为了更清晰地了解纳米锗薄膜的微结构,我们对样品进行了 TEM 表征。图 2-13中给出了纳米锗薄膜的剖面透射电子显微镜图片以及不同退火温度下纳米锗薄膜的高分辨透射电子显微镜图片。从图 2-13(a)剖面透射电子显微镜图中可以看到退火后样品的厚度均匀,约为 180nm,与原始样品的设计厚度基本相同。通过比较退火后样品的高分辨电镜结果[图 2-13(b)]可以得到,400℃退火后的样品晶粒的尺寸约为8nm,而 500℃退火后的样品晶粒的尺寸约为 10nm,相比 400℃退火后的样品具有较大的晶粒尺寸以及较高的晶化率,这与先前的 Raman 和 XRD 分析结果相一致。

根据以上 Raman、XRD 以及 TEM 的分析结果,可以发现高温退火后(>400℃),薄膜中的氢原子全部从薄膜中逸出,薄膜结构由非晶锗结构转化为纳米锗结构。同时,随着退火温度的提高,纳米锗颗粒尺寸不断变大,薄膜的晶化程度也随之得到进一步提高。

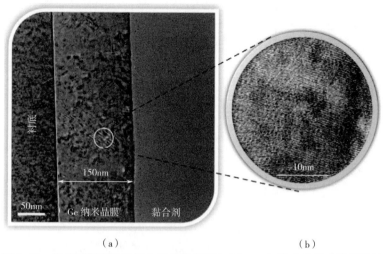

（a）　　　　　　　　　　　　　　　（b）

图 2-13　纳米锗剖面的透射电子显微镜图（a）和 500℃退火后纳米锗薄膜的
高分辨透射电子显微镜图谱（b）

2.3.3　纳米锗材料的光学性能表征

我们用紫外—可见—近红外分光光度计（Shimadzu UV-3600）对样品的透射谱和反射谱进行了测试，测试的波长范围是 200~1200nm。根据透射谱和反射谱，由式 $T = (1 - R)^2 e^{-\alpha d}$ 可以计算出样品的吸收系数 α。图 2-14 给出了退火前后薄膜的吸收系数的 Tauc 曲线，根据计算我们得到原始生长的氢化非晶锗薄膜的光学带隙为 1.0eV，这与文献中的报道相一致。而退火后的样品薄膜的光学带隙随退火温度的增加而增加，当退火温度为 400℃时，薄膜的光学带隙为 1.5eV；当退火温度达到 500℃时，薄膜的光学带隙达到了 1.6eV。在退火的过程中薄膜结构的变化对其光学带隙的影响比较明显，退火后薄膜中开始有纳米锗晶粒的出现，而这些具有高缺陷态浓度的晶粒间界会引起薄膜光学带隙的增加。Das 等认为材料的晶粒间界中存在着大量的缺陷态，这些缺陷态会"捕获"载流子从而形成相应的势垒，使晶粒间界处具有较大的带隙。因此，退火后薄膜晶化程度提高，薄膜中纳米晶粒以及晶粒间界增加，导致了纳米锗薄膜的光学带隙的展宽。

2.3.4　晶化前后纳米锗材料的霍尔效应研究

图 2-15 给出了晶化前后纳米锗的室温迁移率以及电导率的测试数据。从中可以发现，退火前氢化非晶锗薄膜的迁移率和电导率为 0.14cm²/（V·s）和 1.3×10⁻³S/cm，经 500℃退火后形成纳米锗薄膜，其迁移率和电导率增大到 182cm²/（V·s）和 25.6S/cm。与退火前原始样品相比，退火后纳米锗薄膜的电导率提高了 5 个数量级。一般说来，非晶半导体由于其带隙比较宽，室温下扩展态电导的机制决定其电导率较

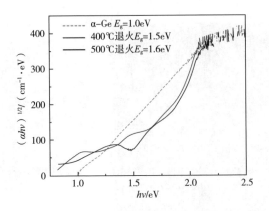

图 2-14　退火前后纳米锗薄膜的吸收系数 Tauc 曲线

低。而原始样品退火后形成纳米锗薄膜,薄膜中纳米锗晶粒的形成有助于其电导率的增大。同时有文献报道,在纳米锗中氮和氧作为背景掺杂杂质,可以有效提高纳米锗的电导率。这是因为氮和氧的背景掺杂能够提高纳米锗薄膜的自由载流子浓度,使其浓度达到 $10^{17} \sim 10^{20}\ cm^{-3}$ 量级。所以,退火后样品电导率的提高完全可归因于纳米锗结构的形成和退火过程中的背景掺杂。

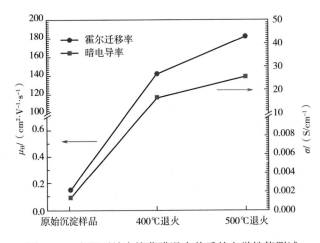

图 2-15　室温下纳米锗薄膜退火前后的电学性能测试

基于以上讨论,在没有故意掺杂的情况下,纳米锗薄膜中出现了空穴浓度大于 $10^{17}\ cm^{-3}$ 量级的 p 型半导体。Zhang 等研究了嵌在二氧化硅基体中的锗纳米晶的电子性质,同样也在纳米锗薄膜中发现了 p 型行为。这种 p 型行为在未掺杂的纳米锗薄膜中归因于深层次受体样表面态的作用,通常在锗纳米线和锗/硅核壳结构的纳米线中观察到。众所周知,由于表面态效应密度的不对称分布,纳米锗薄膜通常具有靠近价带的电中性层。由于占据主导的深层受体样表面态在表面上形成了与悬挂建有关的固定的负电荷层,所以,表面附近的能带倾向于弯曲并在块体材料中吸引额外的空穴,从而导致较高的空穴浓度,从而能在纳米锗薄膜中发现高电导率的 p 型行为。

图 2-16 给出了纳米锗薄膜在晶化前后的电导率—温度谱测试结果。测试温度是 300~400K,每 10K 温度测试一个点。电导率 σ 随温度 T 的变化可用 Arrhenius 关系式 $\sigma =\sigma_0 \exp(-E_a/k_B T)$ 表示,式中,σ_0 是电导率的前常数因子,k_B 是玻尔兹曼常数,E_a 是样品的激活能,根据 $\sigma -1000/T$ 的线性关系,我们可以得到纳米锗薄膜在晶化前后的输运机制主要是热激活电导机制。同时,根据 $\sigma -1000/T$ 的线性关系可以计算出样品的激活能 E_a。通过计算,我们发现原始样品的激活能约为 0.19eV,500℃退火后的纳米硅薄膜激活能减小为 29meV。与原始样品的激活能相比,可以得出纳米锗的费米能级向价带的顶部移动,并且通过热激活后纳米锗薄膜中产生了更多的电荷载流子。

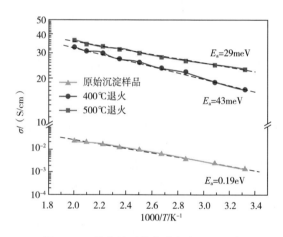

图 2-16　晶化前后锗薄膜的变温电导率

2.3.5　不同测试温度下纳米锗材料的电学输运性能研究

除利用霍尔效应测试系统研究了晶化前后纳米锗材料电学性质的变化外,我们还对比了不同测试温度下纳米锗的电学性能及输运机制。我们测量了低温范围(10~300K)内的变温电率。然而,在低温区获得的电导率数据不能很好满足 Arrhenius 关系,这表明纳米锗中有不同机制主导载流子传输过程。为了获得纳米锗薄膜在低温下传输行为,绘制了 $\ln\sigma -T^{-1/\alpha}$ 曲线。在这个公式中,$\alpha = 1$ 时该公式表示的是 Arrhenius 曲线。我们发现,400℃退火后的样品在 120~260K 时以及 500℃退火后的样品在 90~230K 时 $\alpha = 2$。如图 2-17 所示,我们能够看到拟合后的结果与我们先前对于纳米锗和硅晶粒的报道很相似。这种 $\ln\sigma - T^{-1/2}$ 的关系代表了一种渗流跳跃的传输模式。在这种传输模式中,纳米晶颗粒分散在薄膜粒的绝缘基体中,纳米晶粒在薄膜中有限势垒的作用下相互分离。在热激活下,薄膜中的载流子可以通过隧穿机制从一个纳米晶粒传输到另一个纳米晶粒中。渗流跳跃模型可以解释目前的样品输运行为,因为通过纳米锗薄膜中的 HRTEM 图像我们可以看到纳米锗晶粒是被非晶区所分离的,所以纳米锗薄膜的电学输运机制是通过相邻的纳米锗晶粒之间的电子隧穿来实现的。

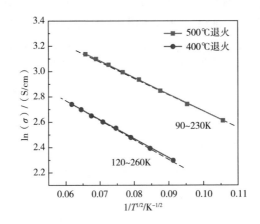

图 2-17　纳米锗薄膜在中间温度区间的电学输运性质

　　然而,在较低的温度(<90K)下,电导率随温度的变化关系再次发生了变化,载流子在纳米锗薄膜中不再受到渗流跳跃传导机制的作用。如图 2-18 所示,我们发现400℃和500℃退火后的纳米锗薄膜中电导率和测试温度出现了 $\ln\sigma - T^{-1/4}$ 的变化现象。这种变化关系代表的是 Mott 程跳跃传导机制。电子在相邻晶粒之间跳跃的能力是受到限制的,因为当温度下降到90K时,声学声了会被冻结住,阻碍了它们的传输。根据 Mott 变程跳跃传导模型,较低温度下的输运是由载流子从占据态到未占据局域态的隧穿所致。同样,这种 Mott 变程跳跃传导机制也出现在低温下微晶硅薄膜的输运过程中。此外,我们还发现随退火温度的增加,纳米锗薄膜从 $\ln\sigma - T^{-1/2}$ 的传导机制(渗流跳跃传导)到 $\ln\sigma - T^{-1/4}$ 的传导机制(Mott 变程跳跃传导)的转变温度逐渐降低。400℃退火后的纳米锗薄膜的转变温度为90K,而500℃退火后的纳米锗薄膜的转变温度降低到了50K。在之前的报道中,Fujii 等研究了镶嵌在二氧化硅薄膜中的纳米锗晶粒,他们发现随纳米锗晶粒的增加, $\ln\sigma - T^{-1/2}$ 的关系温度区域会越来越向低温扩展,这是因为随着纳米晶粒的增加,纳米锗薄膜的激活能会降低,从而导致了渗流跳跃传导机制向低温下扩展。从我们当前的工作中可以发现,纳米锗晶粒随退火温度的增加而增加,所以在500℃退火后的纳米锗薄膜中 Mott 变程跳跃传导的转

变温度要低于400℃退火后的纳米锗薄膜。

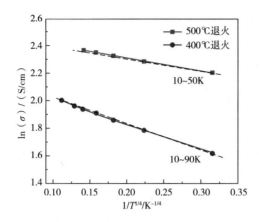

图 2-18 纳米锗薄膜在低温度区间的电学输运性质

2.4 富硅碳化硅薄膜材料的结构及其输运性质研究

碳化硅(SiC)薄膜在纳米电子和光电子器件中的应用日益增多,如基于硅的太阳能电池、基于硅的发光二极管、非易失性存储器和生物传感器,因此受到了人们越来越多的关注。碳化硅具有较低的能隙,相比二氧化硅和氮化硅更为有益,因此有助于改善载流子传输性质,从而提高器件性能。此外,碳化硅是一种性能优异、成本效益高的半导体材料。根据 Derst 的研究,碳化硅在带隙以下的光子能区具有高的光吸收性能。Rahul Pandey 将氢化非晶碳化硅与经过钝化的硅基太阳能电池进行接触,同时也应用了其光子和电子效应。这些方法已被证明是设计高效可靠的太阳能电池的有效途径。Cao 等系统地研究了硅纳米晶/碳化硅多层结构的光伏特性,制备了基于硅纳米晶/碳化硅多层结构的尺寸可控的太阳能电池,并通过引入纳米图案化的硅光捕获基底实现了最大的转换效率(10.15%)。Malte 等报道了纳米晶碳化硅可以设计成硅基太阳能电池的前透明钝化电极,最终实现良好的钝化和高导电性,提高了短路电流密度(40.87mA/cm²)、填充因子(80.9%)和(26%)转换。此外,碳化硅薄膜中的硅碳比(Si/C)对薄膜的各种性质具有显著影响,如化学键合、折射率和吸收系数等。为了控制材料的光电特性,Liu 等通过调整硅碳比比例和硼掺杂浓度来调控碳化硅薄膜中硅量子点的大小和分布。此外,优化硅碳比比例可以提高硅基太阳能电池中的吸收和光电转换效率。因此,为提高碳化硅基器件的性能,必须深入研究其基本电子性质,尤其是载流子传输性质。然而,由于碳化硅的带隙较宽,所以电导率通常较低,对于非晶碳化硅薄膜来说,电导率约为 1.9×10^{-10} S/cm,显著阻碍了载流子的传输。由于各种因素的存在,如晶粒尺寸、晶界、结晶性和界面状态等,载流子传输过程非常复杂,这些因素会影响载流子传输行为。因此,有必要对碳化硅薄膜的载流子输运机制进行全面研究。

2.4.1 镶嵌纳米硅的富硅碳化硅薄膜材料的制备

采用 PECVD 系统,使用纯硅烷(SiH$_4$,中国南京)、甲烷(CH$_4$,中国南京)和氢气(H$_2$,中国南京)的气体混合物制备了不同 Si/C 比例的氢化非晶硅碳薄膜。在生长过程中,硅烷的流量保持在 5mL/min。硅碳比比例可以定义为硅烷与甲烷的气体流量比,甲烷的流量分别控制在 1mL/min、2.5mL/min 和 5mL/min。在制备过程中,气室压力、基板温度和射频功率分别保持在 1.333Pa、250℃和 30W。所有样品随后在退火炉中进行退火,退火温度选择为 800℃、900℃和 1000℃,退火持续 1h,从而实现结晶。

2.4.2 镶嵌纳米硅的富硅碳化硅薄膜结构表征

我们首先通过 Raman 光谱研究了不同退火温度下、具有不同硅碳比比例的碳化硅薄膜的微观结构。如图 2-19(a)和(b)所示,比较了 800℃、900℃和 1000℃退火前后碳化硅薄膜的 Raman 光谱,其中硅碳比比例选择 1 和 5。在沉积的样品中,存在一个位于约 480cm^{-1} 波数的宽峰,表明非晶碳化硅薄膜的微观结构中存在非晶的 Si-Si 相。经热退火后,在退火样品中出现了一个位于约 520cm^{-1} 波数附近的尖锐 Raman 峰,表明存在晶硅结构。同时,如图 2-19(c)所示,Raman 峰在 520cm^{-1} 附近的强度随退火温度的增而逐渐增强。研究结果表明,在退火过程中,非晶碳化硅薄膜中逐渐晶化出硅纳米晶颗粒。这说明通过提高退火温度和硅碳比比例,可以改善碳化硅薄膜中硅纳米晶的结晶化程度。

此外,相对于单晶硅的峰位置(520cm^{-1}),所有退火样品在 520cm^{-1} 附近的拉曼峰略微向下移动。可以根据经验公式计算出退火样品中硅纳米晶的平均尺寸: $D_R = 2\pi \sqrt{B/\Delta\omega}$,其中 D_R 是硅纳米晶的平均晶粒尺寸,$\Delta\omega$ 是来自单晶硅峰的结晶峰的 Raman 偏移量,B 选择为 2.24cm^{-1}。如图 2-19(c)所示,当退火温度从 800℃增加到 1000℃时,在硅碳比为 5 的碳化硅薄膜中,$\Delta\omega$ 的值从 6.1cm^{-1} 减小到 2.6cm^{-1}。因此通过计算可以得出,随退火温度的增加,纳米硅晶粒的平均晶粒尺寸从 4nm 增加到约 6nm。然而,应当指出的是,在退火温度不变的情况下,所有碳化硅薄膜中 Raman 峰的位置是一致的,如图 2-19(d)所示,这意味着纳米硅的平均晶粒尺寸在硅碳比比率变化时并没有发生很大的变化。基于拉曼结果,可以推断热退火有助于纳米硅的生长。退火温度对碳化硅薄膜中纳米硅的晶粒尺寸有显著影响,随退火温度的增加,晶粒尺寸逐渐增加。此外,随硅碳比比例的增加,碳化硅薄膜中生成的纳米硅晶粒的数量也在增加,在退火过程中,这些纳米硅晶粒离散分布在薄膜上,有助于薄膜中纳米硅晶粒的结晶。退火温度和硅碳比两个因素在碳化硅薄膜的结晶中起着至关重要的作用。

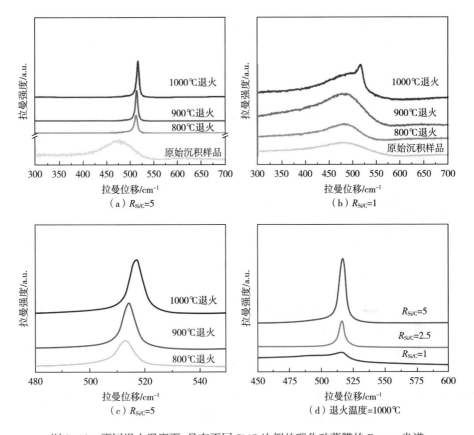

图 2-19　不同退火温度下、具有不同 Si/C 比例的碳化硅薄膜的 Raman 光谱

在不同硅碳比比例下,碳化硅薄膜在1000℃退火前后的 FTIR 光谱如图 2-20 所示。在沉积的样品中可以清晰地发现 640cm⁻¹ 和 2000cm⁻¹ 处的吸收带,这对应于硅氢化物(SiH_n)的摆动模式和 H—Si—Si_3 的拉伸模式。在薄膜中测得的上述两个吸收带表明,几乎所有氢都以 Si—H 的形式与硅结合。然而,在1000℃退火后,上述两个吸收带均消失不见,这意味着退火过程中氢逐渐从薄膜中析出。最终,在退火温度超过800℃后,纳米硅晶粒逐渐形成,这与拉曼结果保持一致。

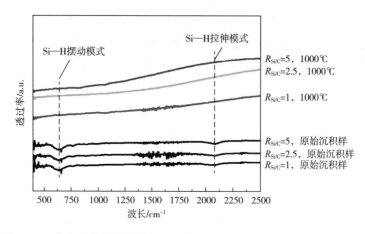

图 2-20　碳化硅薄膜在不同 Si/C 比例下在 1000℃退火前后的 FTIR 光谱

2.4.3　镶嵌纳米硅的富硅碳化硅薄膜光学性能表征

我们对碳化硅薄膜热退火前后的反射和透射性能进行了测量,以探索碳化硅薄膜的光学性能。如图 2-21 所示,利用 Tauc 公式,可以得出不同硅碳比比例下的碳化硅薄膜在 1000℃退火前后的光学带隙 E_g。如图 2-21(a)所示,不同硅碳比比例的沉积样品的光学带隙约为 2.20eV,这与非晶碳化硅薄膜的光学带隙相一致。在图 2-21(b)中,1000℃退火后碳化硅薄膜的光学带隙明显增加,特别是硅碳比为 1 的碳化硅薄膜,其光学带隙达到了 2.60eV。我们普遍认为,在热退火过程中,碳化硅薄膜的结构从非晶相变为纳米晶相,在结晶过程中,晶界逐渐产生,相比非晶碳化硅区域具有较高光学隙,这导致了退火后碳化硅薄膜整体光学隙的提高。因此,1000℃退火的碳化硅薄膜光学隙的增加主要归因于薄膜中纳米硅颗粒的增加。这也可以解释随硅碳比比例的增加,光学带隙也随之增加,在硅碳比为 5 的碳化硅薄膜中光学带隙达到了 2.80eV。此外,光学带隙的增加也可能是由于退火过程中薄膜中渗入了氧和氮,这在先前的研究中有过相关的报道。

2.4.4　镶嵌纳米硅的富硅碳化硅薄膜的输运机制研究

众所周知,霍尔迁移率的测量通常用于研究半导体材料的电子性质,特别是载流子传输机制。图 2-22 显示了不同退火温度下、具有不同硅碳比比例的碳化硅薄膜的室温霍尔迁移率。在 800℃退火的碳化硅薄膜中,霍尔迁移率仅约为 0.2cm²/(V·s)。根据微观结构的表征,可以确认该薄膜(800℃退火)的结晶度相对较低,因此 0.2cm²/(V·s)可以看作为室温下非晶碳化硅薄膜的霍尔迁移率。在退火过程中,随退火温度的升高,霍尔迁移率逐渐增加,这可归因于非晶碳化硅薄膜中纳米硅颗粒

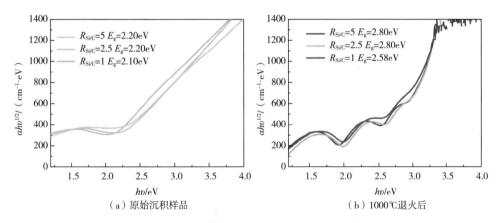

（a）原始沉积样品　　　　　　　（b）1000℃退火后

图 2-21　碳化硅薄膜在热退火前后的反射和透射性测试

的不断形成。与非晶碳化硅薄膜中的载流子传输行为不同,在退火的碳化硅薄膜中,载流子的传输行为主要由纳米硅颗粒内部的载流子传导机制决定,相比非晶碳化硅薄膜往往具有较高的霍尔迁移率,并且载流子具有跃迁导电行为。因此,具有高结晶度的碳化硅薄膜通常表现出较高的霍尔迁移率。此外,在退火碳化硅薄膜中,迁移率是随硅碳比比例的增加而增加的,这也可以归因于薄膜中结晶度的提高。

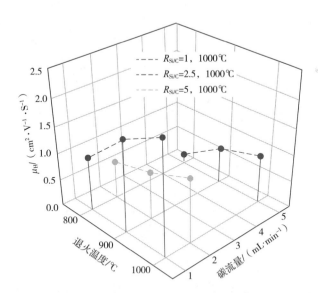

图 2-22　不同退火温度下、具有不同 Si/C 比例的碳化硅薄膜的室温霍尔迁移率

为了进一步深入研究碳化硅薄膜的电学性能,特别是载流子的输运机制,对不同退火温度下、具有不同硅碳比比例的碳化硅薄膜进行了变温霍尔效应的测量,如图 2-23 所示。应当指出,霍尔迁移率作为测试温度 T 的函数,在不同薄膜中表现出

不同的行为。在图2-23(a)中,800℃退火的碳化硅薄膜的霍尔迁移率在室温时的值为 0.2cm²/(V·s),并随测试温度的增加而略有减小。正如上文所述,由于迁移率、晶化率较低,可以近似将800℃退火的碳化硅薄膜视为非晶碳化硅薄膜。在非晶碳化硅薄膜中,由于缺陷、杂质和非晶结构较多,载流子的传导受到极大的限制,导致相对较低的霍尔迁移率。同时,由于温度升高后电荷载体的散射和薄膜内散射中心数量的增加,非晶碳化硅薄膜的霍尔迁移率随温度升高而逐步减小,这也导致了非晶碳化硅薄膜的霍尔迁移率非常小。

图2-23(b)展示了800℃、900℃和1000℃退火的碳化硅薄膜中霍尔迁移率—温度的变化关系。与此同时,图2-23(c)展示了1000℃退火、具有不同硅碳比的碳化硅薄膜变温霍尔迁移率的测试情况。由此可以发现,所有退火薄膜的霍尔迁移率随测量温度的增加而增加,这与非晶碳化硅薄膜中的行为完全相反。在先前的报道中,经常通过晶界散射机制来解释这种现象。在晶界散射机制下,载流子在传输过程中需要获得足够的能量以克服晶界的势垒,测量温度越高,载流子获得的能量越多,越容易越过势垒。因此,观察到了载流子迁移率随测量温度增加而增加。

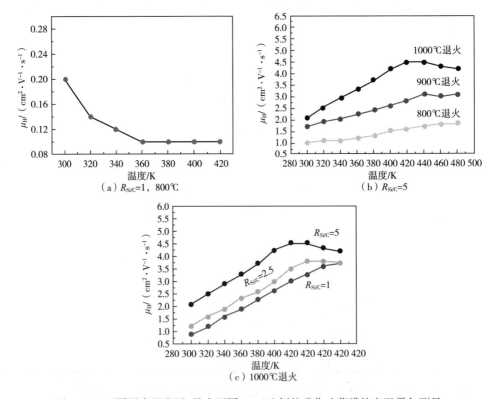

图2-23　不同退火温度下、具有不同 Si/C 比例的碳化硅薄膜的变温霍尔测量

Seto 的模型通常用于描述晶界散射机制,迁移率表现出以下的热激活行为:

$$\mu_{Hall} = \mu_0 \exp(-E_B^\mu / kT) \tag{2-6}$$

式中:μ_0 是指数前因子;E_B^μ 是与晶界中的势垒高度相对应的激活能。如图 2-24 所示,$\ln\mu_{Hall}$ 和 1000/T 之间存在良好的线性关系,表明实验结果与式(2-6)能够很好的拟合。我们可以通过线性拟合的斜率推导出 E_B^μ 的值,如表 2-3 所示。针对不同退火温度下、硅碳比比例为 5 的碳化硅薄膜,我们可以发现 800℃ 退火下薄膜的晶界势垒高度 E_B^μ 为 21 mV,并随退火温度的增加而逐渐增加,最终 E_B^μ 在 1000℃ 退火下达到了 34 mV。通过 E_B^μ 与退火温度 T 之间的关系,我们可以很容易地理解,晶界处势垒高度的增加可能与薄膜中结晶度的提高有关。随退火温度的升高,薄膜中的晶粒逐渐生长,晶粒的大小和数量逐渐增加,形成大量的晶界。因此,在退火的碳化硅薄膜中,晶界的形成最终导致了晶界处势垒高度的增加。

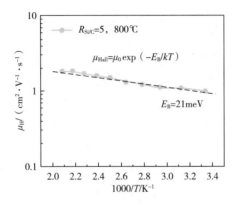

图 2-24　$\ln\mu_{Hall}$ 和 1000/T 的线性关系

表 2-3　不同退火温度下不同 Si/C 的碳化硅薄膜的 E_B^μ 值

	晶界势垒高度 E_B^μ(meV)		
$R_{Si/C}$	800℃ 退火	900℃ 退火	1000℃ 退火
1	—	—	32
2.5	—	—	32
5	21	26	34

　　然而有趣的是,在分析表中具有不同硅碳比比例的 1000℃ 退火碳化硅薄膜在晶界势垒高度数值上几乎没有变化。根据先前的讨论,我们已经知道提高硅碳比比例可以改善退火碳化硅薄膜中的结晶度。在这种情况下,结晶度的改善却没有显著提高薄膜中的势垒高度。尽管提高退火温度或硅碳比均可以改善退火碳化硅薄膜中的

结晶,但我们尝试从拉曼结果中找到一些差异。在前者中,退火碳化硅薄膜中结晶度的提高主要源于纳米晶数量的增加以及纳米晶晶粒尺寸的增长。至于后者,我们发现纳米晶的晶粒尺寸并没有显著增加,而结晶的改善主要是由于退火碳化硅薄膜中纳米晶数量的增加。根据上面的讨论,我们推测在退火碳化硅薄膜中,晶界处的势垒平均高度主要由纳米晶的晶粒尺寸决定,而不是晶粒数量。纳米晶尺寸越大,它们之间的边界越明显,晶界处的势垒越高,导致退火碳化硅薄膜中势垒高度的整体增加。

2.5　本章小结

(1)我们采用了 PECVD 技术制备氢化非晶硅薄膜,并通过高温热退火技术制备了纳米硅薄膜,通过 FTIR、Raman、XRD 以及 TEM 等测试手段对纳米硅薄膜的微观结构进行了表征和分析。通过对薄膜光学带隙以及霍尔效应的测试,对薄膜的光学性质和载流子的输运性质进行了研究。结果表明,氢化非晶硅薄膜进行 800℃ 以上高温退火后可以形成纳米硅晶粒,薄膜中的氢原子全部逸出。随退火温度的升高,纳米硅晶粒尺寸变大,晶化程度提高,晶界处的势垒高度降低,导致了纳米硅薄膜的电导率和迁移率相应升高。电导率和迁移率从未退火样品的 2.5×10^{-9}S/cm 和 $0.4 \mathrm{cm}^2/(\mathrm{V} \cdot \mathrm{s})$ 增加到了 1000℃ 退火样品的 8.6×10^{-7}S/cm 和 $1.6 \mathrm{cm}^2/(\mathrm{V} \cdot \mathrm{s})$。由于薄膜中晶粒间界的存在,纳米硅薄膜在输运过程中表现出热激活特性,其激活能受晶界间界势垒高度的影响,激活能从 800℃ 退火时的 0.60eV 降低至 1000℃ 退火时的 0.55eV。由此提出"两相结构"并对其输运机制进行了详细的解释,实验结果与此模型符合得很好。在不同的温度范围内,纳米硅中载流子受到不同散射机制的作用,310~400K 时主要受晶界散射机制的作用,其迁移率随测试温度的升高而升高。当温度升高到 500K 及以上时,迁移率与测试温度满足 $\mu_{\mathrm{H}}(T) \propto T^{-1.5}$ 的关系,说明了声学声子散射机制在输运过程中起主导作用。

(2)我们通过热退火制备了相应的锗纳米薄膜。随着退火温度的升高,锗纳米薄膜的晶体质量和平均晶粒尺寸都有所增加。由于薄膜的优质结晶,锗纳米薄膜中的霍尔迁移率达到了 $182 \mathrm{cm}^2/(\mathrm{V} \cdot \mathrm{s})$。同时,在没有任何外部掺杂的情况下,锗纳米薄膜获得了高达 25.6S/cm 的高导电性,这主要归因于受体样表面态引起的空穴积累。通过在 10~500K 时对温度依赖的电导率的测量,研究了锗纳米薄膜中的载流子传输机制。在各个温度区域中观察到了 3 种不同的载流子传输机制。在高于 300K 的温度下,扩展态的热激活传导主导了载流子的传输过程。在室温以下,载流子传输过程由 260K 以下的渗流跳跃传导主导,当温度降至 90K 以下时,它变成了 Mott-VRH 传导。从渗流跳跃传导行为转变为 Mott-VRH 行为的转变温度随锗纳米薄膜中晶粒尺寸的增加而降低。

（3）我们利用 PECVD 方法制备了氢化非晶碳化硅薄膜，并采用不同温度进行热退火处理以诱导结晶。微观结构表征结果表明，退火温度的升高促进了单个晶粒尺寸的增加，而硅碳比的提高导致了晶粒数量的增多，二者共同作用促使了退火碳化硅薄膜的结晶化。此外，我们对电子性能，特别是室温下暗电导率和霍尔迁移率进行了研究。研究发现，退火温度或硅碳比的增加均使退火碳化硅薄膜的室温暗电导率和霍尔迁移率提高，这归因于薄膜结晶度的改善。在碳化硅薄膜中形成的纳米晶体硅有助于增加载流子浓度，从而提高薄膜的暗导电性。同时，纳米晶体硅的形成还有助于载流子的传输，从而提高薄膜的迁移率。基于温度依赖的霍尔效应测量，我们对碳化硅薄膜中载流子传输过程中的散射机制进行了研究。值得注意的是，在各种硅碳比和不同退火温度处理的碳化硅薄膜中均观察到了晶界散射行为。利用 $\mu_{Hall}-T$ 关系计算了晶界势垒高度。值得注意的是，退火温度对晶界势垒高度的增大作用要大于硅碳比。这表明在退火碳化硅薄膜中，晶粒尺寸的变化更有可能影响晶界势垒的高度。

参考文献

[1] Bonafos C, Spiegel Y, Normand P, et al. Controlled fabrication of Si nanocrystal delta-layers in thin SiO_2 layers by plasma immersion ion implantation for nonvolatile memories[J]. Applied Physics Letters, 2013, 103(25):253118.

[2] Li W, Wang W T, Zhu N H. Photonic generation of radio-frequency waveforms based on dual-parallel mach-zehnder modulator[J]. IEEE Photonics Journal, 2014, 6(3):1-8.

[3] Li Y, Zhang L, Wu W, et al. Hydrothermal growth of TiO_2 nanowire membranes sensitized with CdS quantum dots for the enhancement of photocatalytic performance[J]. Nanoscale Research Letters, 2014, 9(1):1-6.

[4] Kang S T, Winstead B, Yater J, et al. High performance nanocrystal based embedded flash microcontrollers with exceptional endurance and nanocrystal scaling capability [C]//2012 4th IEEE International Memory Workshop. IEEE, 2012:1-4.

[5] Chindalore G, Yater J, Gasquet H, et al. Embedded split-gate flash memory with silicon nanocrystals for 90nm and beyond[C]//2008 Symposium on VLSI Technology. IEEE, 2008:136-137.

[6] Lin G R, Lin C J, Kuo H C. Improving carrier transport and light emission in a silicon-nanocrystal based MOS light-emitting diode on silicon nanopillar array[J]. Applied Physics Letters, 2007, 91(9):401.

［7］Conibeer G，Green M，Cho E，et al. Silicon quantum dot nanostructures for tandem photovoltaic cells［J］. 2008，516(20)：6748–6756.

［8］Zou C X，Xu J，Zhang X Z，et al. Failure mechanism analysis of electromigration dominated damage in TiSi$_2$ nanowires［J］. Journal of Applied Physics，2009，105(12)：2554.

［9］Song C，Rui Y J，Wang Q B，et al. Structural and electronic properties of Si nanocrystals embedded in amorphous SiC matrix［J］. Journal of Alloys and Compounds，2011，509(9)：3963–3966.

［10］Voutsas A T，Hatalis M K，Boyce J，et al. Raman spectroscopy of amorphous and microcrystalline silicon films deposited by low–pressure chemical vapor deposition［J］. Journal of Applied Physics，1995，78(12)：6999–7006.

［11］Thompson P，Cox D E，Hastings J B. Rietveld refinement of Debye–Scherrer synchrotron X–ray data from Al$_2$O$_3$［J］. Journal of Applied Crystallography，1987，20(2)：79–83.

［12］刘恩科,朱秉升,罗晋生. 半导体物理学［M］.7版. 北京:电子工业出版社,2008.

［13］Hernandez S，Pellegrino P，Martinez A ，et al. Linear and nonlinear optical properties of Si nanocrystals in SiO$_2$ deposited by plasma–enhanced chemical–vapor deposition［J］. Journal of Applied Physics，2008，103(6)：074312.

［14］Ma Y J，Oh J I，Zheng D Q，et al. Tunable nonlinear absorption of hydrogenated nanocrystalline silicon［J］. Optics Letters，2011，36(17)：3431.

［15］Zhou H P，Xu M，Shen W Z. Anomalous temperature dependence of optical properties of cubic MgZnO：Effect of carrier localization［J］. Physica B：Condensed Matter，2008，403(19/20)：3585–3588.

［16］Tauc J，Menth A，Wood D L. Optical and magnetic investigations of the localized states in semiconducting glasses［J］. Physical Review Letters，1970，25(11)：749–752.

［17］Das D，Bhattacharya K. Characterization of the Si：H network during transformation from amorphous to micro – and nanocrystalline structures［J］. Journal of applied physics，2006，100(10).

［18］Shimakawa K. Percolation–controlled electronic properties in microcrystalline silicon：Effective medium approach［J］. Journal of Non–Crystalline Solids，2000，266/267/268/269：223–226.

［19］Günes M，Cansever H，Yilmaz G，et al. Metastability effects in hydrogenated microcrystalline silicon thin films investigated by the dual beam photoconductivity method［J］. Journal of Non–Crystalline Solids，2012，358(17)：2074–2077.

［20］Schnabel M，Canino M，Kühnhold–Pospischil S，et al. Charge transport in nanocrystalline SiC with and without embedded Si nanocrystals［J］. Physical Review B，

2015,91(19):195317.

[21] Myong S Y, Lim K S, Konagai M. Effect of hydrogen dilution on carrier transport in hydrogenated boron‐doped nanocrystalline silicon‐silicon carbide alloys[J]. Applied Physics Letters,2006,88(10):131.

[22] Kakkad R, Smith J, Lau W S, et al. Crystallized Si films by low‐temperature rapid thermal annealing of amorphous silicon[J]. Journal of Applied Physics,1989,65(5):2069-2072.

[23] Scheller L P, Nickel N H. Charge transport in polycrystalline silicon thin‐films on glass substrates[J]. Journal of Applied Physics,2012,112(1):195-81.

[24] Seto J Y W. The electrical properties of polycrystalline silicon films[J]. Journal of Applied Physics,1975,46(12):5247-5254.

[25] Balberg I. Electrical transport mechanisms in three dimensional ensembles of silicon quantum dots[J]. Journal of Applied Physics,2011,110(6).

[26] Sze S M, Li Y, Ng K K. Physics of semiconductor devices [M]. John wiley & sons,2021.

[27] Kittel C. Semiconductor crystals[J]. Introduction to Solid State Physics,2005,6:190.

[28] Xu X, Cao Y Q, Lu P, et al. Electroluminescence devices based on Si quantum dots/SiC multilayers embedded in PN junction[J]. IEEE Photonics Journal,2014,6(1):1-7.

[29] Priolo F, Gregorkiewicz T, Galli M, et al. Silicon nanostructures for photonics and photovoltaics[J]. Nature Nanotechnology,2014,9(1):19-32.

[30] Mu W, Zhang P, Xu J, et al. Direct‐current and alternating‐current driving si quantum dots‐based light emitting device[J]. IEEE Journal of Selected Topics in Quantum Electronics,2013,20(4):206-211.

[31] Mitsui M, Arimoto K, Yamanaka J, et al. Influence of Ge atoms on mobility and junction properties of thin‐film transistors fabricated on solid‐phase crystallized poly‐SiGe [J]. Applied Physics Letters,2006,89(19):192102-192102.

[32] Kuo P Y, Chao T S, Huang J S, et al. Poly‐Si thin‐film transistor nonvolatile memory using Ge nanocrystals as a charge trapping layer deposited by the low‐pressure chemical vapor deposition[J]. IEEE Electron Device Letters,2009,30(3):234-236.

[33] Wang C C, Wuu D S, Lien S Y, et al. Characterization of nanocrystalline SiGe thin film solar cell with double graded‐dead absorption layer[J]. International Journal of Photoenergy,2012,2012.

[34] Lai W T, Liao P H, Homyk A P, et al. SiGe Quantum Dots Over Si Pillars for Visible to Near‐Infrared Broadband Photodetection[J]. IEEE Photonics Technology Letters,2013,25(15):1520-1523.

[35] Hao X J, Cho E C, Flynn C, et al. Effects of boron doping on the structural and optical properties of silicon nanocrystals in a silicon dioxide matrix[J]. Nanotechnology,2008,19 (42):424019.

[36] Mirabella S, Agosta R, Franzò G, et al. Light absorption in silicon quantum dots embedded in silica[J]. Journal of Applied Physics,2009,106(10):65.

[37] Zhang B, Shrestha S, Green M A, et al. Surface states induced high P – type conductivity in nanostructured thin film composed of Ge nanocrystals in SiO$_2$ matrix [J]. Applied Physics Letters,2010,97(13):3168.

[38] Zhang S, Hemesath E R, Perea D E, et al. Relative influence of surface states and bulk impurities on the electrical properties of Ge nanowires[J]. American Chemical Society,2009,9(9):3268-3274.

[39] Park J S, Ryu B, Moon C Y, et al. Defects Responsible for the Hole Gas in Ge/Si Core-Shell Nanowires[J]. Nano letters,2010,10(1):116-121.

[40] Dimoulas A, Tsipas P, Sotiropoulos A, et al. Fermi-level pinning and charge neutrality level in germanium[J]. Applied Physics Letters,2006,89(25):1-33.

[41] Kingston R H. Review of germanium surface phenomena[J]. Journal of Applied Physics,1956,27(2):101-114.

[42] Tsipas P, Dimoulas A. Modeling of negatively charged states at the Ge surface and interfaces[J]. Applied Physics Letters,2009,94(1):231-373.

[43] Fujii M, Mamezaki O, Hayashi S, et al. Current transport properties of SiO$_2$ films containing Ge nanocrystals[J]. Journal of Applied Physics,1998,83(3):1507-1512.

[44] Zhou X, Usami K, Rafiq M A, et al. Influence of nanocrystal size on the transport properties of Si nanocrystals[J]. Journal of Applied Physics,2008,104(2):024518.

[45] Šimánek E. The temperature dependence of the electrical resistivity of granular metals [J]. Solid State Communications,1981,40(11):1021-1023.

[46] Mott N F. Conduction in non-crystalline materials[J]. Philosophical Magazine,1969, 19(160):835-852.

[47] Brenot R, Vanderhaghen R, Drévillon B, et al. Transport mechanisms in hydrogenated microcrystalline silicon[J]. Thin Solid Films,2001,383(1/2):53-56.

[48] Liu F, Zhu M, Feng Y, et al. Electrical transport properties of microcrystalline silicon thin films prepared by Cat-CVD[J]. Thin Solid Films,2001,395(1/2):97-100.

[49] Ambrosone G, Coscia U, Cassinese A, et al. Low temperature electric transport properties in hydrogenated microcrystalline silicon films[J]. Thin Solid Films,2007, 515(19):7629-7633.

［50］Eberst A，Lambertz A，Duan W，et al. Material Properties of Nanocrystalline Silicon Carbide for Transparent Passivating Contact Solar Cells［J］. Solar RRL，2023，7 (7)：2300013.

［51］Zheng J，Yang Z，Lu L，et al. Blistering-free polycrystalline silicon carbide films for double-sided passivating contact solar cells［J］. Solar Energy Materials and Solar Cells，2022，238：111586. DOI：10. 1016/j. solmat. 2022. 111586.

［52］Sun W，Li X，Zou J，et al. N-TiO$_2$-coated SiC foam for the treatment of dyeing wastewater under blue light LED irradiation［J］. Coatings，2022，12(5)：585.

［53］Shin J W，Kim S H，Cho W J. Investigation on resistive switching characteristics of SiC and HfOx stacked nonvolatile memory by microwave irradiation［J］. Semiconductor Science and Technology，2019，34(9)：095006.

［54］Rashid S，Bashir F，Khanday F A，et al. L-Shaped Schottky Barrier MOSFET for High Performance Analog and RF Applications［J］. Silicon，2023，15(1)：205-215.

［55］Meteab M H，Hashim A，Rabee B H. Controlling the Structural and Dielectric Characteristics of PS-PC/Co$_2$O$_3$-SiC Hybrid Nanocomposites for Nanoelectronics Applications［J］. Silicon，2023，15(1)：251-261.

［56］Cho E C，Green M A，Conibeer G，et al. Silicon Quantum Dots in a Dielectric Matrix for All-Silicon Tandem Solar Cells［J］. Advances in Optoelectronics，2007，2007：1-11.

［57］Derst G，Wilbertz C，Bhatia K L，et al. Optical properties of SiC for crystalline/amorphous pattern fabrication［J］. Applied Physics Letters，1989，54(18)：1722-1724.

［58］Pandey R，Chaujar R. Numerical simulations：Toward the design of 27. 6% efficient four-terminal semi-transparent perovskite/SiC passivated rear contact silicon tandem solar cell［J］. Superlattices and Microstructures，2016，100：656-666.

［59］Cao Y，Zhu P，Li D，et al. Size-dependent and enhanced photovoltaic performance of solar cells based on Si quantum dots［J］. Energies，2020，13(18)：4845.

［60］Köhler M，Pomaska M，Procel P，et al. A silicon carbide-based highly transparent passivating contact for crystalline silicon solar cells approaching efficiencies of 24% ［J］. Nature Energy，2021，6(5)：529-537.

［61］Liu X，Shan D，Ji Y，et al. Improved device performance of Si-based heterojunction solar cells by using phosphorus doped Si nanocrystals embedded in SiC host matrix ［J］. AIP Advances，2019，9(2).

［62］Perani M，Brinkmann N，Hammud A，et al. Nanocrystal formation in silicon oxy-nitride films for photovoltaic applications：Optical and electrical properties［J］. The Journal of Physical Chemistry C，2015，119(24)：13907-13914.

［63］Cantine M D,Setera J B,Vantongeren J A,et al. Grain size and transport biases in an Ediacaran detrital zircon record［J］. Journal of Sedimentary Research,2021,91(9): 913-928.

［64］Ng S W,Lim K P,Halim S A,et al. Grain size effect on the electrical and magneto-transport properties of nanosized $Pr_{0.67}Sr_{0.33}MnO_3$［J］. Results in Physics,2018,9: 1192-1200.

［65］Vladimirov I,Kühn M,Geßner T,et al. Energy barriers at grain boundaries dominate charge carrier transport in an electron-conductive organic semiconductor［J］. entific Reports,2018,8(1).

［66］Zhang H L,Hu D L,Zhong D J,et al. The effect of diffusion barrier on minority carrier lifetime improvement of seed assisted cast silicon ingot［J］. Journal of Crystal Growth,2020,541:125684.

［67］Wei F,Gao X P A,Ma S,et al. Giant linear magnetoresistance and carrier density tunable transport in topological crystalline insulator SnTe thin film［J］. Physica Status Solidi (b),2019,256(10):1900139.

［68］Kaneta-Takada S,Wakabayashi Y K,Krockenberger Y,et al. High-mobility two-dimensional carriers from surface Fermi arcs in magnetic Weyl semimetal films［J］. npj Quantum Materials,2022,7(1):102.

［69］Faraci G,Gibilisco S,Russo P,et al. Modified raman confinement model for Si nanocrystals［J］. Physical Review B,2006,73(3):033307.

［70］Shan D,Ji Y,Xu J,et al. Microstructure and carrier-transport behaviors of nanocrystalline silicon thin films annealed at various temperatures［J］. Physica Status Solidi (a),2016, 213(7):1675-1679.

［71］Shan D,Sun D,Tang M,et al. Structures,Electronic properties and carrier transport mechanisms of Si nano-crystalline embedded in the amorphous SiC films with various Si/C ratios ［J］. Nanomaterials (Basel,Switzerland),2021,11(10).

［72］Overhof H. The Hall mobility in amorphous semiconductors in the presence of long-range potential fluctuations［J］. Philosophical Magazine B,1981,44(2):317-322.

［73］Seager C H,Castner T G. Zero-bias resistance of grain boundaries in neutron-transmutation-doped polycrystalline silicon［J］. Journal of Applied Physics,1978,49 (7):3879-3889.

［74］Hellmich W,Müller G,Krötz G,et al. Optical absorption and electronic transport in ion-implantation-doped polycrystalline SiC films ［J］. Applied Physics A,1995,61: 193-201.

[75] Shan D,Tong G,Cao Y,et al. The effect of decomposed PbI$_2$ on microscopic mechanisms of scattering in CH$_3$NH$_3$PbI$_3$ films [J]. Nanoscale Research Letters,2019,14:1-6.

[76] Shan D,Qian M,Ji Y,et al. The Change of Electronic Transport Behaviors by P and B Doping in Nano-Crystalline Silicon Films with Very High Conductivities [J]. Nanomaterials, 2016,6(12):233.

第三章 掺杂对硅基纳米材料电学
输运过程的影响

3.1 引言

在半导体材料改性研究方面,掺杂是改变其物理特性、拓宽其应用领域的关键技术之一。可控的掺杂技术也是半导体工业的核心。对低维硅纳米材料而言,掺杂亦是进一步拓展其物理特性、开发相关新型器件、改进相关器件性能的重要所在。然而,由于纳米硅受到量子尺寸限制效应、表面界面效应等因素的影响,导致其掺杂机制和掺杂效果与块状硅材料大不相同。Dalpian 等的理论研究表明,在半导体纳米晶中存在着"自清洁"效应(self-purification effect),纳米颗粒为了保持内部应力和形成能最小的状态,总是倾向将掺入其中的杂质原子排到表面或体外,尺寸越小的纳米颗粒越难以实现有效的掺杂。因此,掺杂杂质原子在纳米硅中的分布、能否替位式掺杂(图3-1)进入纳米硅内部并产生自由载流子、能否像在体硅材料中那样通过掺杂来调控材料的导电类型和导电能力等都存在疑惑和争议。所以,纳米硅——尤其是硅量子点(颗粒尺寸小于10nm的纳米硅)的掺杂效应研究成为了当前低维硅纳米材料领域的研究热点。

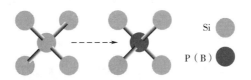

图 3-1 替位式掺杂(有效掺杂)

对于四族元素,硼和磷元素是最常见的 p 型和 n 型的掺杂选择,当前对纳米硅的掺杂效应研究也主要集中在硼和磷元素的掺杂效应。在理论研究方面,Brittany 等总结了纳米硅中掺杂杂质的位置分布主要可以分为三大类:内部晶格位置(替位式掺杂)、表/界面位置以及介质层位置,掺杂杂质在纳米硅中不同的分布特征会引起纳米硅不同的物理特性。在实验研究方面,Xie 等通过 X 射线光电子能谱分析研究了硼掺杂纳米硅(尺寸在20nm左右)中杂质的位置分布特征,表明硼杂质可以通过替位式掺杂进入纳米硅内部,并且得出硼杂质在纳米硅中的有效掺杂浓度达到2.23at.%,随着硼掺杂浓度的提高,有更多的硼杂质替位式掺杂到纳米硅内部。Fukata 等通过拉曼散射光谱测试同样获得了硼杂质替位式掺杂方式的结论。Perego 等研究了磷掺杂纳米硅多层膜退火前后磷杂质的分布,研究结果表明退火后磷杂质替位式掺杂到纳米硅内部。同时,提高退火温度可以促进磷杂质的有效掺杂。上述的报告都表明硼、磷杂质在纳米硅中的分布特征是以替位式掺杂为主。然而,Fujii 等利用电子自旋共振对磷掺杂纳米硅中的电子状态进行了研究,结果却显示了在低掺杂浓度下,磷杂质主要分布于纳米硅的界面处而非内部,有效掺杂浓度(<1at. %)也比较低,随着磷掺杂浓度的提高,磷杂质才逐渐掺杂到纳米硅内部(图 3-2)。Veettil 和 Lechner 等也报道了硼杂质在低掺杂浓度下优先停留在纳米硅界面处的掺杂效应。Pi 等利用纳米硅氧化和氢氟酸刻蚀后杂质浓度的变化分析了硼、磷杂质在纳米硅中的掺杂分布状态,研究表明磷杂质主要位于纳米硅的界面和亚界面位置。相反地,硼杂质主要位于纳米硅的内部,并随掺杂浓度的提高从纳米硅中心向界面处分布。根据以上的研究与分析,我们发现硼、磷杂质的掺杂效应受纳米硅尺寸、表/界面态、周围介质层等多种因素的影响。在掺杂过程中,杂质可以掺杂到纳米硅内部或位于纳米硅表/界面,但不同种类的杂质,在纳米硅表/界面和内部的分布状态十分不同,即使同一类型的杂质,在不同量子点尺寸的纳米硅体系中的分布也有所不同,甚至有些实验测得的结果相互矛盾。

同时,硼、磷掺杂效应的复杂性也给纳米硅光电性能带来了不同的影响。Gutsch 等报道了磷杂质在纳米硅中的有效掺杂效率高于 20%,使磷掺杂纳米硅获得了较高的载流子浓度和电导率。但是 Zhang 等利用 C-V 测试得到磷杂质在纳米硅中的有效掺杂效率却低于 5%,所以相应的磷掺杂纳米硅电导率也比较低。而在发光机制的研究中,一部分研究报道硼掺杂纳米硅的光致发光强度随硼掺杂浓度的增大而逐渐减弱;另一部分研究报道却认为硼掺杂浓度的提高会增强纳米硅中一些特定波长的发光强度。

图 3-2　掺杂浓度升高时磷杂质在纳米硅中的掺杂分布示意图

综上所述,人们对硼、磷杂质在纳米硅材料中的掺杂效应并没有统一和清晰的认识。同时,很多研究也表明了纳米硅材料中硼、磷掺杂的不可控性给纳米硅材料的光电性能带来了一定的影响。所以,为了获得掺杂可控、有效掺杂率高、光电性能好的掺杂型硅量子点材料,弄清硼、磷这类典型掺杂元素在硅量子点中的掺杂效应及其背后的物理机制是基础和关键。

3.2　掺杂纳米硅材料的结构及其输运机制的研究

3.2.1　掺杂纳米硅薄膜的制备

利用 PECVD 系统分别制备了磷和硼掺杂的氢化非晶硅薄膜,为了控制掺杂含量,固定硅烷气体流量为 5mL/min,控制磷烷(PH$_3$)与硅烷(SiH$_4$)或硼烷(B$_2$H$_6$)与硅烷(SiH$_4$)的气体流量比为 0:5(未掺杂)、0.5:5、5:5,分别制备了具有不同杂质浓度的掺杂氢化非晶硅薄膜,以下用 F_P 或 F_B = 0、0.5mL/min 和 5mL/min 表示不同掺杂浓度的样品。制备过程中,射频源的功率为 50W,衬底温度为 250℃,生长时间为 35min,使不同掺杂浓度下磷和硼掺杂的氢化非晶硅薄膜厚度均控制在 200nm 左右。沉积后的样品经高温退火热处理后形成掺杂的纳米硅薄膜,退火温度为 1000℃,退火时间为 1h,退火过程在氮气氛围保护下进行。退火前,所有样品在 450℃ 氮气氛围中进行了 30min 的脱氢处理。在样品沉积过程中分别选用了石英、p 型单晶硅作为生长衬底以满足不同的测试要求。

在结构的表征中,我们用 Jobin Yvon Horiba HR800 微区拉曼散射光谱仪器对样品的结构及晶化情况进行了表征,激光光源为波长 514nm 的 Ar$^+$激光。采用 TECNAIF20 FEI 高分辨透射电子显微镜对样品进行了 TEM 的表征。采用 Thermo ESCALAB 250 X-ray 光电子能谱仪对样品的成键情况进行了测试。

3.2.2　掺杂纳米硅材料的结构表征

图 3-3 给出了未掺杂及磷和硼掺杂纳米硅的 Raman 散射谱。从图中可以看出,所有的纳米硅样品均在 520cm^{-1} 附近形成了明显的峰形,该峰形对应晶化纳米硅的 TO 振动模,说明经 1000℃高温退火后,材料能够晶化形成纳米硅晶粒,从而获得掺杂纳米硅薄膜。我们对比了未掺杂及磷和硼掺杂纳米硅的 Raman 散射谱,发现磷掺杂样品在 520cm^{-1} 的 TO 峰强度要明显强于未掺杂纳米硅,而硼掺杂样品在 520cm^{-1} 的 TO 峰强度要弱于未掺杂纳米硅。这说明了在相同的退火温度下,磷掺杂纳米硅具有较高的晶化程度,而硼掺杂纳米硅晶化程度与未掺杂的纳米硅相比较低。结合磷和硼掺杂纳米硅薄膜 Raman 谱的分峰拟合结果,根据薄膜晶化率的经验计算公式,可以计算出未掺杂以及 $F_P(F_B)$= 5mL/min 下的磷掺杂和硼掺杂纳米硅的晶化率,分别是 83%、90% 和 78%。对于磷掺杂而言,有报道认为退火过程中大量磷原子进入非晶硅内部,有助于硅原子形成四组共价键,增加硅结构的有序度,从而提高纳米硅薄膜的晶化程度。对于硼掺杂而言,硼原子的键角和键长与硅原子的匹配度较低,当硼原子

进入硅结构内部后会破坏硅结构的短程有序度,导致硼掺杂纳米硅的晶化程度比较低。

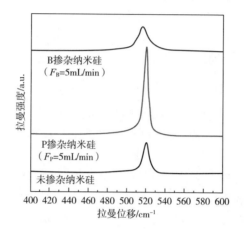

图 3-3　未掺杂及 P 和 B 掺杂纳米硅的 Raman 散射谱

　　根据纳米硅的 Raman 散射谱不仅可以计算出薄膜的晶化率,还可以利用经验公式,通过利用纳米硅声子模式相对单晶硅声子模式(521cm^{-1})所发出的频移计算薄膜中纳米硅晶粒的平均尺寸。根据声子限制模式,纳米硅晶粒尺寸满足:

$$d = 2\pi\sqrt{\frac{c}{\Delta\omega}} \qquad (3-1)$$

　　式中:c 为一常数,对于硅材料,其值为 2.24nm^2/cm;$\Delta\omega$ 为散射频移。通过计算得到,未掺杂、磷掺杂和硼掺杂纳米硅的平均晶粒尺寸为 15nm、18nm 和 13nm。磷掺杂使纳米硅晶粒尺寸变大,而硼掺杂导致了纳米硅晶粒尺寸略有减小。

　　为更清晰地了解磷和硼掺杂纳米硅薄膜的微结构,我们对样品进行了 TEM 的表征。图 3-4 中我们分别给出了未掺杂、磷掺杂(F_P = 5mL/min)以及硼掺杂(F_B = 5mL/min)纳米硅薄膜的高分辨剖面透射电子显微镜(HRTEM)图谱,图中清楚地显示出纳米硅晶粒的尺寸和晶向。未掺杂的纳米硅晶粒尺寸约为 15nm,磷掺杂纳米硅晶粒尺寸略大于未掺杂的纳米硅晶粒尺寸,而硼掺杂纳米硅则比未掺杂的纳米硅稍小一些。同时我们从图中观测到,磷掺杂纳米硅的晶化程度要高于硼掺杂纳米硅的晶化程度,这些观测结果与 Raman 的测试结果相符合。

　　为了进一步研究杂质原子在薄膜中的成键情况,采用 XPS 分析了样品中的化学组态。X 射线光电子能谱是基于原子内层电子能级化学位移效应的一种分析方法,当某种原子与另一种原子结合成键时,由于原子间电负性不同,该原子将处于不同的电荷分布环境,内层电子的结合能随之发生偏移,即产生化学位移,通过分析样品在

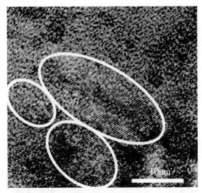

（a）未掺杂纳米硅

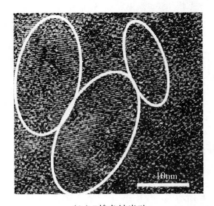

（b）P掺杂纳米硅

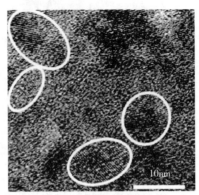

（c）B掺杂纳米硅

图 3-4　未掺杂及 P 和 B 掺杂纳米硅的 TEM 表征

X 射线辐照下释放出来的光电子动能和光电子能量,可获得有关样品中元素组成和化学键状态的详细信息,定性地判断某种原子所处的化学环境。测试中,我们采用的 XPS 光谱仪型号为 Thermo ESCALAB 250,测试前利用 Ar 离子枪将表面剥离 10nm 的厚度,以减小表面吸附杂质对结果的影响。

图 3-5(a)和(b)分别给出了不同掺杂浓度下磷和硼掺杂纳米硅的 XPS 谱。其中,掺杂浓度对应的气体流量比为 $F_P(F_B) = 0.5\text{mL/min}$ 和 $F_P(F_B) = 5\text{mL/min}$。对于磷掺杂纳米硅,图 3-5(a)中出现在 129eV 处的峰主要对应杂质原子磷替位式掺杂形成的 P—Si 键,134eV 处形成的峰主要对应硅的等离子散射。通过比较看出,随着磷掺杂浓度的升高,掺杂样品的 P 2p 信号相应地增强,说明在更高磷掺杂浓度下有更多的杂质原子被掺入纳米硅内部,形成有效的替位式掺杂。我们对不同掺杂浓度下磷掺杂纳米硅薄膜中 P 2p 轨道 XPS 谱积分强度进行计算,得到其掺杂浓度分别为 0.67% 和 1.69%。对于硼掺杂的纳米硅,杂质原子硼替位式掺杂形成的 B—Si 键所对

应的峰位于 186eV 处［图 3-5（b）］,我们在 XPS 测试中,很难探测到 186eV 处的 B—Si 键信号,其中的原因可能是硼的测试敏感因子较低(0.13),接近于测试系统的测试极限。Xu 等通过第一性原理对磷和硼掺杂纳米硅的缺陷形成能和磷(硼)在纳米硅中的跃迁能进行了研究。他们认为硼掺杂原子有较低的受主跃迁能,能稳定地停留在纳米硅的界面处;而磷掺杂原子有较小的施主电离能,更倾向于进入纳米硅的内部。

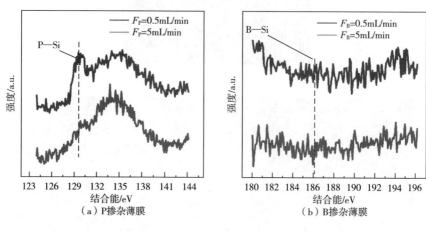

图 3-5　不同掺杂浓度下掺杂 P 和掺杂 B 纳米硅的 XPS 谱

3.2.3　掺杂纳米硅材料的光学性能表征

为研究掺杂对纳米硅薄膜光学带隙的影响,我们对磷掺杂和硼掺杂纳米硅进行了紫外—可见—近红外光透射谱的测试与分析。图 3-6 给出了根据未掺杂、磷掺杂和硼掺杂纳米硅的透射谱计算出的 Tauc 曲线。根据 Tauc 曲线,得到了未掺杂、磷掺杂和硼掺杂纳米硅的光学带隙。未掺杂纳米硅的光学带隙为 2.2eV,这与我们上一章节的结果相一致。磷杂质的引入引起了纳米硅薄膜光学带隙的增加,其光学带隙增加至 2.4eV。相反地,硼杂质的引入导致了纳米硅光学带隙的降低,硼掺杂后纳米硅的光学带隙降低至 2.1eV。对磷掺杂而言,从 Raman 以及 TEM 测试结果可以看出,磷掺杂后的纳米硅晶化程度提高,晶粒间界也相应地增加。同时,磷杂质的引入会破坏原晶格的有序度,导致晶粒间界处有更多缺陷态的产生,晶界势垒升高。较多的晶粒间界以及较高的晶界势垒导致磷掺杂后纳米硅薄膜光学带隙的增加。对硼掺杂而言,硼掺杂后纳米硅晶化程度降低,晶粒间界相应地减少,这是硼掺杂后纳米硅薄膜光学带隙降低的可能原因之一。另外,有报道认为,硼杂质在纳米硅薄膜带隙中引入更多的局域态,这些局域态能级主要位于吸收边附近,所以也会导致纳米硅薄膜的光学带隙变窄。

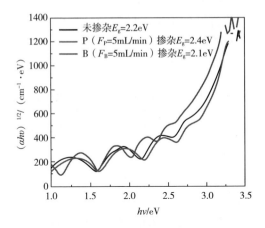

图 3-6 未掺杂、掺杂 P 和掺杂 B 纳米硅的透射谱对应的 Tauc 曲线

3.2.4 掺杂对纳米硅输运机制的影响

通过对纳米硅的掺杂,可以调控材料的导电能力,获得具有较高电导率的 p 型或 n 型纳米硅薄膜。同时,对掺杂纳米硅中载流子的输运机制的研究也是当前一个非常有趣的课题。我们讨论了不同掺杂浓度下磷和硼掺杂纳米硅薄膜的电学输运性质。

3.2.4.1 硼掺杂对纳米硅输运性质的影响

表 3-1 给出了未掺杂纳米硅及不同硼掺杂浓度下纳米硅的室温电导率和室温载流子浓度,硼掺杂后纳米硅的电导率得到了很大的提高,与未掺杂纳米硅的电导率(8.6×10^{-7}S/cm)相比,硼掺杂后纳米硅的电导率达到 10^2S/cm 数量级,同时,随着硼掺杂浓度的进一步提高,电导率随之继续升高,在掺杂浓度 $F_B = 5$mL/min 时达到最大值(4×10^2S/cm),远高于先前的报道。众所周知,材料的电导率主要由材料的迁移率和载流子浓度共同决定。通过对样品载流子浓度的测试,我们发现未掺杂纳米硅的载流子浓度为 1.7×10^{12}cm^{-3},而硼掺杂后纳米硅的载流子(空穴)浓度达到 1×10^{20}cm^{-3},相比未掺杂纳米硅的载流子浓度提高了 8 个数量级。这说明了硼原子的引入有效改变了纳米硅薄膜的电学性质,通过热退火技术,硼掺杂纳米硅薄膜中大量的硼原子被激活,薄膜中自由移动的载流子(空穴)浓度增多,有助于纳米硅薄膜电导率的增加。因此,我们认为热退火技术是一种制备高电导纳米硅材料的有效方法,在纳米级别进行掺杂时,即使少量的杂质原子进入纳米硅薄膜内部都能使材料获得较高的载流子浓度。但是,随着 F_B 的升高,纳米硅载流子浓度并没有得到相应的提高,在 $F_B = 5$mL/min 时载流子浓度仅仅提高到了 1.4×10^{20}cm^{-3},在一定程度下影响了硼

掺杂纳米硅电导率的继续增加。Hong 等认为在掺杂纳米硅薄膜的过程中,硼原子难以进入纳米硅内部,而是更容易位于纳米硅薄膜的界面处,在经一定的掺杂后,硼原子难以继续进入纳米硅内部形成替位式掺杂,导致其不能提供更多自由移动的载流子。

表 3-1　未掺杂及不同 B 掺杂浓度下纳米硅的室温电导率和室温载流子浓度

参数种类	未掺杂纳米硅	掺杂纳米硅($F_B=0.5mL/min$)	掺杂纳米硅($F_B=5mL/min$)
暗电导率/(S/cm)	8.6×10^{-7}	162	407
载流子浓度/cm^{-3}	3.4×10^{12}	1.0×10^{20}	1.4×10^{20}

为了进一步研究硼掺杂纳米硅薄膜的输运机制,我们对不同硼掺杂浓度下纳米硅材料进行了变温霍尔效应的研究。图 3-7 给出了不同硼掺杂浓度的纳米硅材料的变温电导率测试结果,测试温度范围为 300～400K,每 10K 测试一个数据,并通过 Arrhenius 曲线获得样品的电导激活能。从图 3-7 可以发现,未掺杂的纳米硅在电导率-温度的变化上表现出良好的直线关系,很好地满足了 Arrhenius 关系,说明样品在输运过程中主要是热激活过程,拟合后的激活能为 0.55eV。硼掺杂纳米硅在 $F_B=$ 0.5mL/min 的掺杂浓度下表现出与未掺杂纳米硅相同的热激活输运机制,但与未掺杂纳米硅相比,其激活能非常小,数值接近于 1meV,类似的现象也曾出现在其他类似纳米硅样品中,这是由于掺杂进入纳米硅内部的杂质原子被激活后引起了费米能级的变化,使费米能级向着价带顶移动,进而导致了激活能的减小。随着掺杂浓度进一步的增加,在 $F_B=5mL/min$(载流子浓度为 $1.4\times10^{20}cm^{-3}$)的掺杂浓度下,硼掺杂纳米硅薄膜出现了金属—绝缘体的转变(MIT),其电导率随测试温度的升高而降低,输运机制则由热激活扩展态传导转变为"类金属性"的带内传导机制。Chen 等认为掺杂可能会导致纳米硅材料出现金属—绝缘体转变,从而引起输运机制的改变。他们根据 Mott 准则分析出纳米尺寸下半导体材料发生金属—绝缘体转变的条件:$n_c\rho^3 \approx 0.3g$,其中 n_c 是发生金属—绝缘体转变的临界浓度,ρ 为纳米颗粒间的接触面半径,g 为半导体导带的等价最小值。对于颗粒平均尺寸为 15nm 的硼掺杂纳米硅而言,通过计算,我们得到发生金属—绝缘体转变条件时的载流子临界浓度为 $1.2\times10^{20}cm^{-3}$,这与我们的实验结果保持一致。以上结果表明了少量的硼掺杂没有改变纳米硅的输运机制,其仍然是热激活型输运机制,硼原子的引入使纳米硅的费米能级向价带顶靠近。随着硼掺杂浓度的进一步升高,当载流子浓度高于 $1.2\times10^{20}cm^{-3}$ 时,纳米硅薄膜发生金属—绝缘体转变,输运机制由热激活型输运机制转变为"类金属性"的带内传导输运机制。

3.2.4.2　磷掺杂对纳米硅输运性质的影响

表 3-2 给出了未掺杂纳米硅及不同磷掺杂浓度下纳米硅的室温电导率和室温载

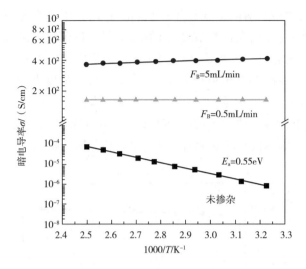

图 3-7　未掺杂及不同 B 掺杂浓度下纳米硅的变温电导率图谱

流子浓度,与硼掺杂类似,磷掺杂后纳米硅的电导率达到 $10^3 \mathrm{S/cm}$ 数量级,相比未掺杂时提高了至少 10 个数量级。同时,随着磷掺杂浓度的进一步提高,电导率随之继续升高,在掺杂浓度 $F_P = 5\mathrm{mL/min}$ 时达到最大值($1.6 \times 10^3 \mathrm{S/cm}$)。Lechner 等通过旋涂和激光晶化的方法制备了磷掺杂的纳米硅薄膜,调节掺杂浓度获得了电导率超过 $5\mathrm{S/cm}$ 的纳米硅薄膜,其载流子浓度能达到 $10^{19}\mathrm{cm}^{-3}$ 数量级。我们当前工作的结果要远高于这一数值。与硼掺杂纳米硅一样,电导率的大小主要是由材料中的载流子浓度决定,通过对样品载流子浓度的测试,我们发现磷掺杂后纳米硅的载流子(电子)浓度达到 $10^{20}\mathrm{cm}^{-3}$ 数量级,并随 F_P 的升高而进一步提高。这说明了磷原子也能够有效地进入纳米硅内部,提供可以自由移动的载流子(电子),从而增加了纳米硅的电导率。而随着 F_P 的不断提高,越来越多的磷原子进入纳米硅结构内部,形成有效的替位式掺杂,提供了更多的可自由移动的载流子(电子),进一步增加了薄膜的电导率。

表 3-2　未掺杂及不同 P 掺杂浓度下纳米硅的室温电导率和室温载流子浓度

参数种类	未掺杂纳米硅	掺杂纳米硅($F_P = 0.5\mathrm{mL/min}$)	掺杂纳米硅($F_P = 5\mathrm{mL/min}$)
暗电导率/(S/cm)	8.6×10^{-7}	748	1578
载流子浓度/cm^{-3}	3.4×10^{12}	1.6×10^{20}	4×10^{20}

同样,我们对不同磷掺杂浓度下纳米硅材料进行了变温霍尔效应的研究。图 3-8 给出了未掺杂以及不同磷掺杂浓度的纳米硅变温电导率的测试结果,测试温度范围为 300~400K,每 10K 测试一个数据。从图 3-8 可以发现,比较未掺杂纳米硅电导率——

温度的变化关系,磷掺杂纳米硅显示出了相反的规律,其电导率随测试温度的升高而
降低,这种电导率-温度的变化关系表示了磷掺杂纳米硅薄膜中出现了金属—绝缘体
的变化,载流子的输运过程主要是以"类金属性"的带内传导为主。我们从磷掺杂纳
米硅薄膜载流子浓度的测试中可以看出,在最低的掺杂浓度下($F_P = 0.5$mL/min)载
流子浓度为$1.6×10^{20}$cm^{-3},达到了发生金属—绝缘体转变的临界浓度要求。从以上
的分析中可以得出,少量磷原子的引入就可以改变纳米硅的输运机制,输运机制由掺
杂前热激活扩展态输运机制转变为磷掺杂后带内传导输运机制。

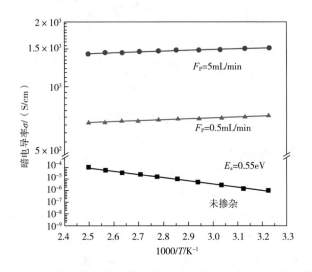

图 3-8　未掺杂及不同 P 掺杂浓度下纳米硅的变温电导率图谱

3.2.4.3　不同杂质掺杂对纳米硅输运性质的影响

以上分别介绍了磷掺杂和硼掺杂对纳米硅薄膜电学输运机制的影响,这一节对
比磷掺杂和硼掺杂纳米硅薄膜的电学性能,进一步讨论不同杂质对纳米硅薄膜的掺
杂行为及对纳米硅薄膜输运机制的影响。

热退火工艺下,磷和硼的掺杂都能有效地提高纳米硅薄膜的载流子浓度,从而提
高纳米硅薄膜的电导率,这说明了磷和硼原子均能够进入纳米硅结构内部,形成替位
式的掺杂,从而提供更多的自由移动的载流子。我们比较了相同掺杂气体流量比下
的磷和硼掺杂纳米硅薄膜的载流子浓度,在 F_P 和 F_B 均为 0.5mL/min 的情况下,硼烷
中可提供硼的原子数是磷烷中提供磷的原子数的两倍,但是磷掺杂纳米硅的载流子
浓度($1.6×10^{20}$cm^{-3})却高于硼掺杂纳米硅的载流子浓度($1.0×10^{20}$cm^{-3})。对比可以
看出,磷原子具有更高的掺杂效率(1.69%)和激活效率(50%)。同样地在 XPS 的测
试中,P—Si 键的信号要远远强于 B—Si 键的信号,这也能够佐证该结论。所以,与硼
掺杂相比较,磷掺杂能够更有效地提高纳米硅的电导率。

随着掺杂浓度的升高,磷掺杂纳米硅的载流子浓度相应得到了提高,从 $1.6 \times 10^{20} \text{cm}^{-3} (F_P = 0.5\text{mL/min})$ 增加到了 $4 \times 10^{20} \text{cm}^{-3} (F_P = 5\text{mL/min})$;而硼掺杂纳米硅的载流子浓度提高并不十分明显,从 $1.0 \times 10^{20} \text{cm}^{-3} (F_B = 0.5\text{mL/min})$ 变化到 $1.4 \times 10^{20} \text{cm}^{-3} (F_B = 5\text{mL/min})$。当前有很多工作都证明了磷和硼原子掺杂纳米硅薄膜的过程中,磷原子倾向于进入纳米硅结构内部,形成替位式的掺杂,从而提供更多自由移动的载流子。而硼原子倾向于停留在纳米硅的界面处,不能有效提供自由移动的载流子。所以,根据载流子浓度随掺杂浓度的变化关系,我们认为在一定的载流子浓度下,磷原子比硼原子更容易进入纳米硅结构内部,形成有效的替位式掺杂。

当温度为 300~400K 时,通过对比磷和硼掺杂纳米硅的变温电导率的测试,我们发现随着掺杂浓度升高,载流子浓度增加,磷和硼掺杂纳米硅薄膜中均存在金属—绝缘体的转变,金属—绝缘体转变过程的临界载流子浓度与杂质原子种类无关,而与纳米硅薄膜的结构、晶粒平均尺寸有关。由于磷原子具有更高的掺杂效率和激活效率,所以在少量磷掺杂下,纳米硅就能够获得足够多的载流子浓度,即能够发生转变。而硼原子较低的掺杂效率和激活效率导致其提供载流子的能力相对较低,少量的硼掺杂仅仅改变了纳米硅薄膜费米能级的位置,使费米能级向价带顶靠近,其输运机制没有发生改变;随着硼掺杂浓度的提高,纳米硅中的载流子浓度达到金属—绝缘体转变临界载流子浓度的要求,即发生了相应的转变,在金属—绝缘体转变后,纳米硅的输运机制也发生了相应的变化。

3.3 掺杂纳米锗材料的结构及其输运机制的研究

在本节中,我们采用 PECVD 技术制备了不同掺杂浓度的硼掺杂的锗纳米晶薄膜,随后进行热退火处理。研究了硼掺杂的锗纳米晶薄膜的电子性质以及微观结构特征。值得一提的是,硼掺杂后锗纳米晶薄膜的霍尔迁移率 μ_{Hall} 得到提高,最大值达到 $200\text{cm}^2/\text{V}$,这可归因于硼掺杂薄膜中表面缺陷态的减少。同样重要的是,硼掺杂前后锗纳米晶薄膜的变温迁移率 $\mu_H(T)$ 表现出不同的温度依赖趋势。我们对硼掺杂的锗纳米晶薄膜进行了全面调查,以检验其中的载流子传输特性,并进行了详细讨论,重点关注了传输过程中涉及的散射机制。

3.3.1 硼掺杂纳米锗薄膜的制备

我们采用 PECVD 系统制备了硼掺杂的氢化非晶锗薄膜,使用了纯锗烷(GeH_4)、氢气(H_2)和硼烷(B_2H_6,在 H_2 中 1%稀释)的气体混合物。在生长过程中,保持锗烷的流量为 5mL/min。通过调节硼烷的流量(F_B)来改变硼的浓度,分别控制在 0

（未掺杂）、0.5mL/min、1mL/min 和 3mL/min 下。生长的压力、衬底温度和射频功率分别为 1.333Pa、250℃ 和 30W。所有样品的厚度设计为 150nm。沉积后，所有样品在氮气氛中 500℃ 退火 1h 以进行结晶。选择石英片和单晶硅晶片作为各种测量的基底。

3.3.2　硼掺杂纳米锗薄膜的结构表征

图 3-9 展示了不同掺杂浓度的硼掺杂锗纳米晶薄膜的拉曼光谱。我们在未退火的样品中观察到一个弱而宽的拉曼带，其中心位于 273cm⁻¹，是非晶锗—锗键的横光学振动模。相反，在经过退火处理的样品中出现了 300cm⁻¹ 附近的尖锐拉曼峰，表明薄膜中有锗纳米晶相的形成。为了分析拉曼光谱，我们采用了解卷积过程将拉曼光谱分成两个高斯成分，分别代表纳米晶和非晶相。解卷积的结果显示在图 3-6 的插图中。晶态和非晶态峰的积分强度分别用 I_c 和 I_a 表示。我们在分析中将 σ 看作为 0.88，该值表示了晶态和非晶态相之间积分拉曼截面的比率。通过计算可以得出在未掺杂的锗纳米晶薄膜中的晶化率 X_c 约为 86%，而在最大掺杂量为 $F_B = 3mL/min$ 的硼掺杂锗纳米晶薄膜中，其晶化率逐渐降低到近 65%。在我们之前的研究中，发现磷掺杂硅纳米晶薄膜也有类似的结果。晶化率的减少主要归因于掺杂杂质的引入，掺杂杂质使得键角和键长的波动增加，导致了锗晶格短程有序性的降低。从上述讨论中，我们可以得出结论，硼掺杂导致了锗纳米晶薄膜晶化率的减少。

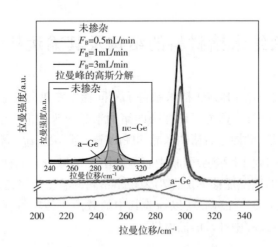

图 3-9　不同掺杂浓度的 B 掺杂 Ge 纳米晶薄膜的拉曼光谱

我们采用 XRD 测量进一步研究了不同掺杂浓度的硼掺杂锗纳米晶薄膜的微观结构。图 3-10 显示了所有生长在石英基板上样品的 XRD 图谱。可以清晰观察到所有的样品都具有两个衍射峰，分别在 $2\theta = 27°$ 和 45° 处，这两个衍射峰分别对应于锗的(111)和(220)多晶平面。此外,锗纳米晶薄膜中(111)平面对应的衍射峰的强度在硼掺杂后表现出轻微的减小,这一现象的出现有可能是因为薄膜中的晶化率可能由于硼掺杂而降低。这意味着硼掺杂对锗纳米晶薄膜的质量产生了不利的影响,导致锗纳米晶薄膜中晶化率的减少。以上的这些结论与拉曼分析的结果一致。

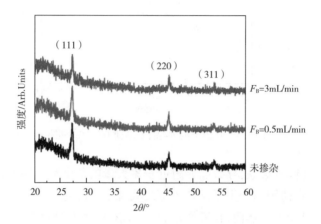

图 3-10　不同掺杂浓度的 B 掺杂 Ge 纳米晶薄膜的 XRD

图 3-11 显示了硼掺杂的锗纳米晶薄膜的 Tauc 图,图中显示了 $(\alpha h v)^{1/2}$ 与光子能量 $h v$ 的关系,从而计算出光学带隙的数值,我们先前报告了未掺杂的锗纳米晶薄膜的光学带隙的数值约为 1.6eV。从图中的计算结果可以得知,在硼掺杂为 $F_B = 0.5mL/min$ 时,锗纳米晶薄膜的光学带隙略微减小到 1.5eV,并在硼掺杂浓度增加到 $F_B = 3mL/min$ 时具有最低值(1.2eV)。光学带隙的大小受结晶样品中晶界区域存在的影响,晶界区域中的光学带隙通常比纳米晶区域的光学带隙更高。所以,锗纳米晶薄膜中普遍分布的晶界区域对整体光学带隙有显著的影响。因此,硼掺杂引起纳米晶组分减少,晶界区域也随之降低,导致硼掺杂的锗纳米晶薄膜光学带隙的减小。

3.3.3　硼掺杂对纳米锗输运机制的影响

为了更深入地了解不同掺杂浓度下硼掺杂的锗纳米晶薄膜的电子性质,我们采用了霍尔效应测量手段对所有的样品进行了测试,这有助于更全面地了解锗纳米晶薄膜中载流子的行为。图 3-12(a)中展示了硼掺杂前后锗纳米晶薄膜的室温载流子浓度。我们发现未掺杂的锗纳米晶薄膜的载流子浓度几乎达到了 $10^{18} cm^{-3}$ 的数量级,同时还呈现 p 型半导体的掺杂行为。先前有报道发现,由于薄膜在生长过程中的不确定性,即使在没有外部杂质掺杂的情况下,锗纳米晶薄膜中也存在大量的空穴载流子,这可能归因于在质量不太高的薄膜中存在大量的类似于受主的表面态。这些

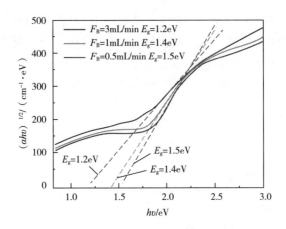

图 3-11　B 掺杂的 Ge 纳米晶薄膜的 Tauc 图

表面态通常与悬挂键相关联,导致晶界附近积累大量的负电荷。因此,表面附近的能带向上弯曲,从而在薄膜内产生了额外的空穴载流子。因此,未掺杂的锗纳米晶薄膜的空穴浓度将明显增加。然而,在硼掺杂后,锗纳米晶薄膜中的空穴浓度几乎没有增加,仿佛掺杂杂质没有进入锗纳米晶中。我们知道,根据所谓的自净效应,掺杂杂质可能难以进入硅或锗纳米晶的核心,特别是在硅或锗纳米晶的尺寸较小的情况下。因此,在硼掺杂的锗纳米晶薄膜中没有更多的掺杂杂质能够电离,导致了空穴载流子浓度保持在一个稳定的数值上。

图 3-12(b)展示了硼掺杂的锗纳米晶薄膜在室温下的霍尔迁移率 μ_{Hall} 的研究结果。在未掺杂前,锗纳米晶薄膜的霍尔迁移率约为 $182cm^2/V$,与其他报道相比,我们的结果呈现出更好的电学性能。而在掺杂后,我们发现霍尔迁移率的数值要比未掺杂样品的数值高。霍尔迁移率首先随硼掺杂浓度的增加而增加,在硼掺杂为 1mL/min 的锗纳米晶薄膜中达到了近 $200cm^2/V$ 的数值,然后随硼掺杂浓度的增加而下降。通常情况下,在体材料中随着掺杂浓度的增加,材料载流子迁移率通常会减小,这是因为掺杂的杂质会引起强散射效应。然而,在硼掺杂的锗纳米晶薄膜中情况却截然不同,我们观察到霍尔迁移率在掺杂后得到了提高。这种非常规的行为可以归因于以下两个因素。

通常,多晶和纳米晶硅或锗中观察到的相对较低的载流子迁移率可归因于两个主要因素:晶界的强散射和缺陷态的存在,这包括了晶体质量和界面缺陷态。值得注意的是,悬挂键在其中起到了重要作用,因为它们在薄膜材料中产生大量的耗尽区域,这些耗尽区域捕获载流子,从而影响载流子迁移率。然而,掺杂杂质同时可以很好地钝化纳米晶粒表面缺陷态。在之前的研究中,我们研究了磷掺杂对硅纳米晶的影响并获得了重要的发现。我们发现磷杂质的引入有效地钝化了硅纳米晶中的悬挂键。这种钝化过程在增强磷掺杂硅纳米晶中的电子迁移率方面发挥了关键作用。与磷杂质相比,硼杂质更倾向于占据纳米晶体表面位点,而不是沉积在纳米晶体的核心中。Hong 等对硅纳米晶薄膜中硼原子的行为进行了额外的观察。他们发现硼原子最初替代了硅纳米晶薄膜中缺陷态中存在的非活性的三价硅原子。随后,这些硼原子取代了四价的硅原子,导致了电离掺杂。根据前述的讨论,在当前工作中占据表面位点的硼掺杂杂质有效地钝化了缺陷态。因此,我们在当前工作中观察到的霍尔迁移率的提高是由薄膜材料中表面缺陷态的减少导致的。

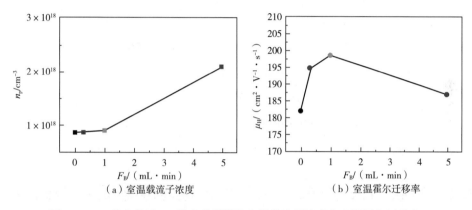

（a）室温载流子浓度　　　　　　（b）室温霍尔迁移率

图 3-12　B 掺杂前后 Ge 纳米晶薄膜的室温载流子浓度和室温霍尔迁移率

为更深入地了解硼掺杂的锗纳米晶薄膜的输运特性,特别是有关输运过程中涉及的散射机制,我们对锗纳米晶薄膜进行了变温霍尔效应研究,涵盖了从 300K 到 650K 的温度范围。如图 3-13 所示,测量了未掺杂的锗纳米晶薄膜在 300~650K 的温度相关暗电导率。我们发现样品的 $\ln\sigma$ 与 T^{-1} 的关系呈线性,这表明锗纳米晶薄膜内的载流子输运机制主要受到热激活传导的影响。激活能 E_a 代表 p 型半导体中费米能级和价带顶之间的能量差异,可以通过分析 $\ln\sigma$ 与 T^{-1} 曲线的斜率来确定,根据 Arrhenius 公式,可计算出未掺杂的锗纳米晶薄膜的激活能 E_a 仅约为 29meV,并在硼掺杂一系列掺杂浓度后逐渐减小至接近 0(图 3-13)。与未掺杂的锗纳米晶薄膜的 1.6eV 带隙相比,所有锗纳米晶薄膜中观察到的相对较小的激活能主要归因于深受体样式的表面态的存在。正如前面提到的,这些表面态导致空穴的积累并使费米能级固定在价带顶附近。

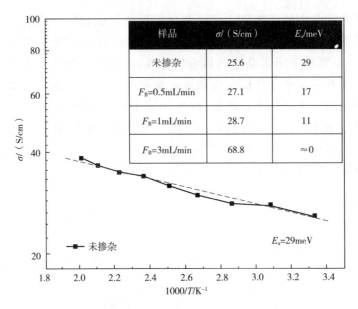

样品	$\sigma/$（S/cm）	$E_a/$meV
未掺杂	25.6	29
F_B=0.5mL/min	27.1	17
F_B=1mL/min	28.7	11
F_B=3mL/min	68.8	≈0

图 3-13　B 掺杂的锗纳米晶薄膜变温电导率的测试

3.4　掺杂纳米硅/二氧化硅多层膜电学输运机制的研究

在本节中,我们通过拉曼光谱系统详细研究了纳米硅基多层膜材料的晶体结构。利用变温霍尔效应测试系统,我们系统研究了磷掺杂纳米硅/二氧化硅多层膜的电学输运性质。对不同掺杂浓度的磷掺杂纳米硅/二氧化硅多层膜的电学性质进行了比较分析,成功获得了电导率高达 1110S/cm 的高电导率磷掺杂纳米硅/二氧化硅多层膜样品。同时,我们发现在高掺杂浓度下,磷掺杂纳米硅/二氧化硅多层膜存在由绝缘体向类金属状态转变的现象。此外,我们还研究了退火温度对磷掺杂的纳米硅/二氧化硅多层膜光电性质的影响,以及晶粒尺寸对输运机制的影响。

3.4.1　磷掺杂浓度对纳米硅/二氧化硅多层膜电学输运性质的影响

为了更深入地理解磷原子掺杂如何影响退火后的纳米硅/二氧化硅多层膜的输运性质,我们采用了高端的 Jobin Yvon Horiba HR800 拉曼光谱仪进行详细的分析。在实验中,我们选择了 514nm 波长的 Ar^+ 激光作为激发源。通过拉曼光谱仪,我们获得了不同磷掺杂浓度的纳米硅/二氧化硅多层膜的详细拉曼图谱,如图 3-14 所示。对于原始的氢化非晶硅/二氧化硅多层膜,其拉曼谱呈现出一个中心位于 $480cm^{-1}$ 的弱宽峰,这是非晶硅的横向光学声子模式的特征。这个信号提供了关于薄膜微结构短程有序性的重要信息,表明硅层主要由非晶硅构成。然而,在经 1000℃ 的高温退火后,拉曼图谱中出现了一个尖锐的峰,位于 517cm⁻¹,与单晶硅的 521cm⁻¹ 峰位相近。这表明高温退火导致了原始氢化非晶硅/二氧化硅多层膜的结构变化,形成了晶化的纳米硅颗粒。进一步分析退火后的磷掺杂纳米硅/二氧化硅多层膜的拉曼图谱,我们发现晶化率随磷掺杂浓度的变化呈现一定的趋势。具体而言,从未掺杂的样品到磷掺杂浓度为 2% 的样品,晶化率先从 68.5% 增加到 77.7%,然后逐渐降低至 74.6% 和 72.3%。这表明低磷掺杂浓度下,磷元素促进了硅的晶化。但是,当磷掺杂浓度达到一定水平时,其对非晶硅晶化的促进作用减弱。这种现象的原因可能在于低掺杂浓度下,磷原子通过钝化硅表面的悬挂键,适度降低薄膜的张应力,从而增强了薄膜的有序性。同时,在退火过程中,磷原子参与非晶硅的成核过程,有助于硅原子形成四配位共价键,进一步提高薄膜的有序度和晶化率。然而,当磷掺杂浓度过高时,大量的磷原子进入纳米硅晶格,导致晶格破坏和缺陷形成,从而降低了薄膜的有序性和晶化率。

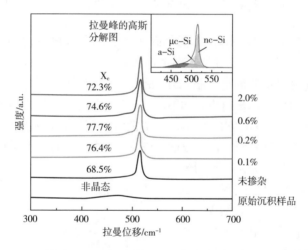

图 3-14　不同掺杂浓度下的磷掺杂纳米硅/二氧化硅多层膜的拉曼图谱

图 3-15 展示了磷掺杂纳米硅/二氧化硅多层膜样品在室温下的电导率随掺杂浓度的变化趋势。从图中可以清晰地看到,未掺杂的薄膜电导率仅为 5×10^{-7} S/cm,但随磷原子掺杂浓度的增加,电导率呈现出明显的递增趋势。在磷掺杂浓度为 0.6% 时,薄膜的室温电导率达到了惊人的 110S/cm,与未掺杂的薄膜相比,电导率提高了 7 个数量级。这一显著提升主要归因于磷原子的替位式掺杂作用。这种掺杂方式使纳米硅的导带中自由电子的浓度显著增加,从而显著提高了室温下的电导率。随磷掺杂浓度的增加,更多的自由载流子在材料中形成,进一步增强了电导性。这一发现对于实现高电导率的磷掺杂纳米硅/二氧化硅多层膜具有重要的意义,特别是在磷掺杂浓度为

0.6%时,电导率展现出非常显著的提升。这为未来在电子器件和集成电路等领域的应用提供了新的可能性。

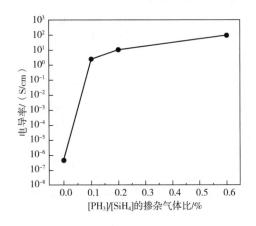

图 3-15　室温下磷掺杂纳米硅/二氧化硅多层膜样品的电导率随掺杂浓度的变化曲线

　　为深入研究磷掺杂的纳米硅/二氧化硅多层膜的导电机制,我们在室温至 660K 的温度范围内测量了样品的电导率与温度的关系。图 3-16 展示了不同磷掺杂浓度下纳米硅/二氧化硅多层膜的电导率-温度变化曲线。从图 3-16 中可以观察到,当温度处于 300~660K 时,无论是磷掺杂的纳米硅/二氧化硅多层膜还是未掺杂的本征纳米硅/二氧化硅多层膜样品,它们的 $\ln\sigma-1/T$ 曲线呈现出近似直线的趋势,显示出典型的 Arrhenius 关系。这表明在这一温度范围内,两种样品的载流子输运过程主要是以热激活的扩展态电导为主。通过对 $\ln\sigma-1/T$ 曲线的线性区间进行拟合,我们可以计算出样品的电导激活能。电导激活能在 n 型半导体中表示费米能级与导带底的能量差。计算结果如表 3-3 所示。这一结果进一步揭示了磷掺杂对纳米硅/二氧化硅多层膜导电性能的影响机制。通过调整磷掺杂浓度,可以有效地调控材料的电导激活能,从而优化其导电性能。这一发现对于开发新型电子器件和集成电路具有重要意义,为进一步研究掺杂对纳米硅/二氧化硅多层膜导电机理的作用和影响提供了理论基础。

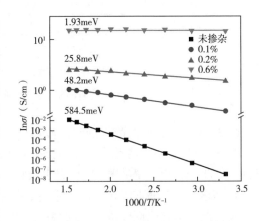

图 3-16　高温范围下不同磷掺杂浓度的纳米硅/二氧化硅多层膜的 $\ln\sigma-1/T$ 曲线

表 3-3　不同磷掺杂浓度的纳米硅/二氧化硅多层膜样品的激活能

掺杂浓度/%	0	0.1	0.2	0.6
激活能/meV	584.5	48.2	25.8	1.93

从表中可以看出,未掺杂的纳米硅/二氧化硅多层膜的电导激活能为 0.58eV,约为单晶硅禁带宽度 1.12eV 的一半。这说明未掺杂的纳米硅/二氧化硅多层膜的费米能级在纳米硅的禁带中央附近。电导激活能的数值表征了材料中激发电子所需的能量,其越小说明材料的导电性越好。在这种情况下,相对较小的电导激活能表明在室温下未掺杂的纳米硅/二氧化硅多层膜中有很多电子被激发,从而提高了导电性。然而,当有磷原子掺杂时,样品的电导激活能迅速减少,且掺杂浓度越高,电导激活能越小。这表明随着磷掺杂浓度的增加,纳米硅/二氧化硅多层膜的费米能级在逐渐向导带底移动。图 3-17 展示了不同磷掺杂浓度下纳米硅/二氧化硅多层膜的电导激活能与掺杂浓度的关系。随着磷掺杂浓度的提高,激活能逐渐减小。当掺杂浓度达到 0.6% 时,激活能已经相当小,几乎接近于 0,说明此时费米能级已经接近了导带底,所以电导率基本不随温度变化而变化。这一现象表示在 0.6% 的磷掺杂浓度下,材料已经表现出了金属或类金属的性质,费米能级已经进入导带底部,不再受温度的影响。这一发现对于理解磷掺杂对纳米硅/二氧化硅多层膜导电性能的影响机制具有重要意义。随着磷掺杂浓度的增加,费米能级向导带底的移动使更多的电子被激发,从而提高了材料的导电性。同时,这一结果也为进一步优化纳米硅/二氧化硅多层膜的导电性能提供了新的思路和方法。

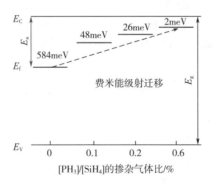

图 3-17　样品费米能级随磷掺杂浓度增大逐渐向导带底移动的示意图

根据上述测试结果,我们进行了进一步的理论分析和计算。磷掺杂后的纳米硅/二氧化硅多层膜在室温下的电导率明显增长了 7 个数量级,这主要归因于磷掺杂后载流子浓度的急剧提高。根据非简并半导体的公式 $n_0 = N_c \exp\left(\dfrac{E_f - E_c}{k_0 T}\right)$（针对非简并半导体,即掺杂浓度小于0.6%的样品)和公式 $n_0 = N_c \dfrac{2}{\sqrt{\pi}} F_{1/2}\left(\dfrac{E_f - E_c}{k_0 T}\right)$(针对简并半导体,即掺杂浓度等于和大于0.6%的样品),我们可以粗略地估算样品的载流子浓度。其中 n 代表载流子浓度,N_c 代表导带底的有效电子密度,E_f 代表费米能级,E_c 代表导带底,$F_{1/2}$ 是费米积分函数,k 是玻尔兹曼常数,T 是温度。通过计算费米能级从0.58eV迁移到导带底的这一过程,我们观察到0.6%的磷掺杂浓度的纳米硅/二氧化硅多层膜的载流子浓度比未掺杂的样品提高了7个数量级。这也解释了磷掺杂后纳米硅/二氧化硅多层膜电导率的迅速提高。同时,随着样品中磷掺杂浓度的增加,能够到达导带底的电子浓度逐渐增多,导致费米能级逐渐向导带底移动。因此,相应的电导率激活能不断减小。最终,在掺杂浓度达到一定值后,电导激活能接近于零,表明费米能级已接近导带底,样品成为了高度掺杂的半导体材料。

图3-18展示了磷掺杂纳米硅/二氧化硅多层膜的室温迁移率随磷原子掺杂浓度的变化趋势。从图中可以看出,随着磷原子掺杂浓度的增加,样品的室温迁移率呈现出明显的上升趋势。未掺杂样品的室温迁移率为 $1.2\text{cm}^2/(\text{V}\cdot\text{s})$,而当磷掺杂浓度为0.6%时,样品的室温迁移率高达 $9.8\text{cm}^2/(\text{V}\cdot\text{s})$。这一结果通过霍尔效应测试系统得到,并使用公式 $\sigma = n\mu q$ 计算了载流子浓度。未掺杂样品的载流子浓度为 $2.4 \times 10^{12}\text{cm}^{-3}$,而磷掺杂浓度为0.6%的样品载流子浓度为 $7.1 \times 10^{19}\text{cm}^{-3}$。这一结果与通过费米能级迁移导致的激活能变化计算结果一致,进一步证明了磷原子成功地掺杂进入纳米硅内部,并通过提供导电电子的方式调控载流子浓度,从而控制纳米硅/二氧化硅多层膜的导电性能。随着磷掺杂浓度的增加,室温迁移率的提高表明磷原子在纳米硅中的掺杂对于改善其导电性能起到了关键作用。此外,通过调控磷掺杂浓度,可以实现纳米硅/二氧化硅多层膜导电性能的优化。

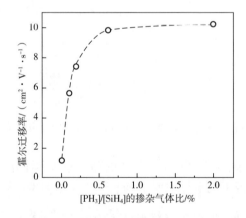

图3-18 室温下纳米硅/二氧化硅多层膜的迁移率与掺杂浓度的关系

当温度为 40~300K 时,我们测量了磷掺杂纳米硅/二氧化硅多层膜的电导率与温度的关系。由于未掺杂纳米硅/二氧化硅多层膜在低温下的电阻极大,导致其电导率难以测量,因此我们仅在高温段与磷掺杂样品做了对比。之前已有研究者探讨了纳米硅晶粒的电学性质,如 Stegner 等研究了 100~300K 时纳米硅晶粒的 $\sigma-T$ 依赖关系,并发现随着掺杂浓度的增加,样品 $\sigma-T$ 的 Arrhenius 关系依赖性降低。在实验中,我们也观察到在室温以下的温度范围内,磷掺杂纳米硅/二氧化硅多层膜的 $\sigma-T$ 的关系无法再被 Arrhenius 公式描述。这表明在低温下,磷掺杂纳米硅/二氧化硅多层膜的载流子输运过程不再遵循热激活的输运方式,而是涉及其他机制的作用。

为进一步探究低温下磷掺杂纳米硅/二氧化硅多层膜的载流子输运机制,我们引入退化的激活能 $w(T)=\dfrac{\mathrm{d}(\ln\sigma)}{\mathrm{d}(\ln T)}$,并在 log-log 轴上绘制了如图 3-19 所示的 $w(T)-T$ 曲线图,其温度为 40~660K。从图中明显可见存在 3 个明显不同的区域,与 Concari 等在 270~450K 的本征和硼掺杂的纳米硅材料中只发现 Mott 变程跳跃电导传输机制不同。这表明磷掺杂的纳米硅/二氧化硅多层膜在 40~660K 时至少存在 3 种不同的载流子输运机制。在高温区域,$w(T)$ 可被视为一条斜率为 1 的直线,代表着热激活的载流子输运机制,与前文所讨论的 Arrhenius 关系相符。然而,从室温降至约 80K 时,退化的激活能 $w(T)$ 呈现为一条斜率为 0 的直线,表明该温度范围内电导率与温度呈幂律关系,即 $\sigma=T^{\gamma}$。这表示此时的磷掺杂纳米硅/二氧化硅多层膜的载流子输运过程为多声子辅助跳跃电导(multiple phonon hopping,MPH)输运过程。MPH 是一种由载流子—声子的弱相互作用主导的输运机制。在 80K 到室温的温度范围内,电子的定域化作用不够强,更容易与波长和定域化长度相近的声子相耦合。因此,在这个温度范围内,磷掺杂的纳米硅/二氧化硅多层膜的载流子可以通过借助多个声子的能量,在缺陷态或晶粒边界所产生的深能级间进行跃迁传输。磷原子的掺杂会引起缺陷态的增加,使低温下磷元素在载流子输运过程中发挥重要作用。值得注意的是,多声子辅助跳跃电导输运过程仅能在声子特征温度较高的温度范围内发生。类似的输运过程在其他非晶或纳米晶半导体材料中也得到了报道。

然而,随着温度的继续下降,即在

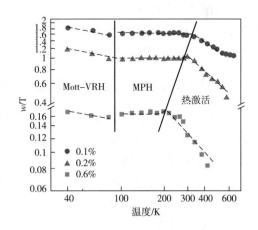

图 3-19　40~660K 时磷掺杂纳米硅/二氧化硅
多层膜的 $w(T)-T$ 关系图

80K 以下的温度范围内,磷掺杂的纳米硅/二氧化硅多层膜不再呈现多声子辅助跳跃电导(MPH)或热激活的载流子传导,其退化的激活能 $w(T)$ 呈现为一条斜率为 0.25 的直线。这表明其电导率与温度的关系符合公式 $\sigma = \sigma_0 \exp\left[-\left(\frac{T_0}{T}\right)^{1/4}\right]$,代表 Mott 变程跳跃电导(Mott-VRH)。这是因为当温度降低到 80K 以下时,样品的温度低于其声子特征温度,导致声学声子被冻结,使电子无法再利用声子进行辅助跳跃传输。根据 Mott 的理论,低温下的载流子输运是由电子从已被填充的定域态跳跃到未被填充的定域态而发生的隧穿导致的。Mott-VRH 输运过程在低温下的本征和轻微掺杂的微晶硅中也曾被观察到。

根据以上实验结果,我们可以总结出以下 4 点重要发现。

(1)磷掺杂纳米硅/二氧化硅多层膜在温度变化过程中展现了 3 种不同的输运机制:多声子辅助跳跃电导、热激活输运机制以及可能存在的其他机制。

(2)随着磷掺杂浓度的增加,样品的输运机制由多声子辅助跳跃电导变为热激活输运机制的温度拐点逐渐降低。这表明随着掺杂浓度的增加,热激活的载流子输运机制更容易在较低的温度下占据主导地位。

(3)随着掺杂浓度的增加,样品的费米能级向导带底移动,导致载流子浓度增大和激活能减小。这使更多的导电电子更容易跃迁到导带底,形成扩展态电导。

(4)未掺杂纳米硅/二氧化硅多层膜的纵向载流子输运是涉及直接隧穿和声子辅助隧穿的综合机制,而二氧化硅层在纵向载流子的输运过程中发挥了重要的作用。

综上所述,磷掺杂纳米硅/二氧化硅多层膜的导电性能受多种因素的影响,包括温度、磷掺杂浓度以及二氧化硅层的性质等。通过深入探究这些因素对导电性能的影响,可以为优化纳米硅/二氧化硅多层膜的导电性能提供重要依据,并推动其在电子器件和集成电路等领域的应用。

3.4.2　磷掺杂纳米硅/二氧化硅多层膜的类金属绝缘体转变

在研究磷掺杂纳米硅/二氧化硅多层膜的电学性质时,我们观察到随磷元素浓度的增加,该材料的导电性发生了显著变化,这一过程类似于半导体向类金属的转变。为了更深入地理解这种转变背后的机制,我们需要探究引发这种转变所需的杂质浓度。根据理论预测,这一浓度应符合 Mott 准则。为此,我们将对经过 800℃ 高温退火的磷掺杂纳米硅/二氧化硅多层膜样品进行一系列实验测量,包括低温电子自旋共振测试、电导率、迁移率和载流子浓度的测定。通过综合分析这些数据,我们将深入探讨纳米硅/二氧化硅多层膜从半导体向类金属转变的关键机制。这一研究不仅有助于我们全面理解磷掺杂对纳米硅/二氧化硅多层膜电学性质的影响,而且可为优化纳米硅半导体材料的导电性能提供重要指导。通过更深入地了解这一转变过程,我们可以更好地设计和开发具有优异导电性能的纳米硅材料,从而推动其在电子器件和集成电路等领域的应用。

在之前的研究中,我们测试了两种不同磷掺杂浓度的纳米硅/二氧化硅多层膜样品(0.06%和0.2%)的电子自旋共振信号积分强度随温度的变化(图3-20)。实验结果显示,电子自旋共振谱线的积分强度与样品的磁化强度成正比。而磁化强度随温度的变化可分为居里(curie)和泡利(pauli)两种类型。居里行为通常表现为高温下磁化强度随温度线性减小,而泡利行为则表现为低温下磁化强度随温度的平方根减小。这两种行为通常反映了材料中自旋相关的物理性质。通过观察磁化强度与温度之间的关系,我们可以深入了解材料中的自旋动力学过程以及掺杂对其磁性质的影响。这一研究不仅有助于我们更深入地理解纳米硅/二氧化硅多层膜在不同温度下的电子结构和磁性行为,而且可以为优化纳米硅半导体材料的性能提供重要指导。通过更深入地了解这一转变过程,我们可以更好地设计和开发具有优异性能的纳米硅材料,从而推动其在电子器件和集成电路等领域的应用。

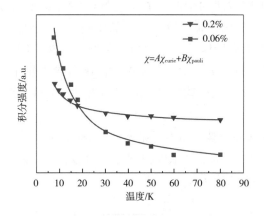

图3-20　0.06%和0.2%两种磷掺杂浓度的纳米硅/二氧化硅多层膜
样品的 ESR 积分强度随温度的变化关系

我们通过对磷掺杂纳米硅/二氧化硅多层膜的 ESR 积分强度进行居里和泡利两种顺磁性的组合拟合,拟合公式如下图所示。在这个公式中,居里顺磁性可以表示为 $\chi_{curie} = (n\mu_0\mu_B^2)/(kT)$,泡利顺磁性可以表示为 $\chi_{pauli} = (n\mu_0\mu_B^2)/E_F$,其中 n 代表顺磁中心密度。在居里顺磁性中,当磷掺杂浓度较低时,导带电子浓度不是很高($10^{16} \sim 10^{18}\,cm^{-3}$),电子处于非简并状态。在这种情况下,磁化强度与温度的关系正比于 T 的倒数(T^{-1})。而在泡利顺磁性中,当磷掺杂浓度较高时,电子浓度也较高(大于 $10^{18}\,cm^{-3}$),导带电子处于简并状态。在这种情况下,磁化强度则不随温度的变化而改变。

　　我们观察到不同磷掺杂浓度的纳米硅/二氧化硅多层膜样品的电子自旋共振信号随温度的变化。对于 0.06% 的样品,居里顺磁性部分占比较大,为 77.6%;而泡利顺磁性部分占比为 22.4%。然而,当掺杂浓度增加到 0.2% 时,居里顺磁性部分占比显著降低,仅为 22.9%;而泡利顺磁性部分占比上升至 77.1%。这一结果表明,随着磷掺杂浓度的增加,更多的磷原子替代硅原子进入纳米硅内部,为导带提供电子。这导致更多电子处于简并状态并展现出泡利顺磁性。如果继续提高掺杂浓度,我们预计泡利顺磁性的占比将继续增加,甚至可能导致居里顺磁性的消失。这种现象暗示了在较高磷掺杂浓度下,纳米硅/二氧化硅多层膜可能经历类似于 Mott 理论描述的金属—绝缘体转变。这一发现对理解掺杂效应如何影响材料性质以及如何在纳米硅中控制电子行为具有重要意义。

　　在我们的研究中,我们注意到样品的磷掺杂浓度是通过调整硅烷和磷烷的气体比例来计算的,这表示整个硅层(包括纳米硅和非晶硅)的平均掺杂浓度。然而,实际上只有那些掺杂进入纳米硅内部并被激活的磷原子才能提供导带电子。许多位于非晶硅区域或未被激活的磷原子并不对导电性能做出贡献。另外,由于量子限制效应的影响,纳米硅的禁带宽度相对于晶体硅有所增加,这一点在我们之前的光学带隙测试结果中也有所体现。这种禁带展宽导致施主能级在禁带中的位置更远离导带底,需要更高的电子浓度才能使施主能级与导带发生重叠,从而体现出泡利顺磁性。因此,尽管在 0.2% 磷掺杂浓度的样品中,我们仍然观察到了居里顺磁性的存在。

　　为了更进一步证实较高掺杂浓度下纳米硅/二氧化硅多层膜的金属绝缘体转变,我们绘制了掺杂浓度为 2.0% 的纳米硅/二氧化硅多层膜的 $\ln\sigma\text{-}1/T$ 曲线与低掺杂浓度的样品做对比,如图 3-21 所示。

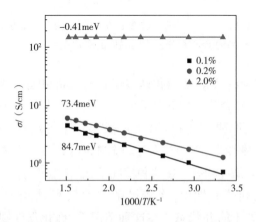

图 3-21　高掺杂浓度下 800℃ 退火的纳米硅/二氧化硅多层膜的 $\ln\sigma\text{-}1/T$ 曲线

通过对激活能的计算,发现当掺杂浓度达到 2.0%后,其激活能已经为负,即 E_f-$E_c>0$,这意味着费米能级已经位于导带底之上,并且施主能级与导带发生重叠。在这种情况下,样品展现出简并的类金属特性。对于高掺杂浓度的样品,载流子输运机制主要以带间传输为主,这与低掺杂浓度的样品表现出完全不同的性质。这一变化表明磷原子的大量引入可以使纳米硅/二氧化硅多层膜的输运性质从半导体的热激活扩展态输运机制转变为类金属的带间传输机制。

为进一步验证这一结论,我们使用霍尔效应测试系统对经过 800℃ 退火的磷掺杂纳米硅/二氧化硅多层膜进行迁移率和载流子浓度的测量,相关结果如图 3-22 所示。

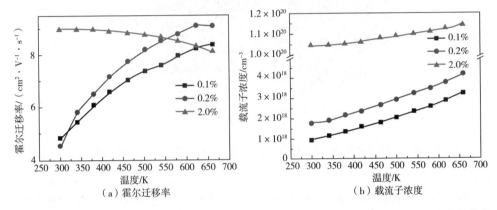

（a）霍尔迁移率　　　　　　　　　（b）载流子浓度

图 3-22　800℃退火的磷掺杂纳米硅/二氧化硅多层膜的迁移率和载流子浓度随温度变化的曲线

在图 3-22(a)中,磷掺杂纳米硅/二氧化硅多层膜在低掺杂浓度时,表现出迁移率随温度升高而增加的特性,呈现出类似普通半导体材料的迁移率与温度的依赖关系。然而,当掺杂浓度达到 2%时,迁移率随温度的升高反而下降,这是由于声子散射的影响,与金属材料的迁移率变化趋势相似。该发现强调了磷掺杂浓度的提高导致纳米硅/二氧化硅多层膜从绝缘体向类金属状态的演变。在图 3-22(b)中,我们研究了磷掺杂纳米硅/二氧化硅多层膜的载流子浓度随温度变化的曲线。按照 Mott 准则,在传统的体材料中,$n_M a_B^3 \approx 0.02$,其中 $a_B = \varepsilon \hbar^2 / m^* e^2$ 是有效波尔半径,ε是介电常数,m^*是有效电子质量,$\hbar$是普朗克常数,e是电荷电量。从这个准则可以看出,当 n_M 足够大时,同一种材料可以从绝缘体转变为类金属状态。对于我们的样品,未掺杂和低掺杂浓度下的纳米硅/二氧化硅多层膜呈现半导体(绝缘体)状态,其载流子浓度范围为 $10^{13} \sim 10^{18} \mathrm{cm}^{-3}$。而当掺杂浓度达到 2%时,纳米硅/二氧化硅多层膜呈现出类金属状态,其掺杂浓度经测量已高达 $10^{20} \mathrm{cm}^{-3}$。这一结果强化了磷掺杂引起的纳米硅/二氧化硅多层膜状态转变的观点。

通过 Mott 准则的计算,我们得知体硅材料的载流子浓度约为 $3\times10^{18}\mathrm{cm}^{-3}$。然而,根据我们的实验结果,我们观察到在当前浓度下,纳米硅材料尚未经历由绝缘体向类金属状态的转变。在过去的研究中,一些研究致力于探讨纳米晶薄膜可能发生的金属—绝缘体转变(MIT)现象,并提出了关于纳米晶薄膜 MIT 临界浓度的问题。Chen 等通过构建如图 3-23 所示的邻近纳米晶粒结构,建立了关于纳米晶薄膜 MIT 的理论计算模型。

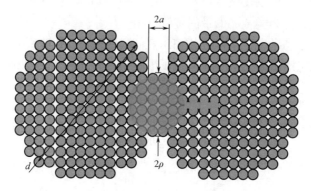

图 3-23 纳米晶体材料的 MIT 模型示意图

通过与 Mott 准则的类比,他们提出了纳米晶材料的 MIT 准则,即 $n_c\rho^3 \approx 0.3g$,其中 ρ 为纳米颗粒间的接触面半径(等于 $\sqrt{da/2}$),a 为晶格常数,d 为纳米晶粒直径,g 是材料导带等价极值的个数)。根据这个公式,纳米晶粒直径越小,金属—绝缘体转变所需的载流子浓度就越高。以硅纳米晶粒阵列为例,选择纳米晶粒直径为 8nm,计算出相应的载流子浓度约为 $10^{20}\,\mathrm{cm}^{-3}$。这一数值与我们在 2%磷掺杂纳米硅/二氧化硅多层膜中测得的载流子浓度值相吻合。因此,从理论上证实了高掺杂浓度下纳米硅/二氧化硅多层膜样品已经从绝缘体状态成功转变为类金属状态。

3.5 本章小结

在本章中,采用了 PECVD 系统,通过在反应气体中引入磷烷和硼烷制备了不同掺杂浓度的磷和硼掺杂氢化非晶硅薄膜,经 1000℃高温热退火后形成纳米硅薄膜,对不同掺杂浓度下磷和硼掺杂纳米硅薄膜的结构及其电学输运机制进行了对比研究。Raman、TEM 以及光学带隙的测试结果表明,与未掺杂纳米硅薄膜相比,磷掺杂纳米硅薄膜具有较高的晶化程度和晶粒尺寸,以及较宽的光学带隙;而硼掺杂纳米硅薄膜的晶化程度较低,光学带隙较窄。XPS 的测试结果表明,磷掺杂纳米硅薄膜中存在替位式掺杂的磷原子所引起的信号,而硼原子在纳米硅内部的掺杂信号比较弱。霍尔效应测试表明,磷和硼掺杂可以很大程度上提高纳米硅薄膜的电导率。从载流子浓度随气相掺杂浓度比的变化关系中可以看到,磷和硼均能够进入纳米硅内部形成替位式掺杂,提供自由移动的载流子。对比两种不同的杂质原子,磷原子具有更高的掺杂效率和激活效率,随着掺杂浓度的增加,磷原子更容易进入纳米硅内部形成替位式掺杂。对掺杂纳米硅输运机制的研究表明,磷和硼的掺杂会改变纳米硅薄膜的输运机制。磷和硼的掺杂导致了纳米硅薄膜的费米能级向导带底(价带顶)移动,在适当的掺杂浓度下出现金属—绝缘体转变,这种转变与纳米硅薄膜的结构、晶粒平均尺寸有关。在经金属—绝缘体转变后,纳米硅的输运机制由半导体的热激活输运机制转变为类金属性的带内传导输运机制。

参考文献

[1] Dalpian G M, Chelikowsky J R. Self-Purification in Semiconductor Nanocrystals[J]. Physical review letters, 2006, 96(22):4.

[2] Oliva-Chatelain B L, Ticich T M, Barron A R. Doping silicon nanocrystals and quantum dots[J]. Nanoscale, 2016, 8(4):1733-1745.

[3] Arduca E, Perego M. Doping of silicon nanocrystals[J]. Materials Science in Semiconductor Processing, 2017, 62:156-170.

[4] Marri I, Degoli E, Ossicini S. Doped and codoped silicon nanocrystals: The role of surfaces and interfaces[J]. Progress in Surface Science, 2017, 92(4):375-408.

[5] Ta V D, Chen R, Nguyen D M, et al. Application of self-assembled hemispherical microlasers as gas sensors[J]. Applied Physics Letters, 2013, 102(3):1-4.

[6] Fukata N. Impurity doping in silicon nanowires[J]. Advanced Materials, 2009, 21(27): 2829-2832.

[7] Perego M, Bonafos C, Fanciulli M. Phosphorus doping of ultra-small silicon nanocrystals [J]. Nanotechnology, 2010, 21(2):025602.

[8] Fujii M, Sugimoto H, Hasegawa M, et al. Silicon nanocrystals with high boron and phosphorus concentration hydrophilic shell—Raman scattering and X-ray photoelectron spectroscopic studies[J]. Journal of Applied Physics, 2014, 115(8):5.

[9] Puthen Veettil B, Wu L F, Jia X G, et al. Passivation effects in B doped self-assembled Si nanocrystals[J]. Applied Physics Letters, 2014, 105(22):4204.

[10] Lechner R, Stegner A R, Pereira R N, et al. Electronic properties of doped silicon nanocrystal films[J]. Journal of Applied Physics, 2008, 104(5):136.

[11] Pi X D, Gresback R, Liptak R W, et al. Doping efficiency, dopant location, and oxidation of Si nanocrystals[J]. Applied Physics Letters, 2008, 92(12):3102.

[12] Gutsch S, Hartel A M, Hiller D, et al. Doping efficiency of phosphorus doped silicon

nanocrystals embedded in a SiO_2 matrix[J]. Applied Physics Letters,2012,100(23):3113.

[13] Zhang T, Puthen – Veettil B, Wu L, et al. Determination of active doping in highly resistive boron doped silicon nanocrystals embedded in SiO_2 by capacitance voltage measurement on inverted metal oxide semiconductor structure [J]. Journal of Applied Physics,2015,118(15):154305.

[14] Mimura A, Fujii M, Hayashi S, et al. Quenching of photoluminescence from Si nanocrystals caused by boron doping[J]. Solid State Communications,1999,109(9):561-565.

[15] Sun H T, Sakka Y, Miwa Y J, et al. Spectroscopic characterization of bismuth embedded Y zeolites[J]. Applied Physics Letters,2010,97(13):10653.

[16] Song C, Wang X, Huang R, et al. Effects of doping concentration on the microstructural and optoelectrical properties of boron doped amorphous and nanocrystalline silicon films [J]. Materials Chemistry and Physics,2013,142(1):292-296.

[17] Saleh R, Nickel N H. The influence of boron concentrations on structural properties in disorder silicon films[J]. Applied Surface Science,2007,254(2):580-585.

[18] Edelberg E, Bergh S, Naone R, et al. Luminescence from plasma deposited silicon films[J]. Journal of Applied Physics,1997,81(5):2410-2417.

[19] Song C, Xu J, Chen G R, et al. High-conductive nanocrystalline silicon with phosphorous and boron doping[J]. Applied Surface Science,2010,257(4):1337-1341.

[20] Hao X J, Cho E C, Flynn C, et al. Effects of boron doping on the structural and optical properties of silicon nanocrystals in a silicon dioxide matrix[J]. Nanotechnology,2008,19(42):424019.

[21] Stegner A R, Pereira R N, Klein K, et al. Electronic transport in phosphorus-doped silicon nanocrystal networks[J]. Physical Review Letters,2008,100(2):026803.

[22] Luo P Q, Zhou Z B, Chan K Y, et al. Gas doping ratio effects on p-type hydrogenated nanocrystalline silicon thin films grown by hot-wire chemical vapor deposition [J]. Applied Surface Science,2008,255(5):2910-2915.

[23] Ward R J, Wood B J. A comparison of experimental and theoretically derived sensitivity factors for XPS[J]. Surface and Interface Analysis,1992,18(9):679-684.

[24] Xu Q, Luo J W, Li S S, et al. Chemical trends of defect formation in Si quantum dots: The case of group – III and group – V dopants [J]. Physical Review B, 2007, 75(23):23504.

[25] Bakry A M, El-Naggar A H. Doping effects on the optical properties of evaporated a-Si:H films[J]. Thin Solid Films,2000,360(1/2):293-297.

［26］Nakajima K, Yamazaki S, Akita K. Direct LPE growth of InP on （111）a oriented In$_{0.53}$Ga$_{0.47}$As without dissolution［J］. Japanese Journal of Applied Physics, 1982, 21 （4A）: L237.

［27］Juneja S, Sudhakar S, Gope J, et al. Highly conductive boron doped micro/nanocrystalline silicon thin films deposited by VHF－PECVD for solar cell applications［J］. Journal of Alloys and Compounds, 2015, 643: 94-99.

［28］Hong S H, Park J H, Shin D H, et al. Doping－ and size－dependent photovoltaic properties of p－type Si－quantum－dot heterojunction solar cells: correlation with photoluminescence［J］. Applied Physics Letters, 2010, 97(7): 666.

［29］Qian M, Shan D, Ji Y, et al. Transition of carrier transport behaviors with temperature in phosphorus－doped Si nanocrystals/SiO$_2$ multilayers ［J］. Nanoscale Research Letters, 2016, 11: 1-7.

［30］Chen T, Reich K V, Kramer N J, et al. Metal－insulator transition in films of doped semiconductor nanocrystals［J］. Nature Materials, 2015.

［31］Guerra R, Ossicini S. Preferential positioning of dopants and co－dopants in embedded and freestanding Si nanocrystals［J］. Journal of the American Chemical Society, 2014, 136(11): 4404-4409.

［32］Khelifi R, Mathiot D, Gupta R, et al. Efficient n－type doping of Si nanocrystals embedded in SiO$_2$ by ion beam synthesis［J］. Applied Physics Letters, 2013, 102(1): 013116.

［33］Perego M, Seguini G, Fanciulli M. ToF－SIMS study of phosphorus diffusion in low－dimensional silicon structures［J］. Surface and Interface Analysis, 2013, 45(1): 386-389.

［34］Caldelas P, Rolo A G, Gomes M J M, et al. Raman and XRD studies of Ge nanocrystals in alumina films grown by RF－magnetron sputtering［J］. Vacuum, 2008, 82(12): 1466-1469.

［35］Hao Z, Kochubei S A, Popov A A, et al. On Raman scattering cross section ratio of amorphous to nanocrystalline germanium［J］. Solid State Communications, 2020, 313: 113897.

［36］Park M I, Kim C S, Park C O, et al. XRD studies on the femtosecond laser ablated single－crystal germanium in air ［J］. Optics and Lasers in Engineering, 2005, 43 （12）: 1322-1329.

［37］Shan D, Ji Y, Xu J, et al. Microstructure and carrier-transport behaviors of nanocrystalline silicon thin films annealed at various temperatures［J］. Physica Status Solidi(A), 2016, 213(7): 1675-1679.

［38］Shan D, Wang H, Tang M, et al. Microscopic understanding of the carrier transport process in Ge nanocrystals films[J]. Journal of Nanomaterials,2018,2018.

[39] Das D, Bhattacharya K. Characterization of the Si:H network during transformation from amorphous to micro – and nanocrystalline structures [J]. Journal of applied physics,2006,100(10).

[40] Maioli P, Meunier T, Gleyzes S, et al. Nondestructive rydberg atom counting with mesoscopic fields in a cavity[J]. Physical Review Letters,2005,94(11):113601.

[41] Ni Z Y, Zhou S, Zhao S Y, et al. Silicon nanocrystals:Unfading silicon materials for optoelectronics[J]. Materials Science and Engineering:R:Reports,2019,138:85–117.

[42] Seager C H, Castner T G. Zero – bias resistance of grain boundaries in neutron – transmutation–doped polycrystalline silicon[J]. Journal of Applied Physics,1978,49 (7):3879–3889.

[43] Hellmich W, Müller G, Krötz G, et al. Optical absorption and electronic transport in ion–implantation–doped polycrystalline SiC films[J]. Applied Physics A,1995,61: 193–201.

[44] Seto J Y W. The electrical properties of polycrystalline silicon films [J]. Journal of Applied Physics,1975,46(12):5247–5254.

[45] Shan D, Ji Y, Li D K, et al. Enhanced carrier mobility in Si nano – crystals via nanoscale phosphorus doping[J]. Applied Surface Science,2017,425:492–496.

[46] Hong S H, Kim Y S, Lee W, et al. Active doping of B in silicon nanostructures and development of a Si quantum dot solar cell[J]. Nanotechnology,2011,22(42):425203.

[47] Gullanar M H, Zhang Y H, Chen H, et al. Effect of phosphorus doping on the structural properties in nc–Si:H thin films[J]. Journal of Crystal Growth,2003,256(3/4):254–260.

[48] Shan D, Qian M, Ji Y, et al. The Change of Electronic Transport Behaviors by P and B Doping in Nano–Crystalline Silicon Films with Very High Conductivities[J]. Nanomaterials, 2016,6(12):233.

[49] Lu P, Mu W, Xu J, et al. Erratum:Phosphorus doping in Si nanocrystals/SiO$_2$ multilayers and light emission with wavelength compatible for optical telecommunication [J]. Scientific Reports,2016,6(1):22888.

[50] Das D, Sain B. Electrical transport phenomena prevailing in undoped nc–Si/a–SiN$_x$:H thin films prepared by inductively coupled plasma chemical vapor deposition[J]. Journal of Applied Physics,2013,114(7):073708.

[51] Zabrodskii A G. The coulomb gap:The view of an experimenter[J]. Philosophical Magazine B,2001,81(9):1131–1151.

[52] Concari S B, Buitrago R H. Hopping mechanism of electric transport in intrinsic and

p-doped nanocrystalline silicon thin films[J]. Journal of Non-Crystalline Solids, 2004,338/339/340:331-335.

[53] Shimakawa K. Multiphonon hopping of electrons on defect clusters in amorphous germanium[J]. Physical Review B,1989,39(17):12933-12936.

[54] Wienkes L R, Blackwell C, Kakalios J. Electronic transport in doped mixed-phase hydrogenated amorphous/nanocrystalline silicon thin films [J]. Applied Physics Letters,2012,100(7):072105.

[55] Shimakawa K, Miyake K. Hopping transport of localized π electrons in amorphous carbon films[J]. Physical Review B,1989,39(11):7578-7584.

[56] Mott N F, Philos Mag. Conduction in non-crystalline materials[J]. 1969,19(160): 835-852.

[57] Brenot R, Vanderhaghen R, Drévillon B, et al. Transport mechanisms in hydrogenated microcrystalline silicon[J]. Thin Solid Films,2001,383(1/2):53-56.

[58] Liu F, Zhu M, Feng Y, et al. Electrical transport properties of microcrystalline silicon thin films prepared by Cat-CVD[J]. Thin Solid Films,2001,395(1/2):97-100.

[59] Ambrosone G, Coscia U, Cassinese A, et al. Low temperature electric transport properties in hydrogenated microcrystalline silicon films[J]. Thin Solid Films,2007, 515(19):7629-7633.

[60] Osinniy V, Lysgaard S, Kolkovsky V, et al. Vertical charge-carrier transport in Si nanocrystal/SiO_2 multilayer structures[J]. Nanotechnology,2009,20(19):195201.

[61] Mott N. Metal-Insulator Transition[J]. Reviews of Modern Physics,1968,40:677.

[62] Müller J, Finger F, Carius R, Wagner H. Electron spin resonance investigation of electronic states in hydrogenated microcrystalline silicon [J]. Physical Review B, 1999,60(16):11666-11677.

[63] Sumida K, Ninomiya K, Fujii M, et al. Electron spin-resonance studies of conduction electrons in phosphorus-doped silicon nanocrystals [J]. Journal of Applied Physics, 2007,101(3):1046.

[64] 陆鹏. 纳米硅/二氧化硅多层膜的磷掺杂效应研究 [D]. 南京:南京大学,2016.

[65] Guyot-Sionnest P. Electrical transport in colloidal quantum dot films[J]. The Journal of Physical Chemistry Letters,2012,3(9):1169-1175.

[66] Shabaev A, Efros A L, Efros A L. Multiexciton generation by a single photon in nanocrystals[J]. Nano Letters,2006,6(12):2856.

[67] Scheele M. To Be or not to be:Band-like transport in quantum dot solids[J]. Zeitschrift Für Physikalische Chemie,2015,229(1/2):167-178.

第四章 掺杂对硅基纳米材料中载流子迁移率的影响

4.1 引言

从器件应用的角度而言,载流子迁移率是半导体材料最为重要的参数之一。在纳米硅基电子和光电子器件中,器件性能在很大程度上会受到载流子迁移率大小的影响。然而,一般对于纳米硅电导率等的研究较多,但对于纳米硅中载流子迁移率的研究,特别是迁移率随温度变化的规律的研究尚未见报道。如 Stieler 等制备了晶粒尺寸为 56nm 的微晶硅薄膜材料,通过空间电荷限制电流测试技术对材料的载流子迁移率进行了研究,测得微晶硅载流子迁移率为 $5.4cm^2/(V \cdot s)$。有报道称厚度为 250nm 左右的 n 型多晶硅薄膜的载流子迁移率为 $5.7cm^2/(V \cdot s)$。而在对纳米硅薄膜电学性能的报道中,载流子迁移率大多集中在 $0.1 \sim 10cm^2/(V \cdot s)$,研究还发现其载流子迁移率随纳米硅量子点尺寸的减小而减小。Zhang 等通过激光晶化的方法制备了量子点尺寸为 3.5nm 的纳米硅薄膜,得出其载流子迁移率仅为 $0.1cm^2/(V \cdot s)$。从以上的报道中我们可以看到,纳米硅、微晶硅和多晶硅等硅基体系的材料中载流子迁移率比较低,不利于制备高品质的纳电子与光电子器件,阻碍了纳米硅材料在器件中的进一步应用。因此,如何有效地提高纳米硅材料载流子迁移率是当前硅基纳电子光电子器件领域中研究的热点。

为了能够提出有效提高纳米硅材料载流子迁移率的途径,就需要对纳米硅中影响载流子迁移率的机制方面进行研究。Gresback 等利用磷和硼掺杂纳米硅制备场效应管,测得其场迁移率在 $5 \times 10^{-4} cm^2/(V \cdot s)$ 左右,他们认为在纳米硅中的迁移率主要受纳米硅和纳米硅之间界面的影响,晶界势垒的高度和宽度会阻碍纳米硅载流子的传输,从而影响迁移率的大小。同时,纳米硅颗粒尺寸的大小和晶粒的有序度也对其迁移率有一定的作用。然而,Bergren 等认为界面态对纳米硅迁移率有不同的影响。在晶化程度较低的纳米硅中,界面态捕获非晶硅中的载流子,由此激活到纳米硅中进行输运,更有利于载流子在纳米硅中的传输,增加其迁移率。相反在晶化程度较高的纳米硅中,界面态会降低纳米硅中载流子的寿命,从而导致其迁移率的降低。从以上报道我们总结得出,纳米硅或多晶硅薄膜中载流子迁移率较低的原因主要有以下 3 个方面:一是载流子在输运过程中会受到来自晶粒间界处散射机制的影响;二是薄膜的质量问题在材料中产生了众多缺陷态的影响;三是薄膜材料中表面态或界面态的影响。以上 3 方面也成为了我们目前有效提高纳米硅材料载流子迁移率的突破口。

在先前的工作中,我们研究了纳米硅薄膜的电学输运性能。我们认为纳米硅薄膜在不同温度区域中具有不同的输运机制,分别是低温区域中的跳跃传导机制和高温区域中的热激活传导机制。通过对纳米硅薄膜进行掺杂磷和硼的方式,可以极大地提升纳米硅薄膜在室温下的电导率。同时,我们也制备了纳米硅/二氧化硅多层膜结构的薄膜材料,在对其进行磷掺杂的研究时,发现只有部分的磷原子进入了纳米硅内部进行替位式掺杂,提供了可自由移动的载流子,而部分的磷原子只是停留在纳米硅与二氧化硅的界面处。本章基于制备出的掺杂纳米硅薄膜,研究了不同掺杂浓度下纳米硅薄膜的迁移率性质,在实验上发现掺杂可以有效的提高纳米硅材料的载流子迁移率,这种现象与体硅中的掺杂导致迁移率下降的现象显然不同,并分析讨论了杂质原子在提高纳米硅载流子迁移率中所起到的作用。

4.2 磷掺杂纳米硅材料中载流子迁移率的研究

4.2.1 不同掺杂浓度的磷掺杂纳米硅材料的制备及结构表征

我们通过 PECVD 系统制备了不同掺杂浓度的磷掺杂氢化非晶硅薄膜,以磷烷 (PH_3) 和硅烷 (SiH_4) 分别按照流量比为 $0:5$(未掺杂)、$0.5:5$、$1:5$ 和 $5:5$ 的混合气体为气体源制备磷掺杂的氢化非晶硅薄膜,其磷掺杂参数用 $F_P = 0$、$0.5mL/min$、$1mL/min$ 和 $5mL/min$ 表示。在制备过程中,射频源的功率为 50W,衬底温度为 250℃,生长时间为 30min,使不同掺杂浓度下磷掺杂的氢化非晶硅厚度均控制在 180nm 左右。沉积后的样品经高温退火热处理后形成掺杂的纳米硅薄膜,退火温度为 1000℃,退火时间为 1h,退火过程在氮气氛围保护下进行。退火前,所有样品在 450℃氮气氛围中进行了 30min 的脱氢处理。在样品沉积过程中分别选用了石英、p 型单晶硅作为生长衬底以满足不同的测试要求。

对制备出的样品,用 Jobin Yvon Horiba HR800 微区拉曼散射光谱仪器对微结构及晶化情况进行了表征,激光光源为波长 514nm 的 Ar^+ 激光。采用 TECNAIF20 FEI 高分辨透射电子显微镜对样品进行了表征。采用 Thermo ESCALAB 250 X 光电子能谱仪对样品的成键情况进行了测试。

图 4-1 给出了未掺杂以及不同磷掺杂浓度的纳米硅薄膜的 Raman 散射谱。从

图中可以看出,所有纳米硅样品均在 520cm^{-1} 附近出现了明显的信号峰,该峰形对应于纳米硅的 TO 振动模,说明经 1000℃ 高温退火后能够有效地制备出磷掺杂纳米硅薄膜。我们对比了不同磷掺杂浓度纳米硅薄膜的 Raman 图谱,发现随着磷掺杂浓度的提高,样品在 520cm^{-1} 的 TO 峰强度也随之增加。这说明磷原子的掺杂能够有效地提高纳米硅薄膜的晶化程度。结合磷掺杂纳米硅薄膜 Raman 谱的分峰拟合结果,根据薄膜晶化率的经验计算公式,我们计算出未掺杂以及 $F_P = 0.5mL/min$、$1mL/min$ 和 $5mL/min$ 下的磷掺杂纳米硅的晶化率分别是 83%、84%、86% 和 90%。这一结果与我们上一章的结论一致。从而进一步确认了退火过程中磷原子进入非晶硅内部,有助于硅原子形成 4 组共价键,增加硅结构的有序度,提高纳米硅薄膜的晶化程度。同时,我们通过纳米硅 TO 声子模式相对单晶硅的 TO 声子模式(521cm^{-1})所发出的频移计算薄膜中纳米硅晶粒的平均尺寸,计算得到磷掺杂纳米硅的晶粒平均尺寸均为 18.6nm,同时我们还发现,纳米硅的晶粒尺寸并没有随磷掺杂浓度的变化而发生显著变化。

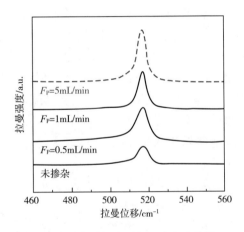

图 4-1　未掺杂以及不同 P 掺杂浓度的纳米硅薄膜 Raman 散射谱

为更清楚地观察到纳米硅颗粒的形成和结构,我们对样品进行了 TEM 的表征。图 4-2(a)给出了磷掺杂纳米硅薄膜的剖面透射电镜照片,插图为高分辨透射电镜照片。图中可以看出平整而清晰的样品和衬底的界面,测得纳米硅薄膜的厚度为 180nm,与设计厚度吻合较好。在插图的纳米硅颗粒的高分辨图像中,可以清楚地看到纳米硅颗粒尺寸约为 20nm。图 4-2(b)是根据 TEM 图像统计的晶粒尺寸分布图,拟合得到晶粒的平均尺寸为 19.7nm,与通过 Raman 散射谱估算的晶粒尺寸结果接近。

（a）透射电镜图

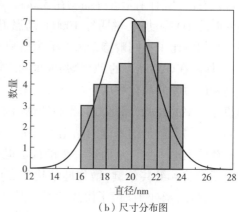

（b）尺寸分布图

图 4-2　P 掺杂纳米硅薄膜的剖面透射电镜照片和纳米硅薄膜高
分辨透射电镜照片以及晶粒尺寸分布图

　　为表征磷原子在纳米硅薄膜内部的成键情况,我们对样品进行了 X 射线光电子谱(XPS)分析。图 4-3 显示了不同掺杂浓度下磷掺杂纳米硅的 XPS 谱,掺杂浓度对应的气体流量比为 $F_P = 0.5mL/min$、$1mL/min$ 和 $5mL/min$。图中 129eV 处的峰主要对应杂质原子磷替位式掺杂形成的 P-Si 键,134eV 处形成的峰主要是硅的等离子峰。通过比较我们可以看出,随磷掺杂浓度的升高,掺杂样品的 P 2p 信号相应地增强,说明在更高磷掺杂浓度下有更多的杂质原子被激活,也意味着磷能够进入纳米硅内部,形成有效的替位式掺杂。我们对不同掺杂浓度下磷掺杂纳米硅薄膜中 P 2p 轨道 XPS 谱积分强度进行计算,得到其掺杂浓度分别为 0.67%、1.24% 和 1.69%。在先前的报道中,Pi 等利用气相等离子体技术制备出磷和硼掺杂的独立结构的纳米硅材料,发现磷的掺杂效率要高于硼的掺杂效率,与杂质形成能的理论计算预测结果相一致,且磷掺杂浓度一般是在 4%～9%,与我们当前的工作在同一个数量级。这说明了通过 PECVD 结合热退火晶化技术,也能够有效地获得掺杂纳米硅薄膜。

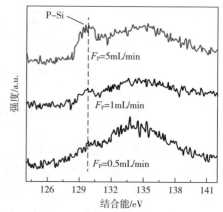

图 4-3　不同 P 掺杂浓度纳米硅
薄膜的 XPS 图谱

4.2.2 磷掺杂纳米硅中载流子迁移率的研究

为得到纳米硅薄膜中载流子迁移率在随掺杂前后的变化情况,我们进行了室温下的霍尔效应测试,对未掺杂以及不同浓度下磷掺杂的纳米硅薄膜迁移率进行了研究。图 4-4 是室温下纳米硅迁移率随磷掺杂浓度的变化关系。实验结果表明,纳米硅迁移率在磷掺杂之后得到了很大的提高。未掺杂时纳米硅的迁移率为 $1.6cm^2/(V \cdot s)$,而在磷掺杂浓度在 $F_P = 0.5mL/min$ 的情况下,纳米硅薄膜迁移率为 $30.3cm^2/(V \cdot s)$,提高了近 20 倍。一般认为,由于杂质电离散射的原因,在体硅材料中载流子迁移率随掺杂浓度的升高而降低,所以掺杂后体硅材料的迁移率往往要低于未掺杂时体硅材料的迁移率。然而,我们对纳米硅迁移率的测试结果却得到了相反的结论,这一结论我们将会在下面的内容中详细地进行讨论。随着磷掺杂浓度进一步提升至 $F_P = 5mL/min$ 时,由于电离杂质散射机制的作用,纳米硅薄膜的迁移率渐渐降低至 $24.8cm^2/(V \cdot s)$,虽然与低掺杂浓度相比迁移率有所降低,但也远远高于未掺杂时的迁移率。

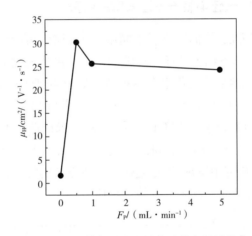

图 4-4 不同 P 掺杂浓度下纳米硅的室温迁移率

我们选择了 $F_P = 0.5mL/min$ 和 $F_P = 5mL/min$ 两种样品,对其进行了变温霍尔迁移率的测试,来研究掺杂纳米硅载流子在输运过程中的散射机制。测试温度为 20~400K,每 20K 测试一个温度点,在测试过程中我们选择了在降温过程中进行测试。图 4-5 给出了 $\log\mu_H$ 与 $\log T$ 的变化关系图,迁移率与测试温度有如下指数关系。

$$\mu_H(T) \propto T^n \tag{4-1}$$

前面的章节中介绍过体硅材料中典型的散射机制有声学声子散射、电离杂质散射以及中性杂质散射等,所对应的 n 值分别为 -1.5、1.5 和 0。我们从图中可以看出,磷掺杂的纳米硅材料在 20~100K 时的 n 值为 0,这意味了在此温度范围内磷掺杂纳米硅输运过程中的散射机制主要以中性杂质散射为主。300~400K 时的 n 值为-0.3,表示此温度下磷掺杂纳米硅输运过程是电离杂志散射机制和声学声子散射机制共同作用的结果。

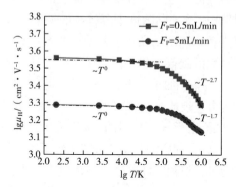

图 4-5　不同 P 掺杂浓度下纳米硅的迁移率随温度的 $\mu_H(T) \propto T^n$ 关系

4.2.3　硼掺杂纳米硅中载流子迁移率的研究

通过以上的研究方法,我们同样对不同浓度下硼掺杂纳米硅薄膜的迁移率进行了研究。图 4-6 是室温下纳米硅迁移率随硼掺杂浓度的变化关系。实验结果表明,与磷掺杂的效果一样,纳米硅迁移率在硼掺杂之后也得到了很大的提高。硼掺杂浓度在 $F_B = 0.5 \text{mL/min}$ 的情况下,纳米硅薄膜的迁移率为 $11 \text{cm}^2/(\text{V} \cdot \text{s})$,比未掺杂时的提高了近 10 倍。随着硼掺杂浓度的继续升高,纳米硅薄膜的迁移率进一步增加,在 $F_B = 5 \text{mL/min}$ 的情况下迁移率达到最大值 $[15.5 \text{cm}^2/(\text{V} \cdot \text{s})]$。从磷和硼掺杂纳米硅载流子迁移率的研究中发现,无论是何种杂质原子的掺杂,都能够极大地提高纳米硅的迁移率,有效地改善了纳米硅的输运性质。

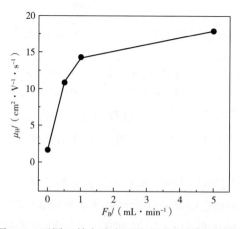

图 4-6　不同 B 掺杂浓度下纳米硅的室温迁移率

为进一步研究载流子输运过程中的散射机制,我们对不同掺杂浓度的硼掺杂纳米硅薄膜进行了温度依赖的霍尔迁移率研究,如图 4-7(a)所示。对于未掺杂的样品,温度升高,载流子迁移率增加,表明纳米硅薄膜中的晶界强烈散射,这在我们先前的工作中得到了详细阐述。然而,根据上述讨论,硼掺杂后晶界散射将减少,且温度依赖的迁移率行为在硼掺杂样品中表现出不同的趋势,特别是在高掺杂样品($F_B =$ 1mL/min 和 5mL/min)情况下。我们可以发现随着温度的升高,迁移率随之减小。结合电导率随温度增加的降低,我们可以确认高掺杂纳米硅薄膜中发生了带状输运行为。此外,通过方程 $\mu_H(T) \propto T^n$ 来研究散射机制,其中 n 可以通过 $\ln\mu_H - \ln T$ 函数进行估算。我们最终拟合得到 $F_B = 0.5mL/min$、1mL/min 和 5mL/min 的硼掺杂纳米硅薄膜的 n 值分别为 -0.1、-0.3 和 -0.7,如图 4-7(b)所示。在单晶硅中,典型的散射机制是声子和中性杂质的散射,其值分别为 -1.5 和 0。可以推测在硼掺杂的纳米硅薄膜中,主导其载流子输运过程的散射机制是中性杂质散射机制、声子散射机制和比较微弱的晶界散射机制的一个叠加机制。随着硼掺杂浓度的增加,n 值逐渐减小至 -1.5,意味着随着硼掺杂浓度的增加,硼掺杂的纳米硅薄膜中声子散射机制在载流子输运过程中起到了越来越重要的影响。

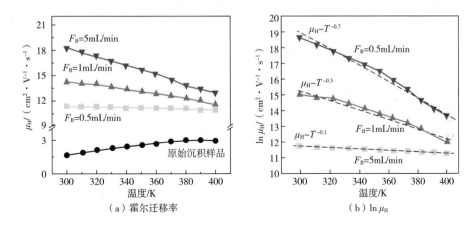

(a)霍尔迁移率　　　　　(b) $\ln \mu_H$

图 4-7　不同 B 掺杂浓度下纳米硅的变温迁移率

4.2.4　硼掺杂纳米锗中载流子迁移率的研究

我们研究了硼掺杂纳米锗薄膜,系统分析了硼掺杂对纳米锗输运机制的影响,本节中我们具体讨论一下掺杂纳米锗中的载流子迁移率。为提取输运过程中散射机制的信息,我们对温度范围从 300K 到 650K 的霍尔迁移率进行了研究,如图 4-8 所示。需要指出的是,在硼掺杂前后,锗纳米晶薄膜的变温霍尔迁移率曲线表现出不同的趋势,这说明了这些样品中存在不同的散射机制。对于未掺杂的锗纳米晶薄膜,迁移率首先随温度的增加而增加,在450K达到最大值,然后随着温度的进一步升高而降低。在以前的研究中,在很多报道中都解释了温度升高时霍尔迁移率增加的现象,说明了在室温下未掺杂的锗纳米晶薄膜中,载流子输运过程主要受晶粒界面的散射支配。晶粒界面具有较高的缺陷浓度,比晶粒内部更容易捕获带电载流子。因此,在晶粒界面发生能带弯曲,阻碍了载流子的输运。然而,随着温度的升高,载流子获得了额外的能量,有助于更容易地穿越晶粒界面处的势垒。因此,未掺杂的锗纳米晶

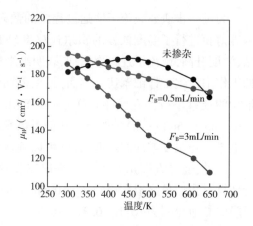

图 4-8　不同 B 掺杂浓度下纳米硅的室温迁移率

薄膜中迁移率随温度的升高而增加,这归因于晶粒界面引起的散射影响在温度升高的过程中越来越小。

　　然而,对比未掺杂的锗纳米晶薄膜,硼掺杂的锗纳米晶薄膜的迁移率在整个测量温度范围内表现出不同的温度变化趋势。我们发现在整个测量温度范围内,霍尔迁移率随温度的升高而单调下降,这意味着晶界散射可能并不是主导硼掺杂锗纳米晶薄膜载流子输运过程的主要原因。我们认为这归因于硼掺杂后锗纳米晶薄膜结晶度的降低。

锗纳米晶薄膜中结晶度越低,薄膜中的晶粒越少且越小,导致了晶粒边界的减少。因此,晶界散射机制对硼掺杂的锗纳米晶薄膜中载流子输运过程影响较小。为进一步探讨硼掺杂的锗纳米晶薄膜中的散射机制,图 4-9 显示了 300K 到 650K 的 $\ln\mu_H - \ln T$ 函数。$\mu_H(T)$ 可以用以下方程描述 $\mu_H(T) \propto T^n$。通过数据的拟合,我们发现 $F_B = 0.5\text{mL/min}$ 的硼掺杂锗纳米晶薄膜的 n 值约为 -0.8,而 $F_B = 3\text{mL/min}$ 的硼掺杂锗纳米晶薄膜的 n 值约为 -0.2。通常认为,典型的散射是声子散射、电离杂质散射和中性杂质散射,它们的值分别为 -1.5、1.5 和 0。然而,在我

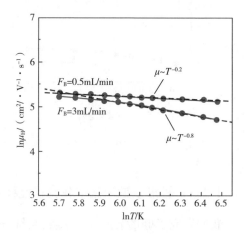

图 4-9　不同 B 掺杂浓度下纳米硅的 $\ln\mu_H - \ln T$ 关系图

们目前的研究中,硼杂质更可能占据锗纳米晶薄膜点的表面位点而不是通过电离以

实现电活性掺杂。因此,$n=-0.2$ 和 -0.8 的数值表明载流子输运主要是声子散射机制、中性杂质散射机制以及晶界散射机制共同作用的结果。必须指出的是,在 $F_B=3mL/min$ 的硼掺杂锗纳米晶薄膜中,晶界散射比 $F_B=0.5mL/min$ 的薄膜要弱。因此,$F_B=3mL/min$ 的硼掺杂锗纳米晶薄膜的 n 值约为 -0.8,更接近 -1.5,这表明声子散射在硼掺杂后的锗纳米晶薄膜中发挥了越来越重要的作用。

4.3　掺杂提高纳米硅中载流子迁移率可能因素的探讨

一般来说,纳米硅或多晶硅薄膜中载流子迁移率比较低的原因主要是以下 3 个方面:一是载流子在输运过程中会受到来自晶粒间界处散射机制的影响;二是薄膜的质量问题造成了材料中缺陷态的影响;三是薄膜材料中界面态的影响会降低载流子的寿命,从而导致了迁移率的降低。以磷掺杂纳米硅为例子,在当前工作中,磷掺杂后的纳米硅迁移率提升的原因主要有两个方面:一是掺杂磷原子会降低晶粒边界处的势垒高度;二是掺杂磷原子会降低材料的表面缺陷态,特别是表面悬挂键。下面我们就这两方面进行详细的讨论与证明。

4.3.1　掺杂磷原子对纳米硅晶粒界面处势垒的影响

首先,掺杂的磷原子可以有效地降低纳米硅晶粒界面处势垒的高度。在纳米硅、微晶硅和多晶硅材料中晶粒和晶粒的连接处存在着大量的晶粒间界。晶粒间界是一个比较复杂的结构,它是由数层扭曲的原子层组成。晶粒间界处存在着大量的缺陷态(悬挂键),这就导致在晶粒间界处形成了一种"陷阱"态,这些"陷阱"态会"捕获"载流子,使载流子被定域在其中,减少了材料中可自由移动载流子的数目。在"捕获"载流子之后,这些"陷阱"态会被电荷化从而在晶粒间界处形成势垒,阻碍了载流子在晶粒间的输运,导致材料的迁移率较低。然而,晶粒间界处的势垒高度与材料中的掺杂浓度有关。Seto 等在研究掺杂微晶硅电学性能时提出了一种模型,在 Seto 模型下,微晶硅的晶粒尺寸为 L cm,微晶硅材料中的掺杂浓度为 N cm^{-3},且杂质原子完全电离。晶粒间界处的厚度对比于晶粒尺寸可忽略不计,并且在晶界处具有 $N_t$cm^{-2} 的"陷阱"态面浓度,由于"捕获"了载流子,在晶界处一定范围内形成了耗尽区。图 4-10 给出 Seto 模型的能带示意图。在这种假设下,要考虑到掺杂浓度的两种情况,一是晶粒间界处的缺陷态浓度高于材料中的掺杂浓度;二是材料中的掺杂浓度高于晶粒间界处的缺陷态浓度。这样,势垒高度与掺杂浓度的关系可由下式表示。

$$E_{\mathrm{B}} = \begin{cases} \dfrac{e^2 L^2 N}{8\varepsilon} & N_{\mathrm{t}} > NL \\[3mm] \dfrac{e^2 N_{\mathrm{t}}^2}{8\varepsilon N} & N_{\mathrm{t}} < NL \end{cases} \qquad (4-2)$$

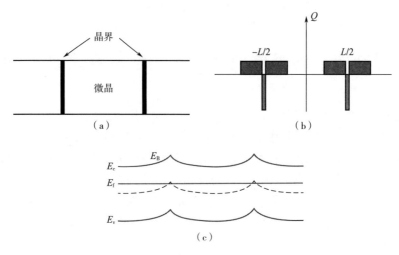

图 4-10　Seto 模型及能带示意图

　　其中, e 为电子电荷量, ε 为微晶硅的介电常数。在给定了晶粒尺寸后可以算出晶界处的势垒高度,随掺杂浓度的升高,势垒高度先线性增加,在 $NL = N_{\mathrm{t}}$ 时达到最大值,然后随掺杂浓度的升高而快速降低。

　　我们通过 Seto 模型来解释晶界处势垒高度降低的原因。从前面可以看出,在当前的工作中即使是少量的磷原子掺杂纳米硅薄膜都能获得较大的载流子浓度,在 $F_{\mathrm{p}} = 0.5\mathrm{mL/min}$ 的掺杂浓度下,载流子浓度 N 达到 $10^{20}\mathrm{cm}^{-3}$ 量级。考虑到晶粒尺寸 L 为 20nm 左右的纳米硅晶界处的缺陷态面浓度 N_{t} 在 $10^{12}\mathrm{cm}^{-2}$ 量级,当前掺杂纳米硅载流子浓度满足 $N_{\mathrm{t}} < NL$ 条件。将相关的参数代入到对应的公式: $E_{\mathrm{B}} = \dfrac{e^2 N_{\mathrm{t}}^2}{8\varepsilon N}$ 中,计算得出晶界处的势垒高度 E_{B} 为 1.2meV 左右。从理论计算中可以看出,磷掺杂后纳米硅晶粒界面处势垒的高度获得了明显的降低。

　　为进一步验证以上的观点,我们对未掺杂以及不同浓度的磷掺杂纳米硅进行了变温霍尔迁移率的测试。图 4-11 给出了未掺杂以及不同浓度的磷掺杂纳米硅的变温霍尔迁移率图,测试温度为 300~400K,每 10K 测试一个点数据。从图中我们可以清楚地看到未掺杂纳米硅的霍尔迁移率随测试温度的升高而升高,表示载流子在高温下获得了足够的动能穿越势垒高度进行传导的输运模式,反映出晶界散射机制在输运过程中的决定性作用。而磷掺杂后纳米硅的霍尔迁移率随测试温度的升高而降低,这表示了晶界散射机制在输运过程中的影响越来越小,声学声子散射机制渐渐起到了主导作用。同时,我们观察到在相同的测试温度下,磷掺杂纳米硅的霍尔迁移率随掺杂浓度的升高而降低,这种现象与体硅材料类似,反映了电离杂质散射机制在掺杂材料中的作用。

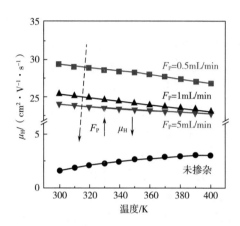

图 4-11　未掺杂以及不同掺杂浓度的 P 掺杂纳米硅的变温霍尔迁移率图

4.3.2　掺杂磷原子对纳米硅表面悬挂键的钝化作用

掺杂的磷原子可以有效地减少纳米硅薄膜表面缺陷态,特别是表面的悬挂键浓度。在先前的报道中,人们发现纳米硅表面存在着大量的悬挂键,这些悬挂键同样能够捕获载流子,使纳米硅表面附近形成耗尽区,从而降低了材料载流子的迁移率。在当前工作中,我们通过研究掺杂纳米硅的电子组态,获得磷原子更多的掺杂位置信息,给出磷原子降低纳米硅表面处悬挂键浓度的直接证据。

我们借助于电子自旋共振(ESR)来研究不同掺杂浓度磷掺杂纳米硅薄膜的电子组态。在量子力学当中,电子具有自旋磁矩,其可以表示为 $\mu = - g\beta S$,其中 β 为 Bohr 磁子,g 为 Lande 因子,S 为自旋算符。此磁矩在一个方向上的分量为 $\mu = g\beta M_{\mathrm{S}}$,其中 M_{S} 为磁量子数,对于自由电子来说只能取(1/2)和(-1/2)两个值。在没有外加磁场时,对应于两个磁量子数的能级是简并;在施加外部磁场后,电子的能量 $E = - \mu B$,将体现出两个能量值,进而发生塞曼分裂。此时如果外加一个电磁波,其能量恰好等于两分裂能级之间的能量差,那么位低能级的电子将会吸收能量进而跃迁到高能级。电子自旋共振即是利用这一原理,通过获得固定微波功率下发生跃迁时的磁场 B 的大小,进而获得 g 因子的数值。由于不同环境下的电子将体现出不同的 g 因子,我们就能以此来了解物质内部的电子结构信息。在实验中,我们利用的是 Bruker EMX

10/12+型号的 ESR 探测装置,通过液氦冷却获得低温状态。

我们测试了低温条件下(110K)未掺杂和不同浓度磷掺杂纳米硅薄膜样品的 ESR 谱。如图 4-12 所示,在未掺杂纳米硅薄膜中出现了 $g=2.006$ 的 ESR 信号,这一信号对应硅材料中的悬挂键信号。硅悬挂键(Si-DBs)是指晶体硅的正四面体结构中缺少一个硅原子而产生了一个未成键的孤对电子,一般出现在硅与不同种晶体的界面处。这一信号产生主要是由于氢化非晶硅在脱氢过程中氢元素以氢气的形式逸出,Si-H 键发生断裂,使大量的硅悬挂键产生。在高温退火后虽然有纳米硅开始形成,但在纳米硅的表面处以及纳米硅与非晶相的界面处,又有新的悬挂键缺陷产生。而磷掺杂的纳米硅薄膜却体现出不同的电子结构,在样品中我们无法再观察到硅悬挂键的信号,取而代之的是一个新的 $g=1.998$ 的 ESR 信号。我们认为,$g=2.006$ 的 ESR 信号消失主要是由于高温退火后磷原子对纳米硅表面的悬挂键缺陷进行了钝化。高温退火使 P 原子不仅被大量的激活,同时也获得了更大的能量进行迁移,因而可以到达纳米硅表面处并起到钝化作用。新出现 $g=1.998$ 的 ESR 信号对应于纳米硅中导带电子的信号,这一信号一般在低温下的高浓度掺杂硅材料中出现。该信号的产生是由于掺入纳米硅内部的磷原子被激活并提供了导带电子。当掺杂浓度升高时,导带电子信号明显增强,这是因为有更多的磷原子进入纳米硅内部提供电子。基于以上的讨论,我们可以认为掺杂引入的磷原子能够很好地钝化纳米硅表面的悬挂键缺陷,从而提高了纳米硅薄膜的载流子迁移率。

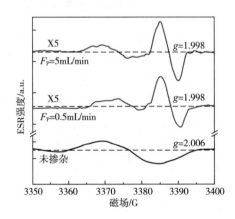

图 4-12　未掺杂和不同浓度 P 掺杂纳米硅薄膜 ESR 谱

4.3.3　掺杂硼原子对提高纳米硅迁移率可能因素的探讨

与磷掺杂纳米硅类似,硼掺杂后的纳米硅迁移率同样获得了大幅度提高,说明硼掺杂也能够有效改善纳米硅的输运性质。通过 Seto 模型的解释,我们认为掺杂硼原子同样可以降低纳米硅晶界处的势垒高度,消除晶界散射对载流子输运过程的影响,从而提高了纳米硅的迁移率。为了进一步验证,我们对未掺杂以及不同浓度硼掺杂纳米硅进行了变温霍尔迁移率的测试。图4-13给出了未掺杂以及不同浓度硼掺杂纳米硅的变温霍尔迁移率图。从图中我们可以清楚地看到硼掺杂后纳米硅的霍尔迁移率随测试温度的升高而降低,这表示晶界散射机制在输运过程中的影响越来越小,声学声子散射机制渐渐起到了主导作用。令人惊奇的是在相同的测试温度下,我们观察到硼掺杂纳米硅的霍尔迁移率随掺杂浓度的升高而升高,这种现象与磷掺杂纳米硅霍尔迁移率随掺杂浓度的变化关系截然相反。我们初步判断这可能是由于硼掺杂浓度的升高,更多的硼原子不再进入纳米硅内部,而是停留在了纳米硅表面对其悬挂键进行了钝化,降低了纳米硅表面的缺陷态浓度,从而使迁移率获得进一步的提高。详细的论证有待我们进一步去探索。

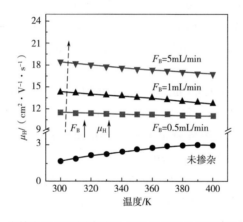

图4-13　未掺杂以及不同浓度 B 掺杂纳米硅的变温霍尔迁移率图

4.4　本章小结

磷和硼掺杂纳米硅的掺杂行为不同于其在体硅材料中的掺杂,并不是所有的磷和硼原子都进入纳米硅内部形成替位式的掺杂,有部分磷和硼原子停留在了纳米硅的表面/界面处。进而可以利用磷和硼掺杂纳米硅这种新颖的行为来有效地提高纳米硅的电学性能。我们通过 PECVD 系统结合热退火晶化技术,制备了不同浓度磷和硼掺杂纳米硅/锗薄膜,对其电学性能进行了测试。以磷掺杂纳米硅薄膜为典型的案例,我们发现在 $F_p = 0.5mL/min$ 的掺杂浓度下获得了高达 $30.3cm^2/(V·s)$ 的载流子迁移率,与未掺杂的纳米硅相比,数值提高了近 20 倍,同时还能保持较高的电导率

（1.6×10³S/cm）。迁移率的提高可以归结为以下两个方面。一方面,通过变温霍尔迁移率的测试发现磷掺杂能够有效降低纳米硅晶粒间界处的势垒高度。另一方面,ESR 测试则显示了磷掺杂能够很好的钝化纳米硅表面处的悬挂键。因此可以在微纳尺寸下通过引入适当浓度的杂质原子来提高纳米硅的电学性能,这为进一步提升硅基微纳米电子器件的性能提供了一种新的途径。

参考文献

[1] Stieler D, Dalal V L, Muthukrishnan K, et al. Electron mobility in nanocrystalline silicon devices[J]. Journal of Applied Physics,2006,100(3):469-2.

[2] Lee S H,Jung J S,Lee S S,et al. Low temperature deposition of polycrystalline silicon thin films on a flexible polymer substrate by hot wire chemical vapor deposition [J]. Journal of Crystal Growth,2016,453:151-157.

[3] Zhang T,Simonds B,Nomoto K,et al. Pulsed KrF excimer laser dopant activation in nanocrystal silicon in a silicon dioxide matrix[J]. Applied Physics Letters,2016,108(8):25113-193.

[4] Cheng I C, Wagner S. Hole and electron field-effect mobilities in nanocrystalline silicon deposited at 150℃[J]. Applied Physics Letters,2002,80(3):440-442.

[5] Gutsch S,Laube J,Hartel A M,et al. Charge transport in Si nanocrystal/SiO_2 superlattices [J]. Journal of Applied Physics,2013,113(13).

[6] Ryan,Gresback,Nicolaas,et al. Controlled Doping of Silicon Nanocrystals Investigated by Solution-Processed Field Effect Transistors[J]. Acs Nano,2014.

[7] Bergren M R,Simonds B J,Yan B,et al. Electron transfer in hydrogenated nanocrystalline silicon observed by time-resolved terahertz spectroscopy[J]. Physical Review B Condensed Matter,2013,87(8):109-115.

[8] Das D,Bhattacharya K. Characterization of the Si:H network during transformation from amorphous to micro- and nanocrystalline structures[J]. Journal of Applied Physics,2006,100(10):681.

[9] Seager C H, Castner T G. Zero-bias resistance of grain boundaries in neutron-transmutation-doped polycrystalline silicon[J]. Journal of Applied Physics,1978,49(7):3879-3889.

[10] Hellmich W,Müller G,Krötz G,et al. Optical absorption and electronic transport in ion-implantation-doped polycrystalline SiC films[J]. Applied Physics A,1995,61(2):193-201.

[11] Seto J Y W. The electrical properties of polycrystalline silicon films[J]. Journal of

Applied Physics,1975,46(12):5247-5254.

[12] Song C,Rui Y J,Wang Q B,et al. Structural and electronic properties of Si nanocrystals embedded in amorphous SiC matrix[J]. Journal of Alloys and Compounds,2011,509(9):3963-3966.

[13] Song C,Xu J,Chen G R,et al. High-conductive nanocrystalline silicon with phosphorous and boron doping[J]. Applied Surface Science,2010,257(4):1337-1341.

[14] Shan D,Qian M,Ji Y,et al. The change of electronic transport behaviors by P and B doping in nano-crystalline silicon films with very high conductivities [J]. Nanomaterials,2016,6(12):233.

[15] Qian M,Shan D,Ji Y,et al. Transition of carrier transport behaviors with temperature in phosphorus-doped Si nanocrystals/SiO$_2$ multilayers [J]. Nanoscale Research Letters,2016,11(1):1-7.

[16] Lu P,Mu W,Xu J,et al. Erratum:Phosphorus doping in Si nanocrystals/SiO$_2$ multilayers and light emission with wavelength compatible for optical telecommunication [J]. Scientific Reports,2016,6:33767.

[17] Tsu R,Gonzalez-Hernandez J,Chao S S,et al. Critical volume fraction of crystallinity for conductivity percolation in phosphorus-doped Si:F:H alloys[J]. Applied Physics Letters,1982,40(6):534-535.

[18] Campbell I H,Fauchet P M. The effects of microcrystal size and shape on the one phonon Raman spectra of crystalline semiconductors[J]. Solid State Communications,1986,58(10):739-741.

[19] Pi X D,Gresback R,Liptak R W,et al. Doping efficiency,dopant location,and oxidation of Si nanocrystals[J]. Applied Physics Letters,2008,92(12):3102.

[20] Lee J S,Kovalenko M V,Huang J,et al. Band-like transport,high electron mobility and high photoconductivity in all-inorganic nanocrystal arrays[J]. Nature Nanotechnology,2011,6(6):348-352.

[21] Talgorn E,Gao Y N,Aerts M,et al. Unity quantum yield of photogenerated charges and band-like transport in quantum-dot solids[J]. Nature Nanotechnology,2011,6(11):733-739.

[22] Shan D,Cao Y,Yang R,et al. The carrier transport properties of B-Doped Si nanocrystal films with various doping concentrations[J]. Journal of Nanomaterials,2020,2020:1-7.

[23] Myong S Y,Shevaleevskiy O,Lim K S,et al. Charge transport in hydrogenated boron-doped nanocrystalline silicon-silicon carbide alloys[J]. Journal of Applied Physics,

2005,98(5).

[24] Shan D,Tong G,Cao Y,et al. The effect of decomposed PbI_2 on microscopic mechanisms of scattering in $CH_3NH_3PbI_3$ films[J]. Nanoscale Research Letters,2019,14:1-6.

[25] Sze S M,Li Y,Ng K K. Physics of semiconductor devices[M]. John Wiley & Sons,2021.

[26] Kittel C,McEuen P. Introduction to solid state physics[M]. John Wiley & Sons,2018.

[27] Fujii M,Mimura A,Hayashi S,et al. Hyperfine structure of the electron spin resonance of phosphorus-doped Si nanocrystals[J]. Physical Review Letters,2002,89(20):206805.

[28] Müller J,Finger F,Carius R,et al. Electron spin resonance investigation of electronic states in hydrogenated microcrystalline silicon[J]. Physical Review B,1999,60(16): 11666-11677.

[29] Stesmans A,Scheerlinck F. Electron-spin-resonance analysis of the natural intrinsic EX center in thermal SiO_2 on Si[J]. Physical Review B,1995,51(8):4987-4997.

[30] Ni Z,Pi X,Yang D. Doping Si nanocrystals embedded in SiO_2 with P in the framework of density functional theory[J]. Physical Review,2014,89(3):1-9.

第五章　新型钙钛矿材料光电性质的初步探索

5.1　引言

5.1.1　钙钛矿材料的基本介绍

钙钛矿是地球上最多的矿物之一,在对地球地质历史的研究中很早便引起了地球物理学家的关注。钙钛矿最初是指钛酸钙($CaTiO_3$)。传统的钙钛矿化合物分子式是 ABO_3,其中,A、B 代表金属原子,O 代表了氧原子。典型的钙钛矿结构如图 5-1 所示,其中 B 原子和周围 6 个 O 原子形成八面体单元,8 个八面体单元占据以 A 原子为中心的六面体顶角的位置。在无机非金属材料中,钙钛矿材料是一种重要的功能材料,具有稳定的晶体结构,独特的电、磁、光等物理性质以及高氧化还原、电催化等化学活性,成为物理、化学和材料研究领域的常见材料体系。

金属有机卤化物材料 ABX_3 是钙钛矿家族的重要成员之一,其晶体结构与无机钙钛矿材料 ABO_3 相同。其中 A 位为有机碱性基团,而 B 位主要是以 Pb 或 Sn 为主体,卤素元素 X(Cl、Br、I)取代了无机钙钛矿中的 O 原子。此类材料结合了有机材料的功能性、易加工性和无机材料的高载流子传输性能、热稳定性等优点。同时,由于 B 位金属 Sn、Pb 等具有特殊的分子轨道特征,使该族金属卤化物钙钛矿材料具有很好的导电性。因此,该类钙钛矿作为半导体材料具有突出的光电性能,引起了极大的关注和广泛的应用。早在 20 世纪 80 年代,Cheng 等就开始关注 $CH_3NH_3PbX_3(X=Cl,Br,I)$ 的光学及电学特征。随后,Mitzl 和 Ishihara 等一起深入研究了金属有机卤化物钙钛矿的光电转换特性,根据有机基团的不同和有机无机组分比例的不同,实现了钙钛矿型化合

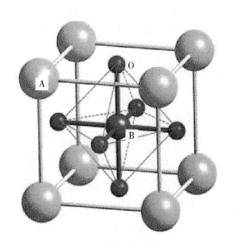

图 5-1　典型的钙钛矿结构

物结构维度上的变化,研究发现层状钙钛矿型化合物中光生激子束缚能较大,达到386meV,激子较稳定,这类化合物由于特殊的晶体结构而具有新奇的特性,如具有高的迁移率,较高的光吸收等,再加上钙钛矿型化合物中光生激子束缚能较低(30~45meV),这就使这类钙钛矿型化合物可用于高效太阳能电池体系中。

5.1.2 钙钛矿材料在太阳能电池中的应用

钙钛矿材料碘酸铅甲胺 $CH_3NH_3PbI_3$($MAPbI_3$)的禁带宽度适当、光吸收系数高、光生激子束缚能相对较低、载流子迁移率高且扩散距离长等重要特性,使其迅速成为了当前新型钙钛矿太阳能电池中的热点研究材料之一。事实上,碘酸铅甲胺($MAPbI_3$)和溴酸铅甲胺($CH_3NH_3PbBr_3$)早在 2009 年就被 Kojima 等在液态染料敏化太阳能电池中作为了敏化剂使用,所制备的器件获得了 3.8%的光电转换效率。2012年,Park 等首次采用钙钛矿吸光材料 $MAPbI_3$ 作为敏化剂,同时使用 Spiro-OMeTAD 作为空穴收集层制备出一种新型的全固态介观太阳能电池,其光电转换效率达到了9.7%。2013 年后,掀起了一股研究钙钛矿太阳能电池的热潮,其光电转换效率快速飙升。Snaith 等使用双源气相沉积法制备了平面异质结结构钙钛矿太阳能电池,其转化效率突破了 15%。2014 年,Yang 通过表面修饰工程将钙钛矿太阳能光电转换效率提高到 19.3%。2015 年,Seok 等报道了利用更宽光吸收光谱的 $FAPbI_3$ 作为光吸收层,再次将光电转换效率提升到了 20.1%。Michael Grätzel 等采用了一种以聚甲基丙烯酸甲酯(PMMA)为模板的新方法,用于精确控制钙钛矿晶体的生长,从而成功获得了具有高导电性的平滑钙钛矿薄膜。经过认证,该薄膜的钙钛矿转换效率达到了21.02%。潘旭、田兴友等与 Nam-GyuPark、戴松元合作,首次发现阳离子分布不均匀是影响钙钛矿太阳能电池性能的主要原因,并成功制备出均匀化的钙钛矿太阳能电池,获得 26.1%的光电转换效率,认证效率为 25.8%,是当前的新记录。晶硅太阳能电池效率由最初的 3%提升到目前的 26%,花了将近 80 年时间;而钙钛矿太阳能电池效率由 3.8%提升到目前的 26%,只用了 10 多年时间。总而言之,钙钛矿太阳能电池所展现出的高效率、低成本和易制备优势,使钙钛矿太阳能电池一经问世,就获得研究人员极大的关注。在未来相当长的一段时间里,钙钛矿太阳能电池可能会是太阳能电池领域里重要的组成部分。

在钙钛矿太阳能电池的发展过程中存在多种结构,其中常见的包括介孔结构和平面结构。介孔结构的制备过程涉及在导电玻璃上沉积一层数百纳米厚的多孔材料(如二氧化钛、氧化铝、氧化锆等),形成骨架层,然后将钙钛矿薄膜旋涂在上面。通过毛细孔的作用,使前驱体溶液浸入介孔中,并在此处形成钙钛矿的晶核结构。在钙钛矿电池制备的过程中,对骨架层和钙钛矿薄膜的精准控制至关重要。后续研究表明,介孔层的厚度、孔洞大小以及制备温度对钙钛矿薄膜具有显著影响。同时,在骨架层上再覆盖一层钙钛矿有助于改善器件性能。此外,平面结构是在导电玻璃衬底上旋涂一层薄而致密的层,然后沉积钙钛矿薄膜。根据沉积顺序的不同,平面结构可分为 n-i-p 和 p-i-n 两种结构,即当 FTO 为阴极时为正型平面结构,FTO 为阳极时为反型平面结构,与传统的有机太阳能电池相反。

钙钛矿电池的结构(图 5-2)主要由透明导电层、电子传输层、光吸收层(钙钛矿薄膜)、空穴传输层和金属对电极组成。透明导电层通常采用 FTO 玻璃和 ITO 玻璃。电子传输层一般选用无机宽带隙半导体如二氧化钛、氧化锌、氧化锡、硫化镉等,以及有机 n 型半导体如 PCBM、C_{60} 等,主要用于传输电子并阻挡空穴,提高载流子传输效率。空穴传输层常使用有机 p 型半导体,如 Spiro-OMeTAD、PEDOT:PSS 等,近年来也引入了一些无机 p 型材料如氧化铜、碘化亚铜并取得了较高的性能。空穴传输层主要促进电子—空穴分离和空穴传输,并有效阻挡电子,减少电荷复合,提升电池性能。金属对电极一般选择金或银电极,通过热蒸发工艺蒸镀在空穴传输层上。

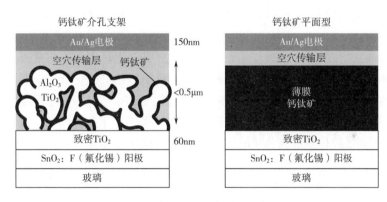

图 5-2　常见钙钛矿薄膜电池结构

图 5-3 展示了钙钛矿电池的工作原理。当光线穿过透明电极(如 FTO)照射到钙钛矿吸收层时,光子的能量大于钙钛矿光吸收层禁带宽度 E_g。这导致光子激发吸收层中的价带电子到导带,在价带留下一个空穴,即在光照下在钙钛矿吸收层中生成电子—空穴对。由于钙钛矿材料的激子束缚能存在差异,这些载流子可能转变为自由电子或激子。同时,钙钛矿材料本身具有较高的载流子迁移率[50cm²/(V·S)]和较宽的载流子扩散长度(约 100nm),这使大多数载流子在内建电场的影响下传输到电子传输层中,只有小部分在内部复合。这些载流子进一步传输到导电玻璃衬底,即阳极和外电路中。在这个过程中,虽然少量电子—空穴对可能在钙钛矿与电子传输层或空穴传输层的界面处发生复合或湮灭,但大部分电子—空穴对通过电子传输层和空穴传输层收集并传输到电极上,从而促进电子—空穴的有效分离。

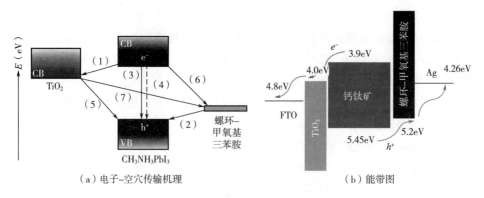

（a）电子-空穴传输机理　　　　　　　（b）能带图

图 5-3　钙钛矿电池工作原理图

　　电子传输层(ETL)的作用主要有两方面:一方面,降低阴极和钙钛矿层之间的能级
势垒,有利于载流子的传输和提取;另一方面,电子传输层起到阻挡空穴注入的作用,减
少电子—空穴在钙钛矿和电极之间的复合,有利于电子的快速提取和传输。此外,电子
传输层的材料还可以作为介孔层,起到骨架的作用,有助于钙钛矿晶体的生长,提高薄
膜覆盖率,同时减少光生电子从钙钛矿到电子传输层的距离,降低电荷复合。目前,在
钙钛矿电池中,常见的电子传输层主要分为无机金属氧化物半导体和富勒烯及其衍生
物等 n 型有机电子传输材料。其中,无机电子传输层包括二氧化钛、氧化锌、氧化锡等
金属氧化物,主要通过旋涂、原子力沉积、磁控溅射或喷雾热解等方法沉积制备。虽然
传统的电子传输层材料,如二氧化钛和氧化锌,在电子迁移率和性能稳定性方面表现出
色,但它们的制备过程需要高温热退火(约 450℃),这对在柔性衬底上的应用和大规模
工业化生产构成了限制。随着对钙钛矿材料的深入研究,我们对电子传输层材料有了
新的认识。一些低温氧化物半导体,如低温二氧化钛纳米晶的制备和无机硫化物硫化
镉的沉积等,已经陆续被引入到钙钛矿电池中,取得了较高的转换效率。这一进展为在
柔性衬底上实现应用和推动大规模工业化生产提供了新的可能性。

　　作为钙钛矿电池中不可或缺的组成部分,空穴传输层(HTL)的主要功能是传输
空穴并阻挡电子注入。选择适当的空穴传输材料(HTM)能有效改善钙钛矿与电极之
间的接触,减少界面处的载流子复合现象。目前广泛应用于钙钛矿电池的常见空穴
传输层材料为 Spiro-OMeTAD,这是一种由芳香环构成的对称小分子材料,具有较高
的最高占据分子轨道能级(-5.22eV)和较低的最低占据分子轨道能级(-2.2eV),能
够在传输空穴的同时有效阻挡电子的注入。然而,纯的 Spiro-OMeTAD(未掺杂时)电
导率仅为 $10^{-5}S/cm^2$,空穴迁移率为 $10^{-4}cm^2/(V \cdot s)$ 。可以通过引入 4-叔丁基吡啶
(TBP)和锂盐(Li-TFSI),显著提高其电导率和空穴迁移率,从而有效提升钙钛矿电
池的转换效率。然而,Spiro-OMeTAD 的复杂合成工艺、高昂的价格及其较差的稳定
性和对湿度敏感等问题促使研究人员开始寻找新的替代材料。为了降低成本,一些

低成本的空穴传输层材料已被提出,这些替代材料在钙钛矿太阳能电池中已经取得显著的成功,为推动该技术的工业化发展提供了有力的支持。

早期,钙钛矿薄膜作为吸收层的材料主要集中在有机—无机杂化钙钛矿 MAPbI$_3$,其吸收光谱范围为 300~800nm,其带隙 $E_g = 1.55eV$,非常接近理想的光伏材料带隙($E_g = 1.4eV$),确保在可见光范围内具有较宽的吸收光谱。此外,钙钛矿材料具有较长的激子扩散长度和较高的载流子迁移率,可以制备较厚的活性吸收层,保证对光的充分吸收的同时能够快速而有效地使载流子分离并迁移到两边的电极中。最后,通过元素掺杂改变组分,可以有效地调节其带隙。如通过调节卤素元素的比例,可以实现钙钛矿吸收层带隙从 1.5eV 到 2.3eV 的变化。随着研究的不断深入,钙钛矿材料从有机、无机杂化钙钛矿基的传统甲胺体系的 MAPbI$_3$、MAPbI$_3$-xBr$_x$、MAPbBr$_3$ 到后来的甲脒体系的 FAPbI$_3$、FAPbI$_3$-xBr$_x$、FAPbBr$_3$ 和纯无机钙钛矿 CsPbBr$_3$、CsPbI$_3$、CsPbI$_3$-xBr$_x$ 以及阳离子掺杂钙钛矿 MA$_x$FA$_y$PbI$_3$ 等。

5.1.3　钙钛矿材料在其他光电器件中的应用介绍

由于钙钛矿的优异光学和电学性能,研究人员将研究的热点从传统的钙钛矿薄膜电池拓宽到光电探测器、电致发光、激光器等领域,并在这些领域取得了显著的成果,如图 5-4 所示。

钙钛矿材料由于其宽吸收光谱、高载流子迁移率和扩散长度等出色特性,在光电探测器领域取得了显著的进展。Guo 等在二氧化硅基底上成功制备了一种光电导型钙钛矿光电探测器,其探测率高达 14.5A/W。在钙钛矿层表面通过采用全氟树脂旋涂技术,成功隔绝了氧气和水分,提高了该器件的稳定性。Dou 和 Yangyang 等采用溶液法制备了 CH$_3$NH$_3$PbI$_3$-xCl$_x$ 钙钛矿,并将其构建成光伏型钙钛矿光电探测器,该器件在零偏压下展现出极快的响应速度(0.97~1.1A/W),其带宽可达 100dB,探测率更达到了 10^{12} Jones。此外,Dong 等团队引入 TPD-Si 作为空穴传输层,成功制备了性能优异的钙钛矿探测器,其增益高达(405±6),响应度为 242A/W,这主要归因于薄膜表面大量 Pb^{2+}产生的空穴引起的性能提升。最后,Fang 等成功制备了一种低噪声的钙钛矿光伏探测器,其在-0.1V 下的噪声电流仅为 16fA/Hz$^{1/2}$,光电量子效率接近 90%。值得注意的是,通过陷阱钝化处理后,该器件的直接测试光照能够降低到 1pW/cm^2。

发光二极管(LED)是一种固态发光器件,基于无机半导体制造,提供高性能、便捷和多彩的光源。随着白光 LED 的问世,它为工业和生活等领域提供了便捷的光源,并拥有广泛的市场应用。然而,如何提升 LED 的发光性能并降低制造成本仍然是亟待解决的难题。钙钛矿材料因其超常的光学性能以及能够实现卷对卷的柔性制备而成为发光领域的新兴方向。Friend 等采用二氧化钛和 F8 作为电子传输层和空穴传输层,设

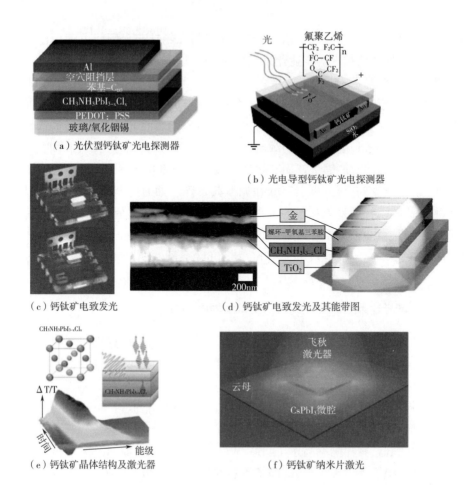

图 5-4　钙钛矿材料在光电器件中的应用

计了三明治结构的钙钛矿器件。这些器件中,钙钛矿发光层的厚度仅为 15nm,可有效地将电子—空穴对限制在钙钛矿层中,促使双分子复合发光。在 363mA/cm^2 的电流密度下,辐射强度达到 13.2Wsr^{-1}m^{-2},对应的内外量子效率分别为 0.76% 和 3.4%。Kim 等通过改良空穴传输层,在 PEDOT:PSS 中引入少量的 PFI 来调节功函数,降低了钙钛矿层与空穴层之间的能级差。这有效提高了器件的空穴注入,成功制备了最高亮度达到 417cd/m^2 的绿光钙钛矿器件。同时,研究者 Yu 通过对二氧化钛层进行乙醇胺(EA)修饰,成功钝化了二氧化钛层的表面缺陷态,并调节了二氧化钛的功函数。这将导带从 -4.0eV 调节到 -3.7eV,与用胺溴基钙钛矿层的功函数有效匹配,提高了电子的注入能力,由此制备的器件最高亮度达到了 544.65cd/m^2。

　　自第一个激光器问世以来,激光技术已经在照明、显示、光学物理、医疗和通讯等领域得到广泛应用。Liu 等利用单层材料的氮化硼作为缓冲层和钙钛矿生长层,成功合成了高质量的钙钛矿片状微米晶体阵列,确保了其优越的光学性质。在这些阵列结构的钙钛矿单晶谐振腔中,实现了高品质因子的回音壁模式(WGM)激光发射。Xiong 等采用化学气相沉积法,在云母衬底上成功生长出具有高光学质量和稳定性的纯无机钙钛矿 CsPbX$_3$(X=Cl、Br、I)单晶纳米片材料,并且实现了整个可见波段调谐的高品质激光器,其光学激射峰在 400~700nm 波段,宽度达 0.14nm,阈值为 2.2mJ/cm^2。

现代集成电路中,场效应晶体管(FET)被视为最基本的电子元件之一,已在集成电路、平板显示、数据存储等领域得到广泛应用。尽管钙钛矿材料在太阳能电池、电致发光等光电领域取得了显著的成绩,但对其载流子迁移率和电荷传输机理仍存在分歧和未知,需要进一步深入的研究。Chin 等采用液相法制备了底栅—低接触的光发射场效应晶体管(LE-FET)。在研究分析过程中,他们发现了与太阳能电池中出现的类似的迟滞效应,该效应是由自发极化引起的铁磁性和电容效应产生的。通过正向扫描和反向扫描的测量,发现钙钛矿表现出 n 型和 p 型特性,并且迟滞效应同时产生,如图 5-5 所示。这些发现表明了钙钛矿场效应晶体管在电子元件中的独特性质,强调了对其电荷传输机理深入研究的重要性。

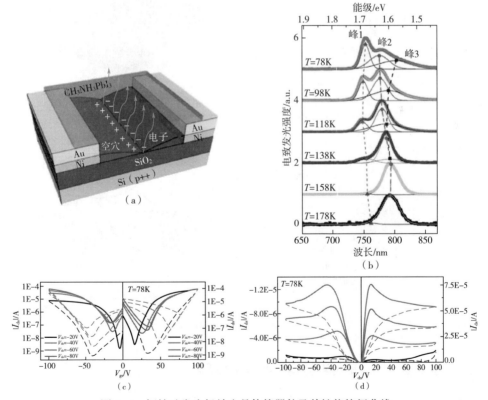

图 5-5　钙钛矿发光场效应晶体管器件及其性能特征曲线

柔性钙钛矿器件(图5-6)因其轻便、低成本、可卷对卷打印、便于携带运输等特点,在电子信息领域引起了广泛关注和应用。目前,钙钛矿电池等器件通常基于玻璃衬底,这在很大程度上限制了它们的应用领域。柔性器件主要在聚酯类材料、聚酰亚胺和聚醚醚酮等聚合物薄膜上制备。然而,这些材料的使用温度受到一定限制,因此,在较高温度下难以实现应用。相反,钙钛矿材料的合成温度低,可以通过溶液法和气相法制备,这使在柔性衬底上实现钙钛矿器件成为可能。Xie等首次报道了溶液法制备柔性钙钛矿光电探测器,其响应范围为380~710nm。值得注意的是,在365nm波长下,其探测率达到3.49AW^{-1},EQE 为103%,展现出卓越的探测性能和良好的可弯曲性。He等在PEN/ITO衬底上制备了柔性钙钛矿太阳能电池,采用C$_{60}$作为电子传输层,实现了16%的转换效率,即使在弯曲1000次后,其效率仍然保持不变。Minoh等在钛箔上沉积了钙钛矿薄膜,采用ITO和银作为透明电极,构建了柔性钙钛矿电池,克服了传统柔性半导体器件不能在高温下制备的缺点,获得了9.1%的效率,值得注意的是,在弯曲50次后,该结构的柔性电池性能依然稳定。

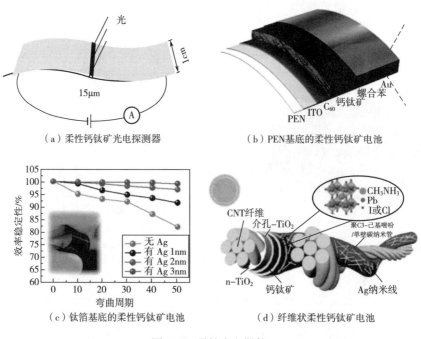

（a）柔性钙钛矿光电探测器

（b）PEN基底的柔性钙钛矿电池

（c）钛箔基底的柔性钙钛矿电池

（d）纤维状柔性钙钛矿电池

图5-6　柔性光电器件

5.1.4　新型钙钛矿材料输运机制的研究现状

半导体材料的电学性质是半导体材料物理性质中最重要的方面之一,它主要研究的是在电场作用下材料中载流子的输运特性。在载流子的输运性能中包括了如材料电导率、载流子迁移率以及载流子浓度等重要的电学性质,这些电学性质对半导体器件的性能有着决定性的作用。如在 p-i-n 型太阳能电池器件中,p 层或 n 层作为窗口层材料的电导率以及 i 层作为吸收层材料的少子迁移率极大地影响着器件的性能。在光探测器中,载流子的输运过程和其非线性的动态响应密切相关。在电致发光器件中,载流子的输运过程影响着其复合电流的大小。在阻变存储器中,载流子的输运过程决定了其阻变机理。总之,对于新型钙钛矿材料而言,在对其在光电器件中的应用研究过程中,都要涉及到对材料载流子产生、输运和复合等过程的分析。所以,载流子的输运过程与机制的研究材料光电器件的性能提高等有着重大的意义。

对钙钛矿材料 $MAPbI_3$ 输运机制的研究起源于该材料在太阳能电池中获得了比较高的光电转换效率,而这种钙钛矿材料是否具有与典型的无机半导体材料类似的输运机制成为了人们越来越关注的课题。$MAPbI_3$ 材料具有直接带隙结构,其直接带隙大小为 1.7eV。但是,有报道通过光吸收测试发现 $MAPbI_3$ 材料的光学带隙大小为 1.6eV,略小于其直接带隙,他们认为这种差别是由激子结合能造成的。光生的电子和空穴由于库仑力的作用会被束缚为一个中性的电子—空穴对(激子),这种束缚能即为激子结合能。激子的结合能导致了材料光学带隙的宽度较小于直接带隙的宽度。当前对 $MAPbI_3$ 材料中激子结合能的研究也已经做了很多的工作,其激子激活能的数值为 5~55meV。由于激子结合能需要通过介电响应来获得,而 $MAPbI_3$ 材料中载流子扩散过程中的低频响应并没得到完全的认识,所以 $MAPbI_3$ 材料的激子结合能到目前为止还没有获得一个统一和确定的数值。

对于半导体材料来说,材料的缺陷态密度对其输运性能会起到决定性的作用。$MAPbI_3$ 太阳能电池较高的电荷收集效率以及较高的开路电压表现出 $MAPbI_3$ 材料本身应该具有较低的载流子复合率以及缺陷态密度。但是由于 $MAPbI_3$ 材料的成膜性较差,材料中的缺陷态成为了影响其输运性能和器件性能进一步提高的主要因素之一。Dong 等通过 $I-V$ 电学测试发现单晶 $MAPbI_3$ 材料的缺陷态浓度在 $10^{10}cm^{-3}$ 数量级,其数值与高质量的单晶硅材料相比处于同一个数量级,但令人费解的是 $MAPbI_3$ 单晶的迁移率却要远远小于硅单晶材料。对于多晶 $MAPbI_3$ 材料的缺陷态密度也有研究报道,Duan 等发现在多晶 $MAPbI_3$ 薄膜中存在两种缺陷态,一种是浅能级的缺陷态,位于带边 0.2eV 的位置;另一种是深能级的缺陷态,位于带间 0.5~0.7eV 的位置。这两种缺陷态密度比较高,分别达到了 $10^{15}cm^{-3}$ 和 $10^{16}cm^{-3}$ 数量级。部分学者对 $MAPbI_3$ 薄膜材料的时间分辨载流子动力学进行了研究,他们发现多晶 $MAPbI_3$ 薄膜材料的体缺陷态密度为 $5 \times 10^{14} \sim 7.5 \times 10^{17}cm^{-3}$,同时表面态密度也高达 $10^{17}cm^{-3}$ 数量级。所以,当前对 $MAPbI_3$ 薄膜材料的缺陷态能级的位置和密度仍然缺乏比较清晰的认识,在如此高的缺陷态密度下,$MAPbI_3$ 太阳能电池是如何获得较高的开路电压

（>1V）。

掺杂对材料的输运性能也起到了关键的作用,掺杂影响着材料的电导率、少子寿命以及迁移率等。对于 MAPbI$_3$ 材料,很多理论研究表明了其类受主(施主)缺陷态的形成能比较低,使其很容易获得 n 型或 p 型的本质掺杂。Walsh 等指出,这些拥有较低形成能的缺陷态会引起材料载流子密度的升高。但是在当前的工作中,欠缺对 MAPbI$_3$ 材料本质掺杂机理的研究与了解。如何通过控制适当的本质掺杂来提高 MAPbI$_3$ 材料的载流子浓度,从而提高其电学性能,也是当前 MAPbI$_3$ 太阳能电池领域中需要解决的问题。

与此同时,晶粒间界以及晶粒尺寸对 MAPbI$_3$ 材料输运机制的影响尚不清晰。Edri 等第一次通过原子力显微镜开尔文模式测出 MAPbI$_3$ 材料中晶界势垒为 40meV,而光照后晶界势垒会有所降低,他们认为晶界处的缺陷态难以捕获载流子,不足以影响到器件的性能。Quilettes 等通过对 MAPbI$_3$ 太阳能电池进行光致发光测试,发现器件在晶界处的光致发光效率比较低,认为光致发光效率是受到了晶界处大量深能级缺陷态的影响,晶粒间界处的缺陷态浓度要远大于晶粒内的缺陷态密度。此外,通过电子束诱导电流测试发现 MAPbI$_3$ 材料在晶粒间界处的电子收集率要比晶粒中高 70%。报道称电子收集率的提高是由于空穴传输材料渗透到晶界内,最终会在界面处形成空间电荷区,但是却不能解释其太阳能器件的内量子效率为何能达到 100%。对于不同晶粒尺寸的 MAPbI$_3$ 薄膜材料的研究,Nie 等制备了从 500nm 到 200μm 不同晶粒大小的 MAPbI$_3$ 薄膜材料,发现其输运性能存在着量级上的差别。如直径为 180μm 的 MAPbI$_3$ 薄膜材料,其迁移率要远远高于直径为 1μm 的 MAPbI$_3$ 薄膜材料的迁移率。而晶粒尺寸的不同引起输运性能的差异,其原因是否归根于晶粒质量和晶粒间界的影响,这一问题依然有待去研究和解决。

除此以外,不同的制备工艺过程、掺杂组分等都会影响 MAPbI$_3$ 材料输运机制。我们缺乏对 MAPbI$_3$ 材料输运机制更深入的了解,要对其输运过程有一个清晰的认识,仍然需要进一步研究。

5.2　新型钙钛矿材料 MAPbI$_3$ 中载流子迁移率的相关研究

5.2.1　MAPbI$_3$ 中载流子迁移率的研究现状

当前人们对钙钛矿材料 MAPbI$_3$ 输运机制,特别是迁移率的研究,已经有了大量报道。对于 MAPbI$_3$ 多晶薄膜材料,其载流子迁移率为 $1\sim30\text{cm}^2/(\text{V}\cdot\text{s})$;而对于 MAPbI$_3$ 单晶材料,其迁移率超过了 $100\text{cm}^2/(\text{V}\cdot\text{s})$。表 5-1 给出了钙钛矿材料

MAPbI$_3$ 以及其他典型半导体材料的输运性能参数。虽然 MAPbI$_3$ 单晶材料载流子的迁移率要高于其多晶薄膜材料,但是相比其他的典型半导体材料,如硅,还是有一定的差距的,这也表明了 MAPbI$_3$ 材料内存在某些散射机制,影响了载流子的输运。很多课题组通过对 MAPbI$_3$ 材料变温迁移率的测试发现其载流子迁移率和温度之间存在 $T^{-1.3} \sim T^{-1.6}$ 的指数关系,证实了在 MAPbI$_3$ 材料中载流子的输运过程受声学声子散射机制的影响。此外,有些课题组报道了钙钛矿材料 MAPbI$_3$ 的极化形成也会影响到载流子迁移率,这需要进一步对其变温迁移率特性进行研究。

表 5-1 钙钛矿材料 MAP$_b$I$_3$ 及其他典型半导体材料的输运性能参数

材料		扩散长度/μm	载流子寿命/μs	迁移率/$\mathrm{cm^2V^{-1}s^{-1}}$	有效质量/(m_0)*	陷阱密度/$\mathrm{cm^{-3}}$
MAPbI$_3$ 多晶薄膜		0.1~1	0.01~1	1~10	−0.10~0.15	$10^{15} \sim 10^{16}$
MAPbI$_3$ 单晶		2~8	0.5~1	24~105	—	$(1\sim3)\times10^{10}$
MAPbBr$_3$ 聚晶薄膜		0.3~1	0.05~0.16	30	0.13	—
MAPbBr$_3$ 单晶		3~17	0.3~1	24~115	—	$(0.6\sim3)\times10^{10}$
Si	e$^-$	1000	~1000	1450	0.19	$10^8 \sim 10^{15}$
	h$^+$	600		500	0.16	
GaAs	e$^-$	7	0.01~1	8000	0.063	
	h$^+$	1.6		400	0.076	

此外,二步法制备 MAPbI$_3$ 薄膜材料是当前被广泛采纳的工艺途径,通过该工艺制备的 MAPbI$_3$ 材料拥有较好的晶化率以及晶粒形貌。在二步法制备 MAPbI$_3$ 材料过程中,会有部分成分的析出,析出的碘化铅(PbI$_2$)成分可能是由于其在反应过程中未能充分的参加反应,也有可能来源于 MAPbI$_3$ 材料在退火过程中的分解。现阶段很多研究都集中在过量的碘化铅成分对 MAPbI$_3$ 基太阳能电池性能的影响。一部分人认为少量析出的碘化铅成分有助于提高 MAPbI$_3$ 基太阳能电池的性能。如图 5-7(a)所示,他们认为碘化铅会钝化 MAPbI$_3$ 吸收层和二氧化钛的界面,从而降低界面处的空穴复合率,同时还有助于电子注入到二氧化钛层中,从而提高了器件的性能。对于 MAPbI$_3$ 吸收层和空穴传输层的界面[5-7(b)],碘化铅钝化界面作为电子阻挡层,有利于空穴的注入,从而提高了器件的性能。另一部分人认为过量析出的碘化铅成分

会在 MAPbI₃ 吸收层与电子传输层/空穴传输层界面形成比较厚的碘化铅层,阻挡了
载流子在界面处的传输,从而导致器件性能的降低。然而,关于析出的碘化铅成分对
MAPbI₃ 吸收层的影响却鲜有报道。Bi 和 Carmona 等认为碘化铅成分在 MAPbI₃ 薄膜
材料中有助于 MAPbI₃ 晶化率的提高和晶粒的生长。Wang 等通过瞬态光谱测试发现
析出的碘化铅对 MAPbI₃ 薄膜的晶粒间界具有钝化作用,此项工作也得到了 Yang 等
的证明。

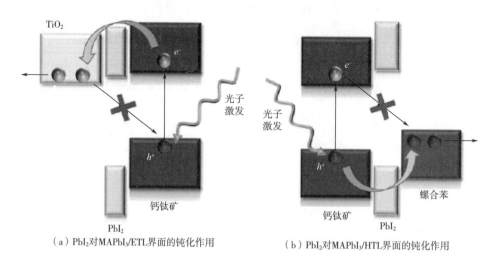

（a）PbI₂对MAPbI₃/ETL界面的钝化作用　　　　（b）PbI₂对MAPbI₃/HTL界面的钝化作用

图 5-7　PbI₂ 对 MAPbI₃ 基太阳能电池性能的影响

在本项目中,采用了二步法制备工艺制备了 MAPbI₃ 薄膜材料,采用退火方式对
材料进行了处理。对退火前后 MAPbI₃ 薄膜材料的结构进行了表征。结合结构的分
析,通过变温霍尔效应的测试系统研究了退火前后 MAPbI₃ 薄膜的输运机制,系统分
析了碘化铅成分的析出对 MAPbI₃ 薄膜电学输运性能的影响。

5.2.2　MAPbI₃ 材料的制备

在制备 MAPbI₃ 材料的准备过程中,包括了碘甲胺(CH_3NH_3I, MAI)粉末的
合成以及碘化铅(PbI_2)前驱溶液的制备。对于碘甲胺粉末的合成,将 24mL 的甲
胺水溶液(CH_3NH_2,质量分数为 33%)加入到三颈烧瓶中,放置于 0℃ 的冰水浴
中,然后逐滴加入 10mL 的氢碘酸溶液(HI,质量分数为 45%)。在氩气下,搅拌
反应 2h。将反应获得的前驱溶液放入真空干燥箱中加热烘干后得到白色粉体。
然后加入乙醇溶解,待粉末溶解完全后加入无水乙醚重结晶后进行抽滤,得到白
色粉体。重复 3 次后,将所得沉淀真空干燥 24h,得到白色的碘甲胺粉末。对于
碘化铅前驱溶液的制备,将 462 mg 的碘化铅溶解在 1mL 的富马酸二甲酯(DMF)

溶液中,然后将瓶口用封口膜密封,在70℃下加热搅拌3h,得到澄清的碘化铅/富马酸二甲酯前驱溶液。

图5-8给出了气相沉积法制备钙钛矿MAPbI$_3$薄膜的实验流程图。第一步,将FTO玻璃基片分别用清洗剂、丙酮、无水乙醇和去离子水超声清洗。第二步,沉积碘化铅薄膜,将配制好的碘化铅前驱溶液滴加到FTO基片上旋涂(转速4000r/min,30s)后在70℃下退火30min,得到碘化铅薄膜。或者采用热蒸发工艺,将碘化铅粉末放到烧舟中,加热沉积碘化铅,通过膜厚度测定碘化铅沉积厚度。第三步,沉积钙钛矿薄膜,将镀有碘化铅薄膜的基片放置到化学气相沉积管式炉中,加热使碘甲胺蒸发,使碘甲胺蒸汽与碘化铅薄膜发生反应,生成钙钛矿薄膜。第四步,对部分钙钛矿薄膜进行退火,退火温度分别为120℃以及145℃,时间30min,更利于薄膜的晶化。最后,在样品上蒸镀银电极,电极厚度为120nm。

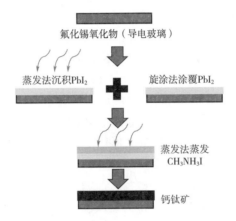

图5-8　气相沉积法制备钙钛矿光伏器件的实验流程图

5.2.3　MAPbI$_3$材料的结构表征及光学性能测试

图5-9给出了退火前和不同温度退火后MAPbI$_3$材料的XRD图谱,所有样品在14.30°、28.60°、32.01°和43.21°处出现了强烈的散射峰,这些散射峰分别对应MAPbI$_3$晶格的(110)、(220)、(310)和(330)峰,显示出了典型的钙钛矿结构。退火后的样品在14.30°所对应的(110)峰强要略高于未退火的样品,说明了退火后样品的晶化程度要高于未退火样品的晶化程度。随着退火温度升高到145℃时,样品在12.8°处出现了一个微弱的散射峰,此散射峰对应的是碘化铅的结构相。先前的报道认为MAPbI$_3$在受热过程中易发生分解,在温度高于140℃的环境中部分MAPbI$_3$会分解,在样品中留下多余的碘化铅。在当前的工作中,通过XRD图谱发现MAPbI$_3$薄膜材料在145℃温度退火后会有少量的碘化铅析出。

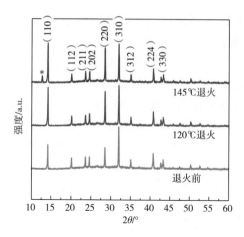

图 5-9　退火前和不同温度退火后 MAPbI$_3$ 材料的 XRD 图谱

　　同时,通过德拜-谢乐公式,对 MAPbI$_3$ 材料的 XRD 衍射谱结果进行处理,可以计算得到 MAPbI$_3$ 样品的平均晶粒尺寸。计算公式为 $D = K\lambda / B\cos\theta$, 其中, K 为谢乐常数,其值为 0.89; B 对应于主衍射峰[这里是 14.30° 所对应的(110)峰]的半高宽; λ 为 X 射线的波长,其值为 0.154nm。由此可计算得到未退火和退火后样品的平均尺寸为 60~70nm。从计算结果可以看出,退火使 MAPbI$_3$ 的晶粒尺寸略有增加。Eperon 等研究了不同退火温度下 MAPbI$_3$ 材料的形貌变化,他们通过 SEM 图谱发现随着退火温度的升高,MAPbI$_3$ 晶粒尺寸逐渐变大,但同时退火温度的升高减小了 MAPbI$_3$ 材料表面的覆盖率,使材料表面出现部分空洞。

　　利用扫描电子显微镜(SEM)和原子力显微镜(AFM)对样品的表面形貌进行了表征。图 5-10(a)、(b)和(c)分别给出了未退火和不同温度退火后 MAPbI$_3$ 材料的 SEM 图谱。从图 5-10(a)中我们可以看出,原始的样品表面形貌比较一致,晶粒与晶粒间比较致密,晶粒间界比较明显,晶粒的平均尺寸为 300nm 左右。通过 SEM 图谱观察到的晶粒尺寸要大于 XRD 图谱计算出的晶粒尺寸,晶粒尺寸前后表征不一致的原因可能是 SEM 图谱观察到的大晶粒是由排布紧凑的小晶粒组成。样品经 120℃退火后的表面形貌如图 5-10(b)所示,晶粒与晶粒之间更为紧凑。而在 145℃退火后的样品中出现了新的颗粒,这些颗粒位于 MAPbI$_3$ 晶粒与晶粒间界处,显得比间界更为明亮,有报道认为这些明亮的颗粒就是析出的碘化铅。与此同时,图 5-10(d)、(e)和(f)分别给出了未退火和不同温度退火后 AFM 表面形貌图,未退火的样品拥有比较好的样品表面粗糙度,而经退火后,特别是 145℃退火后的样品的表面粗糙程度增加。有文献报道认为在 MAPbI$_3$ 材料中碘化铅成分倾向于析出在样品的表面,从而导致了样品表面的粗糙程度增加。

　　通过 XRD、SEM 以及 AFM 的分析,我们进一步确定了在 MAPbI$_3$ 钙钛矿材料中,

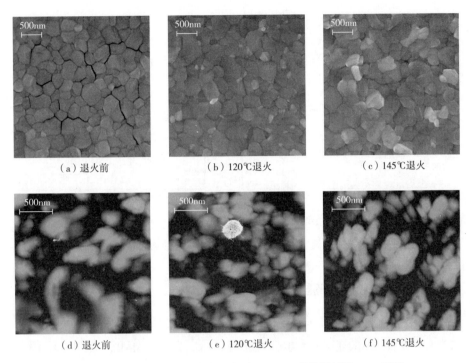

（a）退火前　　　　　　　（b）120℃退火　　　　　　　（c）145℃退火

（d）退火前　　　　　　　（e）120℃退火　　　　　　　（f）145℃退火

图 5-10　未退火和不同温度退火后 MAPbI₃ 薄膜材料的 SEM 图谱

[（a）、（b）、（c）]和 AFM 图谱[（d）、（e）、（f）]

有机组分和无机组分的结合是不太稳固的。有机组分和无机组分之间存在结合和分解这一对可逆反应，当温度高于某一临界点时，可逆反应的平衡会被打破，有机组分和无机组分之间分解的速度要大于结合的速度，在材料中 MAPbI₃ 会被分解，留下剩余的碘化铅。

为了研究退火对 MAPbI₃ 薄膜光学带隙的影响，相应样品还进行了透射谱和光致发光谱（PL）的测试研究。图 5-11（a）给出了未退火及不同温度退火后样品的透射谱对应的 Tauc 曲线。根据 Tauc 曲线得到了退火前后的光学带隙为 1.43~1.5eV，这与先前的报道相一致。图 5-11（b）给出了未退火及不同温度退火后样品的 PL 谱，可以看到退火前后的样品发光峰位于 755nm 附近，与先前的报道相一致。同时，样品的 PL 发光强度在退火后有了明显的提高，120℃退火后的样品 PL 发光强度有最大值，而 145℃退火后的样品 PL 峰强对比 120℃退火后的样品略有降低，但仍然强于未退火的样品。PL 发光强度的提高与材料中较低的缺陷态浓度有关。对比未退火的样品，120℃退火后的样品在晶粒尺寸上略有增加，在晶粒排列上更为紧凑，具有较好的薄膜质量和较少的缺陷态浓度，故其 PL 发光强度较高。而 145℃退火后的样品，由于材料的分解带来的缺陷，导致了其发光强度有所降低。

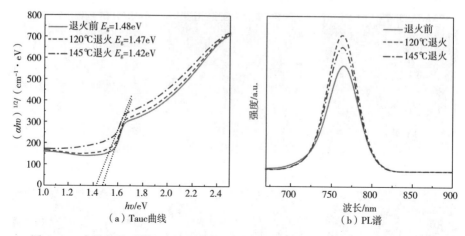

图 5-11　未退火及不同温度退火后样品的透射谱(Tauc 曲线)和光致发光(PL)谱

5.2.4　MAPbI₃ 材料的室温霍尔效应测试

表 5-2 给出了未退火及不同温度退火后 MAPbI₃ 薄膜的室温电学测试结果,原始样品以及 120℃退火后样品的迁移率为 $0.6\sim1\text{cm}^2/(\text{V}\cdot\text{s})$,先前对 MAPbI₃ 材料迁移率的报道多数集中在 $1\sim10\text{cm}^2/(\text{V}\cdot\text{s})$,与当前的结果相一致。然而经 145℃退火后样品的迁移率有了显著的增加,其值达到了 $4\text{cm}^2/(\text{V}\cdot\text{s})$。样品在 145℃退火后迁移率显著增加的原因与碘化铅的析出有关,因为碘化铅的析出可能对材料的晶粒间界具有钝化作用,从而有利于载流子在晶界处的传输,提高了材料中载流子的迁移率。同时,未退火及不同温度退火后 MAPbI₃ 薄膜的电导率达到了 10^{-1}S/cm 量级,与先前的报道相比提高了 $3\sim4$ 个数量级。电导率主要是由其载流子浓度决定的。有报道认为在 MAPbI₃ 薄膜中缺陷态具有较低的形成能,从而在 MAPbI₃ 薄膜中存在大量的浅能级的缺陷态,这些缺陷态会将费米能级钉扎在靠近导带底(价带顶)处形成类施主(受主)能级,从而在室温附近的温度范围内激活出大量的载流子。在当前的工作中所有样品在室温下的载流子浓度均为 10^{17}cm^{-3} 的数量级,载流子类型均为 N 型,所以高的载流子浓度是获得较高电导率的主要原因。

表 5-2　未退火及不同温度退火后 MAPbI₃ 薄膜的室温电学测试

霍尔效应测试	未退火	120℃退火	145℃退火
暗电导率/S/cm	0.23	0.3	0.34
载流子浓度/cm⁻³	2.3×10^{18}	1.8×10^{18}	5.3×10^{17}
载流子类型	N	N	N
霍尔迁移率/(cm²/V·s)	0.6	1	4

5.2.5　MAPbI₃ 材料变温霍尔效应测试

为进一步研究未退火及不同温度退火后 MAPbI₃ 薄膜的输运机制,对相关的样品
进行了变温霍尔效应的研究。图 5-12(a)给出了所有样品在高温范围内(300～
370K)变温电导率的图谱,通过 Arrhenius 曲线可以获得样品的电导激活能,从而确定
费米能级的位置。所有的样品在电导率-温度的变化上表现出良好的直线关系,能很
好的满足 Arrhenius 关系,说明样品在室温以上温度范围内的输运主要是以热激活过
程为主。拟合后的激活能为 50～26meV。在传统的硅基太阳能电池中,吸收层吸收
光子能量,由于电子和空穴之间的束缚能非常小,电子和空穴几乎不需要获得能量即
能够相分离,从而产生电流。而对于有机、无机钙钛矿材料来说,其吸收光子而产生
了具有较大结合能的激子,这里的激子是一对中性的电子—空穴对,而不是可以自由
移动的载流子,激子需要获得一定的能量才能够使耦合的电子—空穴对分离。Snaith
等对 MAPbI₃ 以及 MAPbCl₃ 等材料的激子结合能进行了测试和研究,发现其激子结
合能在 50meV 左右。Nicholas 等提出 MAPbI₃ 在低温相时的激子结合能约为 16meV。
Huang 等通过理论计算得到了 MAPbI₃ 的激子结合能为 20～56meV。通过以上的分
析可以得出,在室温以上温度范围内,MAPbI₃ 薄膜材料的电导激活能对应于其激子
的结合能,MAPbI₃ 薄膜在此温度范围内的输运机制主要是热激活下激子分离所产生
的可自由移动的载流子在扩展态下的传导机制。

与此同时,所有样品在低温范围内(20～200K)的变温电导率展现出了不同的机
制,退火前后的样品在低温下的电导率-温度变化关系不满足 Arrhenius 关系,这说明
了在低温范围内 MAPbI₃ 薄膜有区别于热激活过程的输运机制。为获得更详细的输
运机制的信息,当前工作采取了简化激活能的形式进行分析和计算。图 5-12(b)给
出了退火前后的样品在低温范围内的简化激活能形式。简化激活能形式为:

$$w(T) = \frac{d(\ln\sigma)}{d(\ln T)} \tag{5-1}$$

可以根据 $w(T)$ 和 T 之间的指数关系来判断其输运机制。一般来说,$w(T)$ -$T^{-1/4}$ 表
示 Mott 变程跳跃传导;$w(T)$ -$T^{-1/2}$ 表示 Efros-Shklovskii 变程跳跃传导;而 $w(T) = n$
则表示多声子辅助跳跃传导。从图中可以看出样品在 20～200K 范围内存在着两种
不同的输运机制。在 80～200K 的范围内,MAPbI₃ 薄膜的输运机制主要是多声子辅
助传导机制。这时的电子被微弱地限制在定域态中,易与波长与之定域长度相近的
声子耦合。因此,电子可以通过多数声子的跳跃过程在深能级的定域态之间传输。
多声子辅助传导机制只能在温度高于声子特征温度(100K 左右)时才能发挥作用。
然而随着温度的降低,在温度低于 80K 下,输运机制不再是多声子辅助传导机制,
Mott 变程跳跃传导主导了载流子的输运过程。在此低温下时,晶格振动十分微弱,声

学声子被冻结,电子无法通过多数声子的帮助进行跳跃传导。根据 Mott 理论,低温下电子的输运主要是隧穿进入未被电子占据的定域态过程。

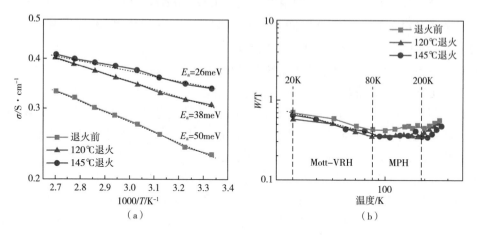

图 5-12   未退火及不同温度退火后样品高温范围(300~370K)变温电导率图谱(a)和
低温范围(20~200K)简化激活能图谱(b)

5.2.6   析出的碘化铅对 MAPbI$_3$ 材料晶界的钝化作用

从上面的工作可以发现,145℃退火后 MAPbI$_3$ 薄膜的载流子迁移率为 $4cm^2/(V \cdot s)$,高于未退火以及 120℃退火后 MAPbI$_3$ 薄膜相应的迁移率 $[0.6 \sim 1cm^2/(V \cdot s)]$。结合 MAPbI$_3$ 结构的表征,可以认为 145℃退火后样品迁移率明显增加的原因是碘化铅的析出造成的。现阶段有报道对 MAPbI$_3$ 材料中碘化铅的析出能否提升太阳能电池性能进行了研究,他们通过对光生载流子的寿命测试发现少部分碘化铅的析出确实能够钝化 MAPbI$_3$ 薄膜材料中的晶粒间界和表面态,降低光生载流子在晶界处的复合概率,从而能够提高器件的性能。在当前工作中,碘化铅的析出钝化了 MAPbI$_3$ 薄膜中的晶粒间界,降低了晶界处的势垒高度,从而有利于载流子在晶粒间的传输,提高了载流子的迁移率。

通过对退火前后 MAPbI$_3$ 薄膜进行时间分辨荧光谱的测试(TRPL)来计算材料的载流子寿命。图 5-13 显示了退火前后 MAPbI$_3$ 材料的时间分辨荧光衰减曲线。从图中可以看出,退火前后 MAPbI$_3$ 材料随时间的衰减趋势有所不同,为更直观地比较发光峰寿命,通过以下公式进行拟合:

$$I(t) = \sum_{i=1}^{n} B_i \exp\left(-\frac{t}{\tau_i}\right) \tag{5-2}$$

式中 B_i 和 τ_i 分别表示时间分辨荧光谱中每个衰减部分的振幅和衰减寿命。

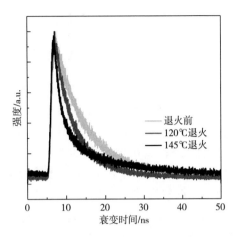

图 5-13　退火前后 MAPbI₃ 材料的时间分辨荧光衰减曲线

表 5-3 显示了拟合后 MAPbI₃ 薄膜的发光寿命。未退火样品拟合出发光寿命为 6.05ns，而 120℃ 以及 145℃ 退火后的样品拟合出的结果具有两种发光寿命，分别是快态（τ_1）对应的 3.02ns 和 1.39ns 以及慢态（τ_2）对应的 10.48ns 和 11.38ns。一般而言，样品的发光寿命是由不同的复合过程共同作用决定的，其公式如下所示：

$$\frac{1}{\tau} = \sum f_i \cdot \frac{1}{\tau_i} \tag{5-3}$$

式中：τ 为测得的发光寿命；τ_i 和 f_i 分别表示多个复合过程的寿命和所占比例。在新型钙钛矿材料中，快态 τ_1 往往对应于材料中的双分子复合过程，慢态 τ_2 一般对应于载流子的辐射复合过程。对于未退火的样品而言，单指数拟合出的发光寿命一般对应于材料中界面以及晶粒晶界处的载流子复合行为。而退火后随着退火温度的升高，τ_2 数值逐渐增加，使拟合后的荧光寿命也逐渐变大。在当前的工作中，考虑到 145℃ 退火后的 MAPbI₃ 薄膜样品中有碘化铅的析出，可以认为 τ_2 升高的原因是析出的碘化铅在 MAPbI₃ 薄膜的钝化作用。有报道认为 MAPbI₃ 多晶材料晶粒间界处往往存在着大量的缺陷态，这些缺陷态能够捕获载流子，形成复合中心。而 145℃ 退火后，MAPbI₃ 薄膜中析出的碘化铅会钝化样品晶粒间界处的缺陷态，降低复合中心，从而使拟合的荧光寿命变大。

表 5-3　退火前后 MAPbI₃ 薄膜的发光寿命

样品	τ_1 /ns	τ_2 /ns	τ /ns
未退火	—	6.05	6.05
120℃ 退火	3.02(37%)	10.48(63%)	7.72

续表

样品	τ_1/ns	τ_2/ns	τ/ns
145℃退火	1.39(31%)	11.38(69%)	8.28

此外,通过变温霍尔效应测试研究了未退火及145℃退火后MAPbI$_3$薄膜的变温霍尔迁移率,用于对比研究碘化铅析出前后MAPbI$_3$薄膜中散射机制对输运过程的影响。图5-14(a)显示了未退火、120℃退火及145℃退火后MAPbI$_3$薄膜迁移率随测试温度的变化关系,测试温度是300~390K。145℃退火后的样品与未退火及120℃退火后的样品显示出了不同的迁移率–温度关系。对于未退火及120℃退火后的样品,其霍尔迁移率随测试温度的升高而升高。室温以上范围内材料的迁移率随测试温度升高而增加的变化关系是由载流子输运过程中晶粒间界散射机制引起的。一般认为,晶粒间界处存在着大量的缺陷,这些缺陷会对载流子形成相应的势垒,阻碍载流子在晶粒间的输运,导致了较低的迁移率。当测试温度升高的时候,载流子获得了足够多的动能以越过这些势垒,从而提高了载流子的迁移率。Yang等通过扫描开尔文探针显微镜对MAPbI$_3$薄膜材料进行测试研究,发现材料中晶粒间界处与晶粒中的表面电势能有所不同,指出了MAPbI$_3$薄膜材料在晶粒间界处发生了能带的弯曲,说明了晶界处相对于晶粒区域存在一种势垒。这里通过拟合迁移率μ_H与温度T的变化关系:$\mu_H = \mu_0 \exp(-E_B/k_B T)$,可以得到300~390K时迁移率具有热激活的行为,同时能够计算出晶界处的势垒高度。图5-14(b)给出300~390K时未退火及120℃退火后MAPbI$_3$薄膜的$\ln\mu_H$与$1000/T$的关系,根据其中的线性关系我们计算得出其晶界势垒高度分别为208meV和147meV。对于145℃退火后的样品,霍尔迁移率—温度的变化关系显示出与未退火样品不同的变化趋势,其霍尔迁移率随测试温度的升高而降低。该霍尔迁移率-温度的变化关系表示不同于晶界散射机制对输运过程的作用效果。Yang等认为碘化铅的析出可以钝化MAPbI$_3$薄膜的晶粒间界,他们发现在晶界处的碘化铅有效降低了晶界处与晶粒中的表面电势能的差值,说明了碘化铅能够降低晶界处的势垒高度。当前认为145℃退火后的样品中析出的碘化铅钝化了晶粒间界,降低了晶界处的势垒高度,这使晶界势垒不再能够阻碍载流子的传输,晶界散射机制不再主导载流子的输运过程。图5-14(c)给出了300~390K时145℃退火后MAPbI$_3$薄膜迁移率与测试温度的$\mu_H(T) \propto T^n$的指数关系,在300~390K时,145℃退火后MAPbI$_3$薄膜对应的n值为-2。先前有学者研究了MAPbI$_3$薄膜的时间分辨载流子动力学,得到了薄膜载流子迁移率与温度的指数关系为$T^{-1.3} \sim T^{-1.6}$。他们认为MAPbI$_3$薄膜中散射机制主要来自晶格振动(声学声子散射机制)。而在当前的工作中,145℃退火后MAPbI$_3$薄膜中的散射机制是由声学声子散射机制主导。

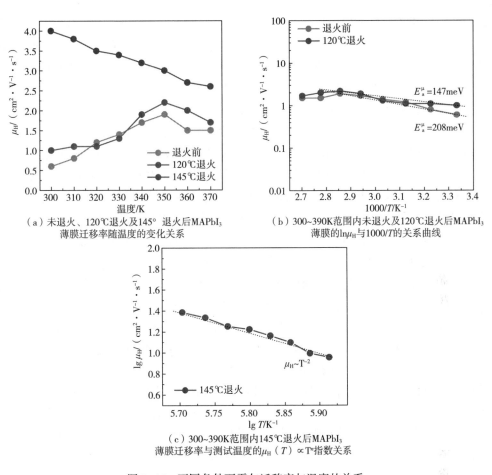

（a）未退火、120℃退火及145° 退火后MAPbI₃
薄膜迁移率随温度的变化关系

（b）300~390K范围内未退火及120℃退火后MAPbI₃
薄膜的lnμ_H与1000/T的关系曲线

（c）300~390K范围内145℃退火后MAPbI₃
薄膜迁移率与测试温度的μ_H（T）∝T^n指数关系

图5-14 不同条件下霍尔迁移率与温度的关系

5.3 基于硫化镉（CdS）的钙钛矿材料 MAPbI₃ 太阳能电池的制备及性能研究

5.3.1 基于硫化镉的钙钛矿材料 MAPbI₃ 太阳能电池的研究背景

以 $CH_3NH_3PbX_3(X=I,Br,Cl)$ 为活性吸光层的有机和无机杂化钙钛矿薄膜太阳能电池,由于其制备工艺简单、原材料易获得、光吸收系数大、载流子迁移率高、传输距离长等特点,自 2009 年首次报道以来,受到了国内外研究者的广泛关注。随着研究的不断深入,钙钛矿转换效率已经从最初的 3.8%迅速提高到 22.1%。在钙钛矿太阳能电池中,关键的结构包括电子/空穴传输层、钙钛矿吸收层、空穴传输层和电极。

研究不仅侧重于钙钛矿吸收层的制备、掺杂以及结晶过程等方面,还在不断深入拓展对电子传输层和空穴传输层材料的研究。提高电池转换效率的关键在于良好的结晶性、较高的薄膜覆盖率、高吸收系数和宽的吸光范围。然而,载流子的提取和传输也会对电池转化效率产生重要影响。目前,针对钙钛矿太阳能电池的空穴传输层的研究主要集中在有机半导体 Spiro-OMeTAD 的替代和使用方面。自 2012 年,Park 等首次将其引入到钙钛矿电池中并制备全固态钙钛矿电池至今,Spiro-OMeTAD 因其能够快速提取和收集空穴、有效阻挡电子注入、减少钙钛矿吸收层和电极之间的电荷复合而被广泛应用于钙钛矿太阳能电池中。在钙钛矿太阳能电池中,常见的电子传输层包括有机 n 型半导体和无机金属氧化物半导体等多种半导体材料,这些材料均取得了较高的转换效率。因此,电子传输层的研究是一个值得深入的领域。

在钙钛矿太阳能电池中,通常采用二氧化钛(TiO_2)、氧化锌(ZnO)、氧化锡(SnO_2)等无机宽带隙金属氧化物半导体和 PCBM、氧化铯(CsO)等有机 n 型半导体作为电子传输层材料。这些材料的导带/LUMO 能级(图 5-15)通常低于钙钛矿材料的 LUMO 能级,主要用于传输电子和阻挡空穴,可有效提高载流子传输效率。然而,无机金属氧化物半导体通常需要高温退火(约450℃),导致能耗较大,限制在柔性基片上的应用。同时,氧化物半导体中存在氧空位等缺陷态,增加界面复合概率。相比之下,有机 n 型半导体具有较高的电子迁移率,已广泛应用于有机半导体光电领域,其低温旋涂工艺可以在柔性基底上实现应用。但是,这种有机半导体对材料纯度要求高,增加使用成本,制约了其工业化应用的面积。随着对电子传输层材料研究的深入,一些新型的电子传输材料在钙钛矿太阳能电池中得到了应用。如 Ke 和 Wang 等采用氧化锡和 CeCvCdS 建立了电子传输层,分别获得了 17.21% 和 14.3% 的效率。此外,一些低温氧化物材料作为电子传输层材料应用在钙钛矿电池中,也分别取得了 8.99% 和 13.01% 的转换效率,为柔性电池提供了新的思路,尽管转换效率相对较低。因此,迫切需要解决在柔性钙钛矿电池中制备低温、低成本、高性能和稳定的电子传输材料的问题。硫化镉作为 n 型半导体材料,具有简单的制备工艺、低沉积温度和低成本,在碲化镉(CdTe)、铜铟镓硒(CIGS)电池中取得了显著的成果。一些研究人员采用硫化镉作为电子传输层,在 FTO 基片上通过化学水浴沉积工艺实现了钙钛矿 11.2% 的转换效率。此外,Insung Hwang 等在钙钛矿电池中构建了钛—硫化镉核壳结构作为电子传输材料,通过钝化二氧化钛表面缺陷态提高电荷传输效率,实现了 11.46% 的转换效率。同时,采用硫化镉作为空穴阻挡层,当硫化镉厚度为 20nm 时,钙钛矿电池的转换效率最高,达到 12.2%。

综上所述,硫化镉作为电子传输层在钙钛矿电池中能够有效替代传统的有机和无机电子传输材料,实现较高的转换效率。需要注意的是,硫化镉薄膜可以通过化学水浴沉积工艺制备,并且可以沉积在柔性基底上。

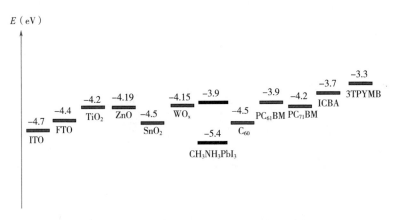

图 5-15　常见电子传输层材料的导带能级图

5.3.2　硫化镉基太阳能电池的制备

首先,对 FTO 玻璃和 PET/ITO 基片进行超声清洗,使用清洗剂、丙酮、无水乙醇和去离子水,每种清洗液量为 20 ml,随后使用氩气吹干。硫化镉薄膜(制备工艺略)经过在基片上采用上述清洗工艺,通过调控沉积时间实现不同膜厚的控制,然后再次使用氩气吹干。碘化铅薄膜采用热蒸发工艺沉积到 FTO/硫化镉基片上。将清洁的基片置于真空系统中,抽真空至 10^{-4} Pa 后开始蒸镀碘化铅薄膜,蒸镀速率控制在 1A/s。蒸镀完成后,取出样品并置于带有甲基碘化铵(MAI)粉末的管式 CVD 炉中,进行化学气相沉积反应。CVD 炉通过机械泵进行抽真空,然后加热至 110℃,保温 2h。反应结束后,样品降至室温,将带有钙钛矿薄膜的基片放入异丙醇(IPA)溶液中,涮洗数秒后,用氩气吹干,并放到加热台上进行退火,退火温度为 100℃,退火时间是 30min。待样品冷却后,将基片放入匀胶机中旋涂空穴传输层(3500r/min,30s)。最后,采用热蒸发工艺蒸镀银电极,厚度约为 120nm,器件的有效面积为 0.09cm²。

5.3.3　硫化镉基太阳能电池的结构表征

在图 5-16(a)中,展示了 FTO 衬底上硫化镉、碘化铅和钙钛矿的 X 射线衍射(XRD)图。在图中 $2\theta=27°$ 的位置显示了硫化镉六方结构在(002)方向上的衍射峰,而 12.62°、38.54°、52.30°分别对应碘化铅(001)、(003)和(004)的晶向。此外,钙钛矿中的(110)、(220)、(310)和(330)晶向在 14.07°、28.36°、31.82°、43.14°处分别显示,与文献报道一致。图 5-16(b)展示了钙钛矿在 300~800nm 的吸收光谱图,对应的光学带隙为 1.55eV,有助于对太阳光的充分吸收。

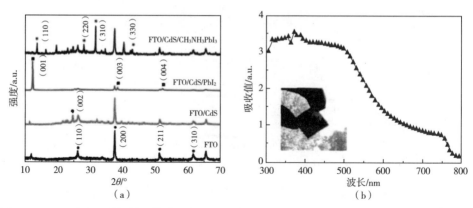

图 5-16　CdS 基底上的钙钛矿薄膜的 X 射线衍射(XRD)图(a)、吸收曲线和截面扫描电镜图(b)

为深入研究硫化镉和钙钛矿表面形貌的特性,对其采用原子力显微镜(AFM)进行观察和分析。图 5-17 和图 5-18 展示了硫化镉薄膜和钙钛矿薄膜的平面和立体的 AFM 形貌图。从图中可以明显看出,采用 CBD 工艺沉积的硫化镉薄膜呈现出均匀致密的特性,其表面粗糙度仅为 1.5nm。同时,采用 PCVD 工艺制备的钙钛矿薄膜同样展现出均匀致密的特性,其表面粗糙度仅为 20nm。相较于传统溶液法制备的钙钛矿薄膜,这种 PCVD 工艺制备的薄膜颗粒均匀,表面平整。这样的特性不仅保证了后续空穴传输层的旋涂过程,同时有效阻止了漏电流的发生,有助于后续制备高性能的钙钛矿电池。综合而言,所采用的 CdS 和钙钛矿薄膜制备工艺均表现出良好的均匀致密性和表面平整性,为高性能钙钛矿电池的制备提供了有力支持。

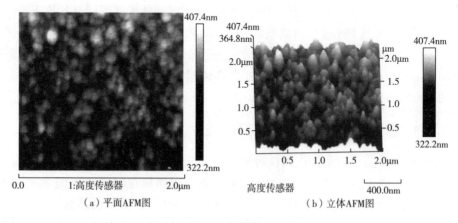

图 5-17　CdS 薄膜的 AFM 图

图 5-19(a)展示了硫化镉基钙钛矿电池的结构示意图。在这一平面结构中,入

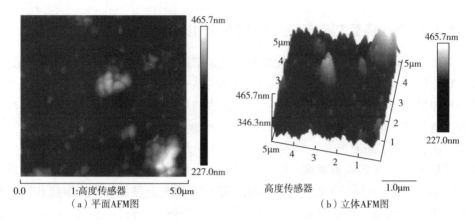

（a）平面AFM图　　　　　　（b）立体AFM图

图 5-18　钙钛矿薄膜的 AFM 图

射光从透明的 FTO 面射入,大多数光子通过硫化镉层达到中心层,即钙钛矿层,产生光生载流子(激子)。少量载流子在钙钛矿内部发生复合,而大部分载流子在内建电场的作用下传输到硫化镉/钙钛矿和 Spiro-OMeTAD/钙钛矿界面,最终通过电子—空穴层的传输到达电极。

图 5-19(b)展示了整个器件结构的能带。硫化镉薄膜具有较宽的带隙(约 2.4eV),其导带较钙钛矿低 0.3eV。这种设计有助于实现光子的穿越和电子的快速提取传输,同时有效阻碍空穴在硫化镉/钙钛矿表面的传输,起到了阻止空穴传输的作用。基于这一原理,我们成功制备了硫化镉基钙钛矿电池,其结构为 FTO/硫化镉/钙钛矿/Spiro-OMeTAD/银电极。

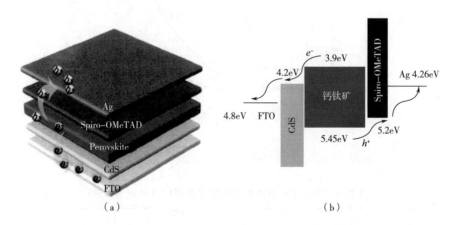

（a）　　　　　　　　　　　（b）

图 5-19　CdS 基钙钛矿太阳能电池的结构示意图(a)和能带图(b)

5.3.4　硫化镉基太阳能电池的光电性能测试

基于以上设计,对所制备的硫化镉基钙钛矿太阳能电池进行了光电性能测试,并在 AM 1.5G 下获取其伏安特性曲线。在前期的硫化镉薄膜制备实验中发现,硫化镉的不同厚度会对光的透射率产生影响,而作为窗口层,硫化镉的厚度对后续电池性能有较大的影响。通过精确控制沉积时间,我们成功实现了对硫化镉厚度的调控,并制备了厚度为 30~120nm 的硫化镉薄膜用于钙钛矿太阳能电池。图 5-20 展示了硫化镉基钙钛矿电池在光电流密度-电压(J-V)曲线上的表现,其中硫化镉薄膜厚度为 30~120nm。表 5-4 详细列出了不同硫化镉厚度下的电池性能参数。当硫化镉薄膜厚度为 30nm 时,由于薄膜间表面接触较差,填充因子(FF)较低,电池的转换效率仅为 8.92%。然而,当硫化镉薄膜厚度增至 50nm 时,填充因子显著提升至 65%,其转换效率达到 13.30%。然而,随着厚度进一步增加至 70nm,电池的光电流密度从 20.67mA/cm^2 降至 17.06mA/cm^2,开路电压(V_{oc})和填充因子也相应下降。这主要是因为随着硫化镉薄膜增厚,对光的部分吸收增加,特别是在 300~520nm 波段的吸收较强,从而降低了钙钛矿薄膜在这个波段的光吸收效率。同时,较厚的硫化镉薄膜还会增加串联电阻,从而影响电荷传输。通过实验比较发现,50nm 的硫化镉薄膜(生长时间为 6min)的电池性能最佳,其转换效率可达 13.30%。

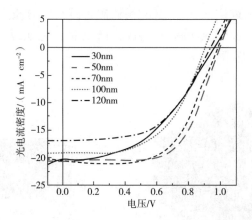

图 5-20　不同厚度的硫化镉基钙钛矿电池的光电流密度-电压(J-V)曲线

表 5-4　不同厚度的硫化镉薄膜制备的钙钛矿电池性能

时间/ min	厚度/ nm	V_{oc}/ V	J_{sc}/ mA/cm^2	FF/ %	PCE/ %
5	30	0.96	20.41	45%	8.92%

续表

时间/ min	厚度/ nm	V_{oc}/ V	J_{sc}/ mA/cm²	FF/ %	PCE/ %
6	50	0.99	20.67	65%	13.30%
8	70	0.97	20.38	63%	12.46%
10	100	0.91	19.37	55%	9.77%
12	120	0.93	17.06	54%	8.76%

此外,碘化铅和 MAI 在气相沉积过程中的反应温度也是一个重要的影响因素。由于 Pb 和 Cd 属于同族元素,原子尺寸大小相近,在整个 CVD 反应进程中,随着加热的进程,会出现少量的 Cd 取代 Pb 形成原位的 Cd 掺杂现象。如图 5-21(a)、(b)和(c)所示,在 404eV 处的峰可以认为是 Pb 4d 和 Cd 3d 的重叠,说明 Cd 作为掺杂元素已经进入钙钛矿薄膜中。值得注意的是,S 元素没有在薄膜中出现,这说明前面测试出的 Cd 元素并不是基底硫化镉薄膜中的 Cd,而是其扩散到钙钛矿中形成掺杂。图 5-21(d)是在不同反应温度下(110~130℃)制备的硫化镉基钙钛矿薄膜电池的 J-V 曲线。从图中可以清晰地看到,在 110℃下制备的钙钛矿电池效率最高,可达 13.30%。这可以归结为在气相沉积过程中实现的原位 Cd 的掺杂,Cd 元素的进入能够使钙钛矿导带弯曲降低,从而有助于电子更好地提取。当反应温度较低(110℃)时,底部少量的碘化铅不能充分地反应完全,这将在钙钛矿和硫化镉薄膜之间形成薄薄的碘化铅层。而碘化铅本身具有较宽的带隙(带隙较钙钛矿大很多),相当于在钙钛矿和硫化镉薄膜之间形成一个阻挡层,不利于电荷的传输。相反,如果反应温度过高(130℃),尽管碘化铅能够充分转换成钙钛矿,但是过量的 Cd 进入钙钛矿薄膜,将会导致钙钛矿薄膜的不稳定,进而发生分解。

通过工艺优化获得了最佳工艺下的高性能碘化铅基钙钛矿电池,如图 5-22(a)所示,其效率高达 14.68%(V_{OC} = 1.04V, J_{sc} = 20.761mA/cm² 和 FF = 68%)。对应的 IPCE,如图 5-22(b)所示,其积分电流约为 18.1mA/cm²,略低于测试的电流。为进一步研究碘化铅基钙钛矿电池,采用正扫和反扫方式,比较分析其光电性能。如图 5-22(a)所示,在正扫方式下,测试得到其转换效率 PCE = 13.15%(V_{OC} = 1.02V, J_{sc} = 19.53mA/cm² 和 FF = 66%),低于反扫方式下的数据,这说明碘化铅基钙钛矿电池中存在迟滞现象。但相比文献中报道的二氧化钛基钙钛矿电池,正反扫相差较低,说明碘化铅薄膜能够降低碘化铅基钙钛矿电池的迟滞现象。

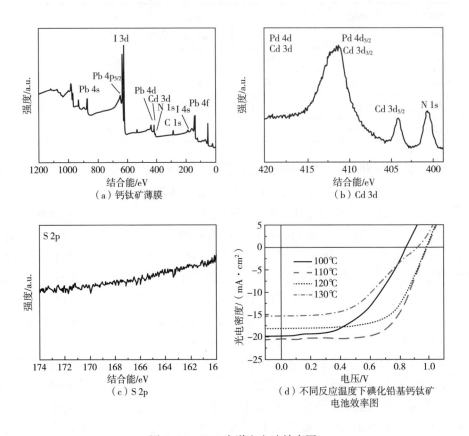

（a）钙钛矿薄膜　　　　　　　（b）Cd 3d

（c）S 2p　　　　　　（d）不同反应温度下碘化铅基钙钛矿
电池效率图

图 5-21　XPS 光谱和电池效率图

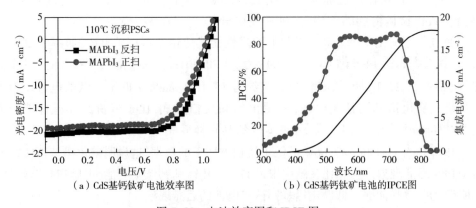

（a）CdS基钙钛矿电池效率图　　　　（b）CdS基钙钛矿电池的IPCE图

图 5-22　电池效率图和 IPCE 图

5.4 二氧化钛表面改性提高全无机钙钛矿太阳能电池性能的研究

5.4.1 研究背景

由于较长的载流子扩散长度、高载流子迁移率和可调谐带隙,无机钙钛矿 $CsPbX_3(X=I,Br,Cl)$ 已被证明是太阳能电池的理想材料,能够实现高功率转换效率。近年来,无机钙钛矿太阳能电池(PSCs)的效率已经超过 21.8%,其效率已经接近混合有机钙钛矿太阳能电池。值得注意的是,无机钙钛矿的高效率主要基于 $CsPbI_3$ 材料太阳能电池,因为 $CsPbI_3$ 材料带隙为 1.73eV,能够拓宽光吸收区域。然而,$CsPbI_3$ 材料很容易引起相变,从立方钙钛矿相转变为非钙钛矿相,因此在室温或湿度环境下会影响器件性能(效率和稳定性)。相比之下,以 $CsPbBr_3$ 为代表的溴基钙钛矿具有更宽的带隙(2.3eV),以及对湿度和温度的卓越稳定性,这使其能够实现具有长期稳定性高效太阳能电池的制备。近年来,$CsPbBr_3$ 基钙钛矿太阳能电池的效率已经提高到了 11.08%,同时器件的存储稳定性方面的表现极为出色。

目前,$CsPbBr_3$ 主要通过溶液过程和蒸发沉积法制备。如 Duan 等使用多次旋涂制备 $CsPbBr_3$ 钙钛矿薄膜,其中通过溴化铯(CsBr)和溴化铅($PbBr_2$)前驱体溶液制备出的器件光电转换效率达到了 9.7%。最近,Tong 等提出了在真空系统中进行顺序蒸发沉积的方法,通过控制溴化铯和溴化铅层的沉积速率和厚度,避免了溶剂的影响,制备出紧凑均匀的 $CsPbBr_3$ 薄膜,由此得到的器件光电转换效率高达 10.91%。此外,Li 等采用蒸发辅助沉积法制备 $CsPbBr_3$ 薄膜,其中首先通过旋涂沉积制备出溴化铅薄膜,然后进行溴化铯的蒸发沉积。$CsPbBr_3$ 太阳能电池表现出 10.45% 的高光电转换效率。类似地,Luo 等提出了一种溴蒸气辅助化学气相沉积方法,通过将 Br 离子引入 $CsPbI_3$ 中制备 $CsPbBr_3$ 薄膜,从而获得了性能优越的 $CsPbBr_3$ 太阳能电池,其光电转换效率为 5.38%。然而我们发现,无论是溶液法还是蒸发沉积法,均需要经过高温处理,温度均超过了 250℃。此外,钙钛矿太阳能电池的电子传输层一般是由氧化锡和二氧化钛构成,尽管氧化锡已被证明是一种有效的钙钛矿太阳能电池电子传输层,具有较高的载流子迁移率和深导带,但高温退火会严重损害氧化锡层的质量,导致钙钛矿太阳能电池中的缺陷和载流子复合增加,从而导致器件性能不佳。相比之下,二氧化钛不仅具有高载流子迁移率,而且在高温处理后(超过 400℃)能获得较高的结晶度,因此成为了 $CsPbBr_3$ 太阳能电池电子传输层的理想选择。然而,与商业氧化锡前体溶液相比,基于二氧化钛的钙钛矿表现出较大的滞后效应,阻碍了其在提高器件性能方面的进一步应用。

5.4.2　CsPbBr$_3$钙钛矿太阳能电池的制备(图5-23)

FTO衬底经过30min的洗涤。然后,用氮气吹干。在沉积二氧化钛薄膜之前,FTO衬底在紫外臭氧下处理1h。对于二氧化钛薄膜的沉积,通过将氯化钛(TiCl$_4$)溶液缓慢溶解到蒸馏水中合成2mol/L的水溶性氯化钛母液,在合成过程中,氯化钛母液在冰水混合物条件下持续搅拌(温度约为0℃),合成得到的氯化钛母液保持在低温条件下(温度≤10℃),然后,将合成的氯化钛母液稀释至0.2mol/L。在沉积二氧化钛薄膜之前,洗净的FTO衬底垂直放置在玻璃器皿中,向器皿中滴加300mL氯化钛溶液(0.2mol/L)作为溶剂。最后,将玻璃器皿放入烘箱,将烘箱温度设定为75℃,经过1h的持续加热,取出FTO衬底并超声处理5min。最后,将沉积有二氧化钛薄膜的FTO衬底放置在热板上,在450℃的高温下退火30min。通过蒸发沉积在FTO/二氧化钛衬底上制备CsPbBr$_3$钙钛矿薄膜。首先,将FTO/二氧化钛衬底放入真空室中,将溴化铯和溴化铅粉末放入蒸发舟中,将真空室抽至约10^{-4} Pa。然后,以约0.5Å/s的沉积速度依次在FTO/二氧化钛上沉积溴化铯和溴化铅,溴化铯和溴化铅的厚度分别为160nm和180nm。为了获得CsPbBr$_3$钙钛矿薄膜,将制备好的薄膜放置在热板上,在300℃下退火30min。最后,通过在CsPbBr$_3$钙钛矿薄膜上涂覆碳墨后,在70℃下烘烤2h,在其顶部沉积碳电极。以上所有的处理过程均在空气中进行。

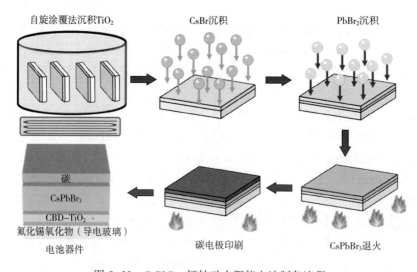

自旋涂覆法沉积TiO$_2$　　CsBr沉积　　PbBr$_2$沉积

碳
CsPbBr$_3$
CBD-TiO$_2$
氟化锡氧化物(导电玻璃)
电池器件　　　　碳电极印刷　　　　CsPbBr$_3$退火

图5-23　CsPbBr$_3$钙钛矿太阳能电池制备流程

5.4.3 CsPbBr₃钙钛矿太阳能电池的结构表征

为深入研究 CsPbBr₃ 钙钛矿薄膜,我们采用扫描电子显微镜和 X 射线衍射进行结构表征。从图 5-24(a)可以看出 CsPbBr₃ 钙钛矿薄膜在二氧化钛(TiO₂)/钾(K)和二氧化钛基板上显示出典型的 CsPbBr₃ 相。但是,二氧化钛/钾基板上的 CsPbBr₃ 钙钛矿薄膜显示出更强的衍射强度,表明引入钾离子可提高 CsPbBr₃ 钙钛矿薄膜的结晶度。同时,在图 5-24(b)和图 5-24(c)中观察到了均匀致密的钙钛矿薄膜,其中二氧化钛/钾基板上的 CsPbBr₃ 钙钛矿薄膜具有较大的晶粒尺寸(~500nm)和较高的结晶性,而二氧化钛基板上的钙钛矿薄膜晶粒尺寸较小(~300nm),这与 XRD 结果不一致。先前的研究表明,退火过程中,扩散到钙钛矿薄膜钾可以极大促进钙钛矿薄膜晶粒的生长并有效减少晶粒边界的数量。因此,二氧化钛/钾基板上 CsPbBr₃ 钙钛矿薄膜晶粒尺寸和结晶性的增加归因于钾离子的引入。

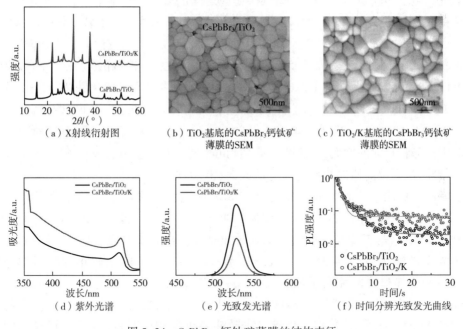

(a)X射线衍射图
(b)TiO₂基底的CsPbBr₃钙钛矿薄膜的SEM
(c)TiO₂/K基底的CsPbBr₃钙钛矿薄膜的SEM
(d)紫外光谱
(e)光致发光谱
(f)时间分辨光致发光曲线

图 5-24 CsPbBr₃钙钛矿薄膜的结构表征

此外,图 5-24(d)中显示了 CsPbBr₃ 钙钛矿薄膜的吸收谱,相比二氧化钛基板,沉积在二氧化钛/钾基板上的 CsPbBr₃ 薄膜具备更好的光吸收率,这是因为沉积在二氧化钛/钾基板上的 CsPbBr₃ 薄膜具有较大的晶粒尺寸和较高的结晶率,有助于提高太阳能电池中的光吸收和电流密度。图 5-24(e)和(f)显示了沉积在二氧化钛和二氧化钛/钾基板上的 CsPbBr₃ 薄膜的光致发光和寿命,相对于二氧化钛基板,沉积在二氧化钛/钾基板上的 $CsPbBr_3$ 薄膜具有较高的荧光淬灭效率,这表明二氧化钛/钾电子传输层具有更高的电子提取和载流子传输能力 。与此同时,经拟合后 $CsPbBr_3$ 钙钛矿薄膜的寿命显示出双指数函数关系[图 5-24(f)]。二氧化钛/钾基板上的 $CsPbBr_3$ 薄膜具有较短的寿命,说明了 $CsPbBr_3$ 钙钛矿薄膜到电子传输层的载流子提取速度较快,从而能够提高太阳能电池中的电流密度。

5.4.4 $CsPbBr_3$ 钙钛矿太阳能电池的光电性能测试

如图 5-25(a)所示,$CsPbBr_3$ 钙钛矿太阳能电池的形式是 FTO/二氧化钛/$CsPbBr_3$/碳。图中显示了 $CsPbBr_3$ 钙钛矿薄膜均匀地沉积在 FTO/二氧化钛基底的顶部,显示出较大的晶粒尺寸和致密的层状结构[图 5-25(b)],这种结构有助于入射光的吸收。与此同时,由于氯化钾的作用,二氧化钛/钾基板上的器件与原始二氧化钛基板上的太阳能电池相比显示出更好的能级匹配关系[图 5-25(c)],从而能够增强二氧化钛电子传输层与 $CsPbBr_3$ 钙钛矿薄膜之间的载流子传输能力,导致更快的载流子提取效率,提高 $CsPbBr_3$ 钙钛矿太阳能电池的电流密度和光电转换效率。为验证这一点,我们对 $CsPbBr_3$ 钙钛矿太阳能电池在 AM 1.5 G 照射下进行了电流密度电压($J-V$)的测量。图 5-25(d)和表 5-5 显示了在原始二氧化钛和二氧化钛/氯化钾电子传输层条件下的 $CsPbBr_3$ 太阳能电池的 $J-V$ 曲线和相应的参数。二氧化钛/钾器件具有较高的 PCE(9.49%)、V_{oc}(1.478 V)、J_{sc}(8.28 mA/cm^2)和 FF(77.5%),而原始二氧化钛器件的 PCE 为 8.91%、V_{oc} 为 1.444 V、J_{sc} 为 8.09 mA/cm^2、FF 为 76.3%,效率的提高主要归因于晶粒尺寸的增大,从而减小了 $CsPbBr_3$ 钙钛矿薄膜中的陷阱缺陷,有利于载流子传输,从而提高器件的性能。与此同时,滞后现象[滞后指数(HI)]也是评估器件性能的参数之一。原始的二氧化钛基太阳能电池呈现出较大的滞后现象($HI=1.26$),其中器件在正向扫描下的效率仅为 7.09%($V_{oc}=1.388$V,$J_{sc}=8.25$mA/cm^2 和 $FF=61.9\%$)。相反,基于二氧化钛/钾的太阳能电池显示出较小的滞后现象($HI=1.07$),PCE 为 8.89%、V_{oc} 为 1.443V、J_{sc} 为 8.39mA/cm^2、FF 为 73.4%。较小的滞后现象主要与电子传输层顶部钾离子的存在有关,钾离子在退火处理过程中可以扩散到钙钛矿薄膜中,从而能够降低器件的滞后现象 。性能最优器件的外量子效应光谱如图 5-25(e)所示,我们发现外量子效应在可见光区明显发生了增强,原因可归结为钙钛矿薄膜中缺陷态的减少以及太阳能电池中更快的载流子传输。

此外,通过 $J-V$ 测量评估了基于 15 个器件的 $CsPbBr_3$ 太阳能电池的平均效率。如图 5-26 和表 5-5 所示,二氧化钛/钾基器件显示出超过 8.74% 的平均效率,远高于二氧化钛/钾基器件的平均 PCE(8.06%)。除功率转换效率外,稳定性也是评估器件性能的重要参数。与混合钙钛矿和 $CsPbI_3$ 基太阳能电池在无封装环境中表现出的稳定性差、快速分解或相变不同,$CsPbBr_3$ 基太阳能电池在湿

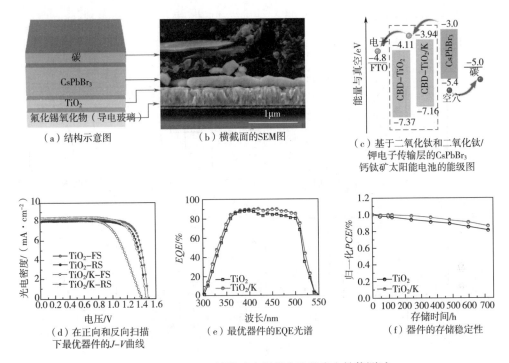

（a）结构示意图　　　　（b）横截面的SEM图　　（c）基于二氧化钛和二氧化钛/
钾电子传输层的CsPbBr₃
钙钛矿太阳能电池的能级图

（d）在正向和反向扫描　　　（e）最优器件的EQE光谱　（f）器件的存储稳定性
下最优器件的*J-V*曲线

图5-25　CsPbBr₃钙钛矿太阳能电池的光电性能测试

度环境和高温下表现出较好的存储稳定性。在这里,我们将二氧化钛/钾和二氧化钛/钾基 CsPbBr₃ 钙钛矿太阳能电池放置在环境中(相对湿度在室温下为40%~45%),没有任何封装,进行了 30 天(720h)的测试。二氧化钛/钾基太阳能电池仍然保持了 85% 的初始性能,相较于纯净的二氧化钛/钾基太阳能电池,显示出更好的存储稳定性,如图 5-26 所示。CsPbBr₃ 基太阳能电池稳定性的改善可以解释如下:①本工作中 CsPbBr₃ 钙钛矿薄膜的大晶粒尺寸有助于提高器件的存储稳定性。由于晶界处的应力存在以及晶界处有利于离子迁移,钙钛矿薄膜的分解通常从晶界处开始分解。二氧化钛/钾基板上的 CsPbBr₃ 钙钛矿薄膜,由于晶粒尺寸的增加表现出更少的晶界数量,与二氧化钛/钾基板上的 CsPbBr₃ 钙钛矿薄膜相比具有高晶界浓度的降解动力学。②器件中钾离子的存在降低了器件的滞后效应。由于钙钛矿的多晶金属和离子晶体特性表现出广泛的离子迁移,从而导致器件中的滞后效应。较大的滞后表示薄膜和太阳能电池中发生了严重的离子迁移,这将损害太阳能电池的稳定性。钾离子的引入可以有效降低滞后效应,避免了过多的离子迁移,这有助于太阳能电池的稳定性。

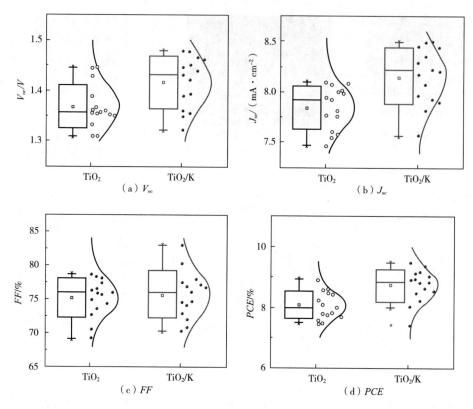

图 5-26 基于 15 个器件的二氧化钛基 CsPbBr₃ 太阳能电池和二氧化钛/钾基 CsPbBr₃
太阳能电池的性能统计分布

表 5-5 基于基于二氧化钛和二氧化钛/钾的太阳能电池参数

样品	扫描方向	电压/ V	电流密度/ ($mA \cdot cm^{-2}$)	填充因子/ %	效能/ %	HI
TiO_2	正扫描	1.388	8.25	61.9	7.09	1.26
TiO_2	反扫描	1.444	8.09	76.3	8.91	
TiO_2/K	正扫描	1.443	8.39	73.4	8.89	1.07
TiO_2/K	反扫描	1.478	8.28	77.5	9.49	

5.5 本章小结

在本章中,我们采用二步法制备了 MAPbI₃ 薄膜,在不同的退火温度下对样品进行了退火处理,对比研究了退火前后材料的结构以及电学性能及其输运机制。未退火及不同温度退火后 MAPbI$_3$ 薄膜的霍尔效应的测试表明,所有样品的电导率达到了 10^{-1} S/cm 量级。薄膜中浅能级缺陷态将费米能级钉扎在靠近导带底附近,这可能是获得高电导率的原因。同时,我们发现 145℃ 退火后材料的霍尔迁移率 $[4cm^2/(V \cdot s)]$ 高于未退火和 120℃ 退火后的样品。我们结合了样品的结构表征,通过对其时间荧光分辨率光谱和变温霍尔迁移率的研究发现样品在高温退火后($>$145℃)有少量碘化铅的析出,析出的碘化铅钝化了薄膜中的晶粒间界,降低了晶界势垒高度,导致了霍尔迁移率的提高。退火前后材料输运机制的研究表明,在 20~400K 时退火前后的 MAPbI$_3$ 薄膜存在 3 种输运机制,分别是 20~80K 的 Mott 变程跳跃传导,80~200K 的多声子辅助跳跃传导以及 300~400K 的热激活传导。退火前后材料输运过程中散射机制的研究表明,MAPbI$_3$ 薄膜中的散射机制在退火前是晶界散射机制占主导,而 145℃ 退火后散射机制则主要是声学声子散射。

在本章中我们采用物理化学气相法(PCVD)制备的硫化镉基钙钛矿薄膜电池具有多方面的优势,主要体现在以下 4 个方面。

(1)PCVD 工艺实现原位生长:通过在硫化镉电子传输层上采用 PCVD 工艺,先后沉积碘化铅和 MAI,实现了钙钛矿薄膜的原位生长。这一过程可有效降低薄膜表面粗糙度和缺陷,形成致密的钙钛矿薄膜,从而抑制孔洞的产生,减小复合中心,有助于电荷的传输和提取。

(2)硫化镉薄膜在 FTO 基片上沉积:硫化镉薄膜沉积在导电玻璃(FTO)基片上,能够钝化 FTO 表面的缺陷态。相较于其他电子传输层材料如二氧化钛、氧化锡,硫化镉薄膜本身不含氧空位,避免了钙钛矿和电子传输层界面的缺陷态。

(3)硫化镉晶粒生长提高薄膜致密性:在化学气相沉积 MAI 的过程中,硫化镉基片在一定温度下,使硫化镉晶粒逐渐生长,进一步增加硫化镉薄膜的致密性,提高其导电性能。

(4)PCVD 反应在真空系统中进行:PCVD 反应过程在真空系统中进行,相较于传统的溶液法,这一工艺确保了钙钛矿薄膜免受溶剂的破坏。同时,避免了溶液反应中存在的亚稳态,有利于钙钛矿的结晶和生长。

以上特点使 PECVD 制备的硫化镉基钙钛矿薄膜电池在薄膜质量和电池性能方面均取得了显著的优势,为提高光伏器件的效率和稳定性提供了一种可行的途径。

在本章中,我们开发了一种创新的化学浴沉积法,这种创新的化学浴沉积法在钙钛矿太阳能电池中引入二氧化钛作为电子传输层,同时引入氯化钾作为缓冲层的策略,展现了令人印象深刻的性能和稳定性。以下是该技术的主要特点。

(1)二氧化钛作为电子传输层:引入二氧化钛作为电子传输层是提高太阳能电池性能的一项关键步骤。二氧化钛能够有效地传输电子,提高电池的电荷传输效率,同时作为钙钛矿薄膜的支撑层,有助于维持薄膜结构的稳定性。

(2)氯化钾缓冲层的引入:引入氯化钾作为缓冲层不仅有助于提高二氧化钛薄膜的质量,还有助于缓解钙钛矿太阳能电池中的滞后现象。这种策略性的钾离子添加有助于改善钙钛矿材料的结晶质量,提高电池性能。

(3)无空穴传输 CsPbBr₃ 钙钛矿太阳能电池:通过将这一方法与碳印刷技术结合,成功制备了无空穴传输的 CsPbBr₃ 钙钛矿太阳能电池。这意味着电子和空穴都能够高效传输,提高了电池的整体效率。

(4)优异的性能和存储稳定性:通过这一技术,所制备的钙钛矿太阳能电池取得了令人印象深刻的最优效率,达到了 9.49%。同时,在环境条件下展现出卓越的存储稳定性,性能在 30 天内保持不变,表明这种方法具有良好的实用性和稳定性。

总体而言,这种创新的化学浴沉积法结合二氧化钛电子传输层和氯化钾缓冲层的引入,以及与碳印刷技术的结合,为钙钛矿太阳能电池的性能提升和稳定性改善提供了一种有效的途径。

参考文献

[1] 张天恺,于涛,邹志刚. 高效钙钛矿太阳能电池研究进展[J],物理,2015,44:315-321.

[2] Cheng Z, Lin J. Layered organic-inorganic hybrid perovskites:structure, optical properties, film preparation, patterning and templating engineering [J]. Cryst Eng Comm, 2010, 12 (10):2646.

[3] Ishihara T, Takahashi J, Goto T. Exciton state in two-dimensional perovskite semiconductor (C₁₀H₂₁NH₃)₂PbI₄[J]. Solid State Communications, 1989, 69(9):933-936.

[4] Mitzi D B, Feild C A, Harrison W T A, et al. Conducting tin halides with a layered organic-based perovskite structure[J]. Nature, 1994, 369(6480):467-469.

[5] Mitzi D B. Synthesis, crystal structure, and optical and thermal properties of (C₄H₉NH₃)₂MI₄ (M=Ge, Sn, Pb)[J]. Chemistry of Materials, 1996, 8(3):791-800.

[6] Umebayashi T, Asai K, Kondo T, et al. Electronic structures of lead iodide based low-dimensional crystals[J]. Physical Review B, 2003, 67(15):155405.

[7] Kojima A, Teshima K, Shirai Y, et al. Organometal halide perovskites as visible-light sensitizers for photovoltaic cells[J]. Journal of the American Chemical Society, 2009, 131(17):6050-6051.

[8] Kim H S, Lee C R, Im J H, et al. Lead iodide perovskite sensitized all-solid-state submicron thin film mesoscopic solar cell with efficiency exceeding 9%[J]. Scientific Reports, 2012, 2 (1):591.

[9] Liu M, Johnston M B, Snaith H J. Efficient planar heterojunction perovskite solar cells

by vapour deposition[J]. Nature,2013,501(7467):395-398.

[10]Bai S,Wu Z W,Wu X J,et al. High-performance planar heterojunction perovskite solar cells:Preserving long charge carrier diffusion lengths and interfacial engineering[J]. Nano Research,2014,7(12):1749-1758.

[11]Yang W S,Noh J H,Jeon N J,et al. High-performance photovoltaic perovskite layers fabricated through intramolecular exchange[J]. Science,2015,348(6240):1234-1237.

[12]Bi D, Yi C, Luo J, et al. Polymer-templated nucleation and crystal growth of perovskite films for solar cells with efficiency greater than 21%[J]. Nature Energy, 2016,1(10):16142.

[13]Snaith H J. Perovskites:the emergence of a new era for low-cost,high-efficiency solar cells[J]. The Journal of Physical Chemistry Letters,2013,4(21):3623-3630.

[14]Yang G, Tao H, Qin P L, et al. Recent progress in electron transport layers for efficient perovskite solar cells[J]. Journal of Materials Chemistry A,2016,4(11): 3970-3990.

[15]Zhang H Y,Shi J J,Xu X,et al. Mg-doped TiO$_2$ boosts the efficiency of planar perovskite solar cells to exceed 19%[J]. Journal of Materials Chemistry A,2016,4(40):15383-15389.

[16]Correa Baena J P,Steier L,TRESS W,et al. Highly efficient planar perovskite solar cells through band alignment engineering[J]. Energy & Environmental Science,2015,8(10): 2928-2934.

[17]Bella F, Griffini G, Correa-Baena J P, et al. Improving efficiency and stability of perovskite solar cells with photocurable fluoropolymers [J]. Science, 2016, 354 (6309):203-206.

[18]Lee J H,Kim J,Kim T Y,et al. All-in-one energy harvesting and storage devices [J]. Journal of Materials Chemistry A,2016,4(21):7983-7999.

[19]Lai W C, Lin K W, Guo T F, et al. Conversion efficiency improvement of inverted CH$_3$NH$_3$PbI$_3$ perovskite solar cells with room temperature sputtered ZnO by adding the C$_{60}$ interlayer[J]. Applied Physics Letters,2015,107(25).

[20]Wojciechowski K,Saliba M,Leijtens T,et al. Sub-150 degree C processed meso-superstructured perovskite solar cells with enhanced efficiency [J]. Energy and Environmental Science,2014,7(3):1142-1147.

[21]Chen Q, De Marco N,Yang Y M,et al. Under the spotlight:The organic-inorganic hybrid halide perovskite for optoelectronic applications [J]. Nano Today, 2015, 10 (3):355-396.

[22]Luo Q,Zhang Y,Liu C Y,et al. Iodide-reduced graphene oxide with dopant-free spiro-

OMeTAD for ambient stable and high-efficiency perovskite solar cells[J]. Journal of Materials Chemistry A,2015,3(31):15996-16004.

[23]Lv M,Zhu J,Huang Y,et al. Colloidal CuInS₂ quantum dots as inorganic hole-transporting material in perovskite solar cells[J]. ACS Applied Materials & Interfaces,2015,7(31): 17482-17488.

[24]Liu Z H,Zhang M,Xu X B,et al. NiO nanosheets as efficient top hole transporters for carbon counter electrode based perovskite solar cells[J]. Journal of Materials Chemistry A,2015,3(47):24121-24127.

[25]Wehrenfennig C,Eperon G E,Johnston M B,et al. High charge carrier mobilities and lifetimes in organolead trihalide perovskites[J]. Advanced Materials,2014,26(10).

[26]Wang B,Xiao X,Chen T. Perovskite photovoltaics:A high-efficiency newcomer to the solar cell family[J]. Nanoscale,2014,6(21):12287-12297.

[27]Burschka J, Pellet N, Moon S J, et al. Sequential deposition as a route to high-performance perovskite-sensitized solar cells[J]. Nature,2013,499(7458):316-319.

[28]Zhou Z M, Pang S P, Liu Z H, et al. Interface engineering for high-performance perovskite hybrid solar cells[J]. Journal of Materials Chemistry A, 2015, 3(38): 19205-19217.

[29]Hu X,Zhang X,Liang L,et al. High-performance flexible broadband photodetector based on organolead halide perovskite[J]. John Wiley & Sons,Ltd,2014,24:7373-7380.

[30]Fang Y,Hucng J. Resolving Weak light of sub-picowatt per square centimeter by hybrid perovskite photodetectors enabled by noise reduction[J]. Advanced Materials,2015,27: 2824-2810.

[31]Deng W,Zhang X,Huang L,et al. Aligned single-crystalline perovskite microwire arrays for high-performance flexible image sensors with long-term stability [J]. Advanced Materials,2016,28(11):2201-2208.

[32]Dou L T,Yang Y,You J B,et al. Solution-processed hybrid perovskite photodetectors with high detectivity[J]. Nature Communications,2014,5:5404.

[33]Guo Y L, Liu C, Tanaka H, et al. Air-stable and solution-processable perovskite photode-tectors for solar-blind UV and visible light [J]. The Journal of Physical Chemistry Letters,2015,6(3):535-539.

[34]Jaramillo-Quintero O A,Sanchez R S,Rincon M,et al. Bright visible-infrared light emitting diodes based on hybrid halide perovskite with spiro-OMeTAD as a hole-injecting layer[J]. The Journal of Physical Chemistry Letters,2015,6(10):1883-1890.

[35]Tan Z K,Moghaddam R S,Lai M L,et al. Bright light-emitting diodes based on

organometal halide perovskite[J]. Nature nanotechnology,2014,9(9):687-692.

[36]Zhang Q,Ha S T,Liu X F,et al. Room-temperature near-infrared high-Q perovskite whispering-gallery planar nanolasers[J]. Nano Letters,2014,14(10):5995-6001.

[37]Deschler F,Price M,Pathak S,et al. High photoluminescence efficiency and optically pumped lasing in solution-processed mixed halide perovskite semiconductors[J]. The Journal of Physical Chemistry Letters,2014,5(8):1421-1426.

[38]Chen C W,Kang H W,Hsiao S Y,et al. Efficient and uniform planar-type perovskite solar cells by simple sequential vacuum deposition[J]. Advanced Materials, 2014, 26 (38):6647-6652.

[39]Kim Y H, Cho H, Heo J H, et al. Multicolored organic/inorganic hybrid perovskite light-emitting diodes[J]. Advanced Materials,2015,27(7):1248-1254.

[40]Yu J C,Kim D B,Baek G,et al. High-performance planar perovskite optoelectronic devices: a morphological and interfacial control by polar solvent treatment[J]. Advanced materials , 2015,27(23):3492-500.

[41]Liu X,Niu L,Wu C,et al. Periodic organic-inorganic halide perovskite microplatelet arrays on silicon substrates for room-temperature lasing[J]. Advanced Science, 2016,3(11):1600137.

[42]Zhang Q, Su R, Liu X, et al. High-quality whispering-gallery-mode lasing from cesium lead halide perovskite Nanoplatelets[J]. Advanced Functional Materials, 2016,26(34):6238-6245.

[43]Chin X Y, Cortecchia D, Yin J, et al. Lead iodide perovskite light-emitting field-effect transistor[J]. Nature communications,2015,6(1):7383.

[44]Wang Y, Bai S, Cheng L, et al. High-efficiency flexible solar cells based on organometal halide perovskites[J]. Advanced Materials,2016,28(22):4532-4540.

[45]Susrutha B,Giribabu L,Singh S P. Recent advances in flexible perovskite solar cells [J]. Chemical Communications,2015,51(79):14696-14707.

[46]Yoon H,Kang S M,Lee J K,et al. Hysteresis-free low-temperature-processed planar perovskite solar cells with 19.1% efficiency[J]. Energy & Environmental Science,2016,9 (7):2262-2266.

[47]Lee M,Jo Y,Kim D S,et al. Efficient, durable and flexible perovskite photovoltaic devices with Ag-embedded ITO as the top electrode on a metal substrate[J]. Journal of Materials Chemistry A,2015,3(28):14592-14597.

[48] Brivio F, Butler K T, Walsh A, et al. Relativistic quasiparticle self-consistent electronic structure of hybrid halide perovskite photovoltaic absorbers[J]. Physical

Review B,2014,89(15):155204.

[49]Aulbur W G,Jönsson L,Wilkins J W. Quasiparticle calculations in solids[J]. Solid state physics (New York. 1955),2000,54:1–218.

[50]De Wolf S,Holovsky J,Moon S J,et al. Organometallic halide perovskites:Sharp optical absorption edge and its relation to photovoltaic performance[J]. The Journal of Physical Chemistry Letters,2014,5(6):1035–1039.

[51]Marcus Bär,Weinhardt L,Heske C. Advanced characterization techniques for thin film solar cells[M]. Weinheim,Germany:Wiley–Vch,2011.

[52]D'innocenzo V,Grancini G,Alcocer M J P,et al. Excitons versus free charges in organo–lead tri–halide perovskites[J]. Nature Communications,2014,5(1):3586.

[53]Tanaka K,Takahashi T,Ban T,et al. Comparative study on the excitons in lead–halide–based perovskite–type crystals CH$_3$NH$_3$PbBr$_3$ CH$_3$NH$_3$PbI$_3$[J]. Solid State Communications,2003,127(9/10):619–623.

[54]Hirasawa M,Ishihara T,Goto T. Exciton features in 0–,2–,and 3–dimensional networks of [PbI$_6$]$_4$–Octahedra[J]. Journal of the Physical Society of Japan,1994,63(10):3870–3879.

[55]Saba M,Cadelano M,Marongiu D,et al. Correlated electron–hole plasma in organometal perovskites[J]. Nature Communications,2014,5(1):5049.

[56]Yamada Y,Nakamura T,Endo M,et al. Photoelectronic responses in solution–processed perovskite CH$_3$NH$_3$PbI$_3$ solar cells studied by photoluminescence and photoabsorption spectroscopy[J]. IEEE journal of photovoltaics,2015(1).

[57]Tvingstedt K,Malinkiewicz O,Baumann A,et al. Radiative efficiency of lead iodide based perovskite solar cells[J]. Scientific Reports,2014,4(1):6071.

[58]Tress W,Marinova N,Inganäs O,et al. Predicting the open–circuit voltage of CH$_3$NH$_3$PbI$_3$ perovskite solar cells using electroluminescence and photovoltaic quantum efficiency spectra:the role of radiative and non–radiative recombination [J]. Advanced Energy Materials,2015,5(3):1400812.

[59]Sadhanala A,Deschler F,Thomas T H,et al. Preparation of single–phase films of CH$_3$NH$_3$Pb(I$_1$–xBr$_x$)$_3$ with sharp optical band edges[J]. The Journal of Physical Chemistry Letters,2014,5(15):2501–2505.

[60]Dong Q,Fang Y,Shao Y,et al. Electron–hole diffusion lengths > 175μm in solution–grown CH$_3$NH$_3$PbI$_3$ single crystals[J]. Science,2015,347(6225):967–70.

[61]Shi D,Adinolfi V,Comin R,et al. Low trap–state density and long carrier diffusion in organolead trihalide perovskite single crystals [J]. American Association for the Advancement of Science,2015,347(6221):519–522.

［62］Saidaminov M I,Abdelhady A L,Murali B,et al. High-quality bulk hybrid perovskite single crystals within minutes by inverse temperature crystallization［J］. Nature Communications,2015,6(7586):7586.

［63］Duan H S,Zhou H P,Chen Q,et al. The identification and characterization of defect states in hybrid organic-inorganic perovskite photovoltaics［J］. Physical Chemistry Chemical Physics,2015,17(1):112-116.

［64］Samiee M,Konduri S,Ganapathy B,et al. Defect density and dielectric constant in perovskite solar cells［J］. Applied Physics Letters,2014,105(15):153502.

［65］Baumann A,Väth S,Rieder P,et al. Identification of trap states in perovskite solar cells［J］. The Journal of Physical Chemistry Letters,2015,6(12):2350-2354.

［66］Barnea-Nehoshtan L,Kirmayer S,Edri E,et al. Surface photovoltage spectroscopy study of organo-lead perovskite solar cells［J］. The Journal of Physical Chemistry Letters,2014,5(14):2408-2413.

［67］Xing G,Mathews N,Lim S S,et al. Low-temperature solution-processed wavelength-tunable perovskites for lasing［J］. Nature Materials,2014,13(5):476-480.

［68］Hutter E M,Eperon G E,Stranks S D,et al. Charge carriers in planar and meso-structured organic-inorganic perovskites:Mobilities, lifetimes, and concentrations of trap states［J］. The Journal of Physical Chemistry Letters,2015,6(15):3082-3090.

［69］Manser J S,Kamat P V. Band filling with free charge carriers in organometal halide perovskites［J］. Nature Photonics,2014,8(9):737-743.

［70］Walsh A,Scanlon D O,Chen S,et al. Self-regulation mechanism for charged point defects in hybrid halide perovskites［J］. Angewandte Chemie,2015,127.

［71］Stranks S D,Snaith H J. Metal-halide perovskites for photovoltaic and light-emitting devices［J］. Nature Nanotechnology,2015,10(5):391-402.

［72］Huang J S,Shao Y C,Dong Q F. Organometal trihalide perovskite single crystals:A next wave of materials for 25% efficiency photovoltaics and applications beyond?［J］. The Journal of Physical Chemistry Letters,2015,6(16):3218-3227.

［73］Edri E,Kirmayer S,Mukhopadhyay S,et al. Elucidating the charge carrier separation and working mechanism of $CH_3NH_3PbI_3-xCl_x$ perovskite solar cells［J］. Nature Communications,2014,5:3461.

［74］Edri E, Kirmayer S, Henning A, et al. Why lead methylammonium tri-iodide perovskite-based solar cells require a mesoporous electron transporting scaffold (but not necessarily a hole conductor)［J］. Nano Letters,2014,14(2):1000-1004.

［75］Yun J S,Ho-Baillie A,Huang S J,et al. Benefit of grain boundaries in organic-inorganic halide planar perovskite solar cells[J]. The Journal of Physical Chemistry Letters,2015,6(5):875-880.

[76] Quilettes D W,Vorpahl S M,Stranks S D,et al. Solar cells. Impact of microstructure on local carrier lifetime in perovskite solar cells[J]. Science,2015,348(6235).

[77] Yang B,Dyck O,Poplawsky J,et al. Perovskite solar cells with near 100% internal quantum efficiency based on large single crystalline grains and vertical bulk heterojunctions [J]. Journal of the American Chemical Society,2015,137(29):9210-9213.

[78] Nie W,Tsai H,Asadpour R,et al. High-efficiency solution-processed perovskite solar cells with millimeter-scale grains[J]. Science,2015,347(6221):522-5.

[79] Cahen D,Abecassis D,Soltz D. Doping of copper indium selenide(CuInSe$_2$) crystals: Evidence for influence of thermal defects[J]. Chemistry of Materials,1989,1(2): 202-207.

[80] Dharmadasa I M,Chaure N B,Tolan G J,et al. Development of p$^+$,p,i,n,and n$^+$-type CuInGaSe$_2$ layers for applications in graded bandgap multilayer thin-film solar cells[J]. Journal of the Electrochemical Society,2007,154(6):H466.

[81] Abate A,Saliba M,Hollman D J,et al. Supramolecular halogen bond passivation of organic-inorganic halide perovskite solar cells[J]. Nano Letters,2014,14(6): 3247-3254.

[82] 童国庆. 化学气相—溶液法钙钛矿薄膜制备及其光电器件研究[D]. 南京:南京大学,2018.

[83] Savenije T J,Ponseca C S Jr,Kunneman L,et al. Thermally activated exciton dissociation and recombination control the carrier dynamics in organometal halide perovskite[J]. The Journal of Physical Chemistry Letters,2014,5(13):2189-2194.

[84] Stranks S D,Eperon G E,Grancini G,et al. Electron-hole diffusion lengths exceeding 1 micrometer in an organometal trihalide perovskite absorber[J]. Ence,2013,342 (6156):341-344.

[85] Xing G,Mathews N,Sun S,et al. Long-range balanced electron-and hole-transport lengths in organic-inorganic CH$_3$NH$_3$PbI$_3$[J]. Science,2013,342(6156):344-347.

[86] Oga H,Saeki A,Ogomi Y,et al. Improved understanding of the electronic and energetic landscapes of perovskite solar cells: High local charge carrier mobility, reduced recombination,and extremely shallow traps[J]. Journal of the American Chemical Society, 2014,136(39):13818-13825.

[87] Milot R L,Eperon G E,Snaith H J,et al. Temperature-dependent charge-carrier dynamics in CH$_3$NH$_3$PbI$_3$ perovskite thin films[J]. Advanced Functional Materials,2015,

25(39).

[88] Karakus M, Jensen S A, D'angelo F, et al. Phonon − electron scattering limits free charge mobility in methylammonium lead iodide perovskites[J]. The Journal of Physical Chemistry Letters, 2015, 6(24):4991−4996.

[89] Brenner T M, Egger D A, Rappe A M, et al. Are mobilities in hybrid organic − inorganic halide perovskites actually "high"?[J]. The Journal of Physical Chemistry Letters, 2015, 6(23):4754−4757.

[90] Zhu X Y, Podzorov V. Charge carriers in hybrid organic−inorganic lead halide perovskites might be protected as large polarons[J]. The Journal of Physical Chemistry Letters, 2015, 6(23):4758−4761.

[91] Bi D, Tress W, Dar M I, et al. Efficient luminescent solar cells based on tailored mixed−cation perovskites[J]. Science Advances, 2016, 2(1):e1501170.

[92] Cao D H, Stoumpos C C, Malliakas C D, et al. Remnant PbI_2, an unforeseen necessity in high−efficiency hybrid perovskite−based solar cells?[J]. Apl Materials, 2014, 2(9).

[93] Chen Q, Zhou H P, Song T B, et al. Controllable self−induced passivation of hybrid lead iodide perovskites toward high performance solar cells[J]. Nano Letters, 2014, 14(7):4158−4163.

[94] Nakayashiki S, Daisuke H, Ogomi Y, et al. Interface structure between titania and perovskite materials observed by quartz crystal microbalance system[J]. Journal of Photonics for Energy, 2015, 5(1):057410.

[95] Calloni A, Abate A, Bussetti G, et al. Stability of organic cations in solution−processed $CH_3NH_3PbI_3$ perovskites: Formation of modified surface layers[J]. The Journal of Physical Chemistry C, 2015, 119(37):21329−21335.

[96] Jacobsson T J, Correa−Baena J P, Halvani Anaraki E, et al. Unreacted PbI_2 as a double−edged sword for enhancing the performance of perovskite solar cells[J]. Journal of the American Chemical Society, 2016, 138(32):10331−10343.

[97] Roldán−Carmona C, Gratia P, Zimmermann I, et al. High efficiency methylam-monium lead triiodide perovskite solar cells: The relevance of non − stoichiometric precursors[J]. Energy & Environmental Science, 2015, 8(12):3550−3556.

[98] Wang S, Dong W, Fang X, et al. Credible evidence for the passivation effect of remnant PbI_2 in $CH_3NH_3PbI_3$ films in improving the performance of perovskite solar cells[J]. Nanoscale, 2016, 8(12):6600−6608.

[99] Supasai T, Rujisamphan N, Ullrich K, et al. Formation of a passivating $CH_3NH_3PbI_3/PbI_2$

interface during moderate heating of $CH_3NH_3PbI_3$ layers［J］. Applied Physics Letters, 2013,103(18):1739.

［100］Liu F,Dong Q,Wong M K,et al. Is excess PbI_2 beneficial for perovskite solar cell performance?［J］. Advanced Energy Materials,2016,6(7):1502206.

［101］Eperon G E,Burlakov V M,Docampo P,et al. Morphological control for high performance, solution-processed planar heterojunction perovskite solar cells［J］. Wiley,2014,24(1): 151-157.

［102］Chen Q,Zhou H P,Hong Z R,et al. Planar heterojunction perovskite solar cells via vapor-assisted solution process［J］. Journal of the American Chemical Society, 2014,136(2):622-625.

［103］Abou-Ras D,Kirchartz T,Rau U. Advanced characterization techniques for thin film solar cells［M］. Weinheim:Wiley-VCH Verlag,2011.

［104］Chatterjee S,Pal A J. Introducing Cu_2O thin films as a hole-transport layer in efficient planar perovskite solar cell structures［J］. 2016,120(3):1428-1437.

［105］Shi J,Wei H,Lv S,et al. Control of charge transport in the perovskite $CH_3NH_3PbI_3$ thin film［J］. Chemphyschem:A European journal of chemical physics and physical chemistry,2015,16(4):842-847.

［106］Chen Y N,Peng J J,Su D Q,et al. Efficient and balanced charge transport revealed in planar perovskite solar cells［J］. ACS Applied Materials & Interfaces,2015,7 (8):4471-4475.

［107］Bi C,Shao Y,Yuan Y,et al. Understanding the formation and evolution of interdiffusion grown organolead halide perovskite thin films by thermal annealing［J］. Journal of Materials Chemistry A,2014,2(43):18508-18514.

［108］Collavini S,Völker S F,Delgado J L. Understanding the outstanding power conversion efficiency of perovskite-based solar cells［J］. Angewandte Chemie International Edition, 2015,54(34):9757-9759.

［109］Snaith H J,Abate A,Ball J M,et al. Anomalous hysteresis in perovskite solar cells［J］. The Journal of Physical Chemistry Letters,2014,5(9):1511-1515.

［110］Miyata A,Mitioglu A,Plochocka P,et al. Direct measurement of the exciton binding energy and effective masses for charge carriers in organic-inorganic tri-halide perovskites［J］. Nature Physics,2015,11(7):582-587.

［111］Hu M,Bi C,Yuan Y,et al. Distinct exciton dissociation behavior of organolead trihalide perovskite and excitonic semiconductors studied in the same system ［J］. Small,2015,11 (18).

［112］Das D,Sain B. Electrical transport phenomena prevailing in undoped nc–Si／a–SiN$_x$：H thin films prepared by inductively coupled plasma chemical vapor deposition［J］. Journal of Applied Physics,2013,114(7) :073708.

［113］Zabrodskii A G. The Coulomb gap：The view of an experimenter［J］. Philosophical Magazine B,2001,81(9):1131–1151.

［114］Concari S B,Buitrago R H. Hopping mechanism of electric transport in intrinsic and p–doped nanocrystalline silicon thin films［J］. Journal of Non–Crystalline Solids,2004,338／339／340:331–335.

［115］Shimakawa K. Multiphonon hopping of electrons on defect clusters in amorphous germanium［J］. Physical Review B,1989,39(17):12933–12936.

［116］Wienkes L R, Blackwell C, Kakalios J. Electronic transport in doped mixed–phase hydrogenated amorphous／nanocrystalline silicon thin films［J］. Applied Physics Letters,2012,100(7).

［117］Mott N F. Conduction in non–crystalline materials［J］. Philosophical Magazine,1969,19(160):835–852.

［118］Gunawan O, Todorov T K, Mitzi D B. Loss mechanisms in hydrazine–processed Cu$_2$ZnSn(Se,S)$_4$ solar cells［J］. Applied Physics Letters,2010,97(23).

［119］Ponseca C S Jr,Savenije T J,Abdellah M,et al. Organometal halide perovskite solar cell materials rationalized：Ultrafast charge generation, high and microsecond–long balanced mobilities,and slow recombination［J］. Journal of the American Chemical Society,2014,136(14):5189–5192.

［120］Zhao Y,Zhu K. Organic–inorganic hybrid lead halide perovskites for optoelectronic and electronic applications ［J］. Chemical Society reviews,2016,45(3):655–689.

［121］Marchioro A,Teuscher J,Friedrich D,et al. Unravelling the mechanism of photoinduced charge transfer processes in lead iodide perovskite solar cells［J］. Nature Photonics,2014,8(3):250–255.

［122］Im J H,Lee C R,Lee J W,et al. 6. 5% efficient perovskite quantum–dot–sensitized solar cell［J］. Nanoscale,2011,3(10):4088–4093.

［123］Ke W J,Fang G J,Liu Q,et al. Low–temperature solution–processed tin oxide as an alternative electron transporting layer for efficient perovskite solar cells［J］. Journal of the American Chemical Society,2015,137(21):6730–6733.

［124］Wang X, Deng L L, Wang L Y, et al. Cerium oxide standing out as an electron transport layer for efficient and stable perovskite solar cells processed at low temperature［J］. Journal of Materials Chemistry A,2017,5(4):1706–1712.

[125] Wang K, Shi Y T, Dong Q S, et al. Low-temperature and solution-processed amorphous WOX as electron-selective layer for perovskite solar cells[J]. The Journal of Physical Chemistry Letters, 2015, 6(5):755-759.

[126] Qin M C, Ma J J, Ke W J, et al. Perovskite solar cells based on low-temperature processed indium oxide electron selective layers[J]. ACS Applied Materials & Interfaces, 2016, 8(13):8460-8466.

[127] Liu J, Gao C, Luo L Z, et al. Low-temperature, solution processed metal sulfide as an electron transport layer for efficient planar perovskite solar cells[J]. Journal of Materials Chemistry A, 2015, 3(22):11750-11755.

[128] Hwang I, Baek M, Yong K. Core/shell structured TiO_2/CdS electrode to enhance the light stability of perovskite solar cells[J]. ACS Applied Materials & Interfaces, 2015, 7(50):27863-27870.

[129] Hwang I, Yong K. Novel CdS hole-blocking layer for photostable perovskite solar cells[J]. ACS Applied Materials & Interfaces, 2016, 8(6):4226-4232.

[130] Leyden M R, Ono L K, Raga S R, et al. High performance perovskite solar cells by hybrid chemical vapor deposition[J]. Journal of Materials Chemistry A, 2014, 2(44):18742-18745.

[131] Dunlap-Shohl W A, Younts R, Gautam B, et al. Effects of Cd diffusion and doping in high-performance perovskite solar cells using CdS as electron transport layer[J]. The Journal of Physical Chemistry C, 2016, 120(30):16437-16445.

[132] Wang Z, Tian Q, Zhang H, et al. Managing multiple halide-related defects for efficient and stable inorganic perovskite solar cells[J]. Angewandte Chemie, 2023, 135(30):e202305815.

[133] Duan J L, Xu H Z, Sha W E I, et al. Inorganic perovskite solar cells: An emerging member of the photovoltaic community[J]. Journal of Materials Chemistry A, 2019, 7(37):21036-21068.

[134] Wang J, Che Y, Duan Y, et al. 21.15%-efficiency and stable γ-$CsPbI_3$ perovskite solar cells enabled by an acyloin ligand[J]. Advanced Materials, 2023, 35(12):2210223.

[135] Wang Y, Dar M I, Ono L K, et al. Thermodynamically stabilized β-$CsPbI_3$-based perovskite solar cells with efficiencies >18%[J]. Science, 2019, 365(6453):591-595.

[136] Wang Y, Liu X M, Zhang T Y, et al. The role of dimethylammonium iodide in $CsPbI_3$ perovskite fabrication: Additive or dopant?[J]. Angewandte Chemie, 2019, 131(46):16844-16849.

［137］Li H，Tong G Q，Chen T T，et al. Interface engineering using a perovskite derivative phase for efficient and stable CsPbBr₃ solar cells［J］. Journal of Materials Chemistry A，2018,6(29):14255-14261.

［138］Zhou Q，Duan J，Du J，et al. Tailored lattice "tape" to confine tensile interface for 11.08%-efficiency all-inorganic CsPbBr₃ perovskite solar cell with an ultrahigh voltage of 1.702V［J］. Advanced Science,2021,8(19):2101418.

［139］Duan J，Zhao Y，Yang X，et al. Lanthanide ions doped CsPbBr₃ halides for HTM-free 10.14%-efficiency inorganic perovskite solar cell with an ultrahigh open-circuit voltage of 1.594 V［J］. Advanced Energy Materials,2018,8(31):1802346.

［140］Tong G，Chen T，Li H，et al. Phase transition induced recrystallization and low surface potential barrier leading to 10.91%-efficient CsPbBr₃ perovskite solar cells［J］. Nano energy,2019,65:104015.

［141］Duan J L，Zhao Y Y，He B L，et al. High-purity inorganic perovskite films for solar cells with 9.72% efficiency［J］. Angewandte Chemie International Edition,2018,57(14):3787-3791.

［142］Li X，Tan Y，Lai H，et al. All-inorganic CsPbBr₃ perovskite solar cells with 10.45% efficiency by evaporation-assisted deposition and setting intermediate energy levels［J］. ACS Applied Materials & Interfaces,2019,11(33):29746-29752.

［143］Luo P F，Zhou Y G，Zhou S W，et al. Fast anion-exchange from CsPbI₃ to CsPbBr₃ via Br₂-vapor-assisted deposition for air-stable all-inorganic perovskite solar cells［J］. Chemical Engineering Journal,2018,343:146-154.

［144］Zhang T，He Q，Yu J，et al. Recent progress in improving strategies of inorganic electron transport layers for perovskite solar cells［J］. Nano Energy,2022.

［145］Gong J，Cui Y，Li F，et al. Progress in surface modification of SnO₂ electron transport layers for stable perovskite solar cells［J］. Small Science,2023,3(6):2200108.

［146］Yang H M，Xu E Z，Wu C Y，et al. Bifunctional interface engineering by oxidating layered TiSe₂ for high-performance CsPbBr₃ solar cells［J］. ACS Applied Energy Materials,2022,5(7):8254-8261.

［147］Chen T T，Tong G Q，Xu E Z，et al. Accelerating hole extraction by inserting 2D Ti₃C₂-MXene interlayer to all inorganic perovskite solar cells with long-term stability［J］. Journal of Materials Chemistry A,2019,7(36):20597-20603.

［148］Liu X，Tan X，Liu Z，et al. Boosting the efficiency of carbon-based planar CsPbBr₃ perovskite solar cells by a modified multistep spin-coating technique and interface engineering［J］. Nano Energy,2019,56:184-195.

[149] Zhu P, Gu S, Luo X, et al. Simultaneous contact and grain-boundary passivation in planar perovskite solar cells using SnO_2-KCl composite electron transport layer[J]. Advanced energy materials, 2020, 10(3):1903083. 1-1903083. 7.

[150] Tong G, Zhang J, Bu T, et al. Holistic strategies lead to enhanced efficiency and stability of hybrid chemical vapor deposition based perovskite solar cells and modules[J]. Advanced Energy Materials, 2023, 13(21):2300153.

[151] Wu Z, Wang Y, Li L, et al. Improving the electron transport performance of TiO_2 film by regulating $TiCl_4$ post-treatment for high-efficiency carbon-based perovskite solar cells[J]. Small, 2023:2300690.

[152] Son D Y, Kim S G, Seo J Y, et al. Universal approach toward hysteresis-free perovskite solar cell via defect engineering[J]. Journal of the American Chemical Society, 2018, 140(4):1358-1364.

[153] Wang J, Tang H, Zhang L, et al. Multi-shelled metal oxides prepared via an anion-adsorption mechanism for lithium-ion batteries [J]. Nature Energy, 2016, 1 (APR):16050.

第六章 硅基纳米材料在新型 光伏器件中的展望

6.1 引言

随着传统能源不断减少、全球气候升温、环境状况不断恶化等严峻现实的显现，以及全球经济规模的不断扩大和科技的迅猛发展，人们逐渐达成一致看法，即未来人类更为迫切需要依赖绿色环保的可再生能源，尤其是那些能够大规模开发的可再生能源。在多种新兴能源中，太阳能因其丰富的资源、取之不竭的特性而被认为是最为理想的可再生能源之一。太阳能光伏发电采用独特的发电原理，具备其他发电设备无法比拟的优势，包括无须运转部件、维护简便、易于批量生产、设备自动化和规模化等方面。据国际能源署最新发布的《世界能源展望 2022》，太阳能光伏技术在可再生能源发电领域表现最为突出，其年平均增长率达到 6.8%。预测到 2040 年，全球光伏装机总量将达到 $1.1 \times 10^9 kW$，相当于每年新增装机 $3.44 \times 10^7 kW$。因此，作为大规模利用太阳能的核心问题，太阳能电池的研究已成为当今世界各国广泛关注的重要议题。

太阳能电池被视为推动光伏新能源发展的基石。其光电转换原理基于半导体材料的光生伏特效应。以 p-n 结为例，太阳光照射到电池上时，p-n 结内部会产生大量电子空穴对，其中电子流向 n 侧，而空穴则流向 p 侧。一旦电子和空穴扩散到两端并得到有效收集，便形成光电流。太阳能电池主要包括多种类型，元素半导体太阳能电池，如单晶硅太阳能电池、多晶硅太阳能电池、非晶硅薄膜太阳能电池等；化合物半导体太阳能电池，如Ⅲ-Ⅴ族化合物太阳能电池、Ⅱ-Ⅵ族化合物薄膜太阳能电池、铜铟镓硒薄膜太阳能电池等；染料敏化太阳能电池；有机聚合物太阳能电池以及其他新型高效太阳能电池等。在各种材料组成的太阳能电池中，硅基太阳能电池因原材料丰富、制造工艺成熟等优势，被认为是未来大规模应用的首选，也是当前和未来发展的主流。根据 PV News 权威报道，基于晶体硅的太阳能电池目前占据光伏市场份额的90%以上，并有望在未来相当长时间内保持其优势地位。

硅基太阳能电池的发展大致可分为三代。

首代太阳能电池是通过在晶体硅片上制造 p-n 结而获得的电池，主要分为单晶硅太阳能电池和多晶硅太阳能电池。这一类电池的显著优势在于其成熟的制备工艺。单晶硅太阳能电池作为历史最悠久的电池类型,具备以下3点优势:首先,其基础技术已经非常成熟。自1954年贝尔实验室首次开发出第一块单晶硅太阳能电池以来,经过数十年的不断发展,工艺逐渐得到改进,设计逐步定型,并取得了显著的实际业绩。其次,单晶硅太阳能电池表现出色,具有稳定的发电性能和高可靠性。从20世纪50年代开始,这类电池就被广泛应用于人造卫星和无人灯塔等领域,拥有长时间的实际应用历史。最后,这类太阳能电池具备较高的光电转换效率。最初的单晶硅太阳能电池光电转换效率为6%。随着制造工艺的不断完善,引入表面制绒、背表面场、表面钝化和选择性发射区技术等,太阳能电池的转换效率得到了显著提高,并且规模不断扩大。如德国哈梅林太阳能研究所提出的新型倾斜蒸发金属接触电池技术,通过将电池上表面电极栅线倾斜蒸发在电池的侧面,其转换效率可达20%。德国夫琅禾费太阳能系统研究所则利用Nd:YAG激光烧蚀在氧化硅、氮化硅或氧化铝上形成薄膜金属铝,形成点接触结构的同时实现了降低串联电阻的效果,将电池的转换效率提高到23.3%。Green等在1990年提出了钝化发射区背面局部扩散型太阳能电池结构,对于有效面积为$4cm^2$的电池,转换效率达到了24.7%,后来被修正为25%。对于产业化的大尺寸电池,日本三洋公司的大面积高效太阳能电池的光电转换效率也已经达到21%。

进入21世纪以来,全球电池产量已超过35GW,对原材料的需求不断增加。在产业上,一个重要的努力方向是减少每单位峰值功率所需的硅量。鉴于单晶硅电池由于对原材料的高消耗而导致成本居高不下的劣势,多晶硅太阳能电池的重要性正受到更高度的重视。目前,大部分多晶硅基片采用铸造法生产。这种基片除价格低廉的优势外,其光电转换效率也接近于单晶硅太阳能电池。Green等利用纯化发射区局部扩散技术,在小面积多晶硅电池片上实现了实验室最高转换效率为19%。德国夫琅禾费太阳能系统研究所采用金属环绕穿通电池(MWT)技术,将大面积多晶硅电池的量产效率提高到16%。日本Kysera公司在多晶硅电池上采用体钝化和表面钝化技术,氮化硅层既作为反射膜又作为体钝化措施,使15cm×15cm的大面积多晶硅太阳能电池转换效率达到17.1%。无锡尚德的太阳能电池掺镓单晶硅技术采用激光掺杂制备发射极,实现了多晶硅太阳能电池的量产效率为17%。此外,大面积($1m^2$)模板的转换效率也在15%左右。由于多晶硅材料的制造成本低于单晶硅材料,因此,多晶硅组件比单晶硅组件具有更大的降低成本的潜力。这使多晶硅太阳能电池成为降低整体成本、推动可再生能源行业发展的重要组成部分。

在传统晶体硅材料太阳能电池主导光伏市场的同时,硅基薄膜材料逐渐崭露头角,成为第二代太阳能电池,其独特的低温淀积制备工艺、轻便灵活的应用前景以及与低成本大规模光伏电站、建筑与光伏一体化的良好结合等优势而逐渐在光伏市场中占据重要地位。硅基薄膜太阳能电池主要分为非晶硅薄膜太阳能电池、微晶硅薄膜太阳能电池和多晶硅薄膜太阳能电池,根据其结晶程度的不同而分类。与传统晶体硅 p-n 结电池结构不同,硅基薄膜太阳能电池采用的是 p-i-n 结构,如图 6-1(a)所示。这是因为非晶硅层中的掺杂缺陷态密度较高,导致复合电流过大。同时,光生载流子在氢化非晶硅中的扩散长度(<0.1μm)远远低于其在晶体硅中的扩散长度(>200μm),导致通过扩散收集载流子的方式变得十分低效。因此,非晶硅薄膜电池需要利用 p-i-n 结构,其中 i 层是本征非晶硅层是主要的光吸收层。在 p 型层和 n 型层提供的内建电场的作用下,实现载流子的快速分离和收集,如图 6-1(b)所示。非晶硅薄膜太阳能电池具有生产成本低、适合量产、高温性能好以及光吸收率高等优势。然而,也存在一些明显的缺陷,如转换效率低、稳定性差、存在光致衰退效应等。目前,单结非晶硅薄膜太阳能电池的转换效率约为 8%。

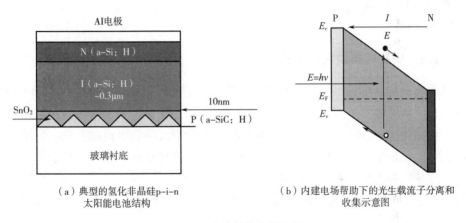

(a)典型的氢化非晶硅p-i-n   (b)内建电场帮助下的光生载流子分离和
太阳能电池结构   收集示意图

图 6-1　电池结构和原理图

随后的研究表明,引入更为稳定的微晶硅或多晶硅薄膜以增强内建电场,能够显著抑制光致衰退效应。微晶硅薄膜通常在相变区附近沉积,其净化率达到 50% 及以上。由于微晶硅的光学带隙接近于晶体硅,相对于非晶硅,它具有更宽的光谱响应,并且光照引起的性能衰退也远小于非晶硅薄膜太阳能电池。此外,多晶硅薄膜在长波段具有更高的光敏性,对可见光能有效吸收,并且具有类似于晶体硅的光照稳定性,适用于大面积制备。如德国夫琅禾费太阳能系统研究所采用区熔再结晶技术制备的多晶硅薄膜太阳能电池,其转换效率高达 19%。这些新型硅基薄膜太阳能电池的引入为提高转换效率、增强稳定性和降低成本提供了新的可能性,并为光伏技术的进一步发展开辟了新的方向。

早在 2001 年,Green 提出了第三代太阳能电池的概念,其核心目标在于在实现环保与低成本的前提下,达到超高的光电转换效率。新一代太阳能电池除了具有成本低廉和环境友好的优势外,更为突出的是具备超高的光电转换效率。众所周知,单晶硅的光学带隙为 1.1eV,正好位于太阳光谱的峰值附近。然而,其间接带隙的能带结构导致对可见光波段的吸收系数相对较低。同时,由于透射损失、热弛豫损失、结损失以及复合损失等因素,单结晶硅太阳能电池的光电转换效率理论计算值仅为 30%,被称为 Shockley-Queisser 转换效率极限(S-Q 极限)。为了突破这一极限,发展高效率且低成本的第三代硅基太阳能电池的主要途径之一是实现宽光谱响应。基于这一目标,随着纳米技术的不断发展,硅基纳米结构在新一代太阳能电池中的应用引起了国内外研究者的广泛关注。这些纳米结构的引入旨在通过提高光的吸收能力和扩展光谱响应范围,从而实现更高效、更灵活的能量转换。

6.2　硅量子点调控石墨烯费米能级实现高效异质结光伏器件的展望

6.2.1　研究背景及应用前景

太阳能资源丰富、取之不尽用之不竭,被认为是最佳的可再生能源。太阳能电池是发展光伏新能源的基石。其中,硅基太阳能电池,由于其原材料丰富、环境友好、制造工艺成熟等优势,被认为是未来希望大规模使用的太阳能电池的首选。目前晶硅太阳能电池已占据光伏市场份额的 90% 以上,而且预计在未来相当长的一段时间内仍将保持其优势地位。然而,由于晶体硅在制备过程中需要高温、高热、高真空,且制备过程工艺较为复杂,这使晶体硅成本一直得不到有效地降低,制约了硅基太阳能电池更广泛的应用。

近年来,石墨烯材料的发现给硅基光电器件的发展带来了前所未有的机遇。如图 6-3 所示,石墨烯是一种准二维材料,由一层密集的、包裹在蜂巢晶体点阵上的碳原子组成。这种特殊结构蕴含了丰富而新奇的物理现象,使石墨烯表现出许多优异性质。如石墨烯的强度是已测试材料中最高的,为 130GPa,是钢的 100 多倍;其载流子迁移率达 $15000cm^2/Vs$,是目前已知的具有最高迁移率的锑化铟材料的 2 倍,超过商用硅片迁移率的 10 倍以上;其热导率可达 5000W/mk,是金刚石的 3 倍。在其众多新颖的特性中,超强的透光性和超高的导电性使石墨烯作为光电器件中的透明电极得到了广泛应用。同时,石墨烯容易与其他半导体材料,如硅材料形成异质结,可作为光伏器件中的功能层使用。以上这些使石墨烯/硅基异质结光电器件引起了人们极大的兴趣。如石墨烯/硅基结构太阳能电池,在这种结构下,太阳光很容易透过石墨烯进入异质结区,在硅吸收区域处形成光生载流子,光生载流子在内建电场的作用下进行分离,形成光电流。与传统晶硅太阳能电池相比,石墨烯/硅基结构太阳能电池不仅能避免高温、高真空等复杂的制备过程,而且还更有利于光吸收和载流子的分离和输运。因此,石墨烯/硅基结构太阳能电池在新一代低成本、高效率光伏器件的研究中得到了越来越多的关注。如 Miao 等设计的石墨烯/平面硅太阳能电池(图 6-2),通过对石墨烯进行化学掺杂,得到了 8.6% 的转化效率。Senlin 等同样设计出的石墨烯/硅基结构太阳能电池,通过引入石墨烯量子点,使其转化效率达到了 12.35%。Kong Jing 等最新研究表明,石墨烯/硅基异质结的界面状态对于其电池的光电转换性能至关重要。在界面处引入氧化层,通过对其厚度的调节与控制,最终实现其光电转换效率为 15.6%,该结果也是石墨烯/硅基结构太阳能电池光电转换效率已有报道的最高纪录,超过了大部分商用硅基太阳能电池的转换效率。从当前研究成果可以发现,能否进一步提高石墨烯/硅基结构太阳能电池转化效率是其商业化进程中面临的关键问题。在石墨烯/硅基结构太阳能电池中,通过调控石墨烯的费米能级来增强石墨烯/硅基异质结中的内建电场,提高器件开路电压是提高器件光电转换效率的重要手段之一。在石墨烯/硅基异质结中,石墨烯通常是弱 p 型的材料,其费米能级位于禁带中间下方;硅基材料一般使用 n 型硅材料,其费米能级位于禁带中间的上方。所以,降低石墨烯的费米能级成为了增强异质结内建电场的关键。现阶段,通过化学方式对石墨烯进行 p 型掺杂是降低其费米能级的主要途径。但是,人们发现化学方式下的掺杂工艺并不稳定,而且在掺杂过程中会对石墨烯结构造成破坏。同时,有报道发现了在对石墨烯进行掺杂的过程中,会导致器件光吸收的降低,影响到器件的性能。如何寻找出更有效地调控石墨烯费米能级的方法,成为了当前在石墨烯/硅基结构太阳能电池研究领域的热点问题。

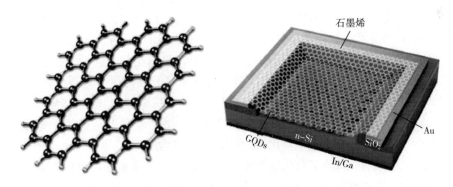

图 6-2　石墨烯及石墨烯/硅基异质结光伏器件结构示意图

　　电荷在活性材料和石墨烯之间的转移被认为是调控石墨烯费米能级、提高器件光电性能的有效途径。而半导体量子点材料由于具有尺寸可控的光学性能以及与其他导体或半导体材料形成异质结的兼容能力,使其能与石墨烯很好地结合。近年来,石墨烯和半导体量子点材料之间电荷转移的现象常有报道。Konstantatos 等制备了一种新颖的石墨烯—胶体量子点光电晶体管,该器件获得了超高的光探测增益。该报道认为其增强的主要原因是具有较强光吸收能力的胶体量子点的作用。将胶体量子点涂在石墨烯上,在胶体量子点与石墨烯的界面处会形成异质结结构。在光照下,大量的光生载流子(空穴)受到内建电场的作用能够从胶体量子点中转移到了石墨烯中。Guo等利用同样的方式制备了硫化铅(PbS)量子点/石墨烯光探测器,同样也发现了硫化铅量子点和石墨烯之间存在着电荷转移的过程(图6-3)。光照下,硫化铅量子点中的空穴载流子转移到p型石墨烯材料中,提高了空穴载流子浓度,同时降低了费米能级。从以上的例子中可以看出,半导体量子点材料能很好地与石墨烯材料之间形成异质结结构,在界面处进行电荷的转移。这种行为为利用半导体量子点材料调节石墨烯费米能级带来了机遇。

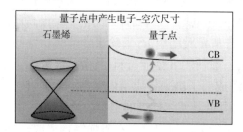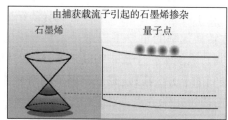

图6-3 量子点调控石墨烯费米能级能带图

在半导体量子点材料中,四族元素硅/锗量子点由于其丰富的含量以及无毒性,得到了广泛的应用。由于量子点中的量子限制效应,通过改变硅量子点的尺寸能够调节其禁带宽度。还可以通过常规工艺对硅量子点进行有效掺杂,来获得不同类型和浓度的掺杂硅量子点。更重要的是,硅量子点还兼容了制备石墨烯/硅基结构光电器件所需的硅工艺。硅量子点具有的这些优势使其在石墨烯/硅基异质结光电器件的应用中占据先机。杨德仁和皮孝东等首次利用硅量子点实现了对石墨烯材料费米能级的调控,并成功地应用在石墨烯/硅基异质结光电探测器上,形成硅量子点/石墨烯/n型硅结构。通过在石墨烯上冷等离子体制备一层尺寸在3nm左右的硅量子点,在无光照的情况下,硅量子点与石墨烯之间形成异质结结构,硅量子点中的空穴载流子会注入到石墨烯中,导致了石墨烯费米能级的降低。从图6-4中可以看到,石墨烯的功函数由4.73eV增加到了4.81eV,费米能级降低了0.08eV,从而使石墨烯/n型硅异质结耗尽层中的内建电势由0.43eV增加到了0.51eV,光电性能得到了很好的提升。但是,硅量子点在对石墨烯费米能级的调控中也存在着一些问题,如在短波长光的照射下(375nm),由于此波段的光会被该尺寸硅量子点吸收而产生额外的光生载流子,光生载流子的出现和传导会导致石墨烯费米能级的升高,从而降低了石墨烯/n型硅异质结中的内建电场,影响了器件的性能。此外,硅量子点中的载流子浓度以及载流子输运性能也决定了其与石墨烯之间的电荷转移行为,对石墨烯费米能级的调控有着关键性的影响。如何通过控制硅量子点尺寸,减小其在短波长范围内的吸收,拓宽石墨烯/硅基异质结光电器件中的光吸收范围;如何通过改进硅量子点的输运性能来提高其与石墨烯之间的电荷转移能力;如何通过掺杂硅量子点来调控石墨烯费米能级的位置,进而提高器件的性能。以上这些问题的产生,对硅量子点在石墨烯/硅基异质结光电器件中的应用提出了新的挑战。

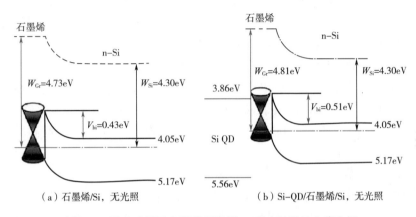

图 6-4　纳米硅量子点增强石墨烯/n 型硅异质结内建电场

结合以上的问题,我们团队开展了硅量子点调控石墨烯费米能级实现高效异质结光伏器件的项目。拟制备出不同量子点尺寸的硅量子点薄膜材料,研究不同尺寸硅量子点的输运性质,从而改善硅量子点薄膜材料输运性能。通过对硅量子点薄膜进行不同掺杂浓度的硼(磷)掺杂改性,研究不同掺杂杂质在硅量子点薄膜中的掺杂行为和掺杂浓度对薄膜中载流子浓度的调控作用,从而得到掺杂类型及浓度可控的掺杂硅量子点薄膜。在此基础之上,通过制备硅量子点/石墨烯异质结,研究硅量子点与石墨烯之间的电荷转移行为,分析硅量子点的输运性质、量子点尺寸、掺杂杂质及浓度在调控石墨烯费米能级中的作用和影响,构建相应的能带模型。

在器件应用方面,优化硅量子点输运性能和掺杂浓度,调控硅量子点尺寸来设计量子点禁带宽度,减小其在短波长范围内的吸收,将硅量子点引到石墨烯/n 型硅结构太阳能电池上,形成硅量子点/石墨烯/n 型硅结构太能电池。通过硅量子点对石墨烯费米能级进行有效调控(降低其费米能级),增强石墨烯/n 型硅异质结耗尽区的内建电场,提高光生载流子在耗尽区的分离,以期获得光电转换效率大于 10% 的硅量子点/石墨烯/n 型硅结构太阳能电池原型器件。后期将逐步完成硅量子点/石墨烯/n 型硅结构太阳能电池成品的封装与测试,对制备工艺进行有效改进,使之兼容企业当前太阳能电池制备工艺,为石墨烯/硅基异质结光电器件进一步商业化应用提供科学依据及实践经验。

6.2.2 当前研究内容及拟解决的科学问题

6.2.2.1 研究思路

对硅量子点材料进行有效、可控的掺杂是进一步提升硅基纳电子与光电子器件性能的重要手段和关键因素,而弄清硼、磷这类典型掺杂元素在硅量子点中的掺杂效应及其背后的物理机制是获得高质量掺杂型硅量子点材料的前提和基础。本课题拟制备硼(磷)掺杂硅量子点薄膜,系统研究硼、磷掺杂杂质在硅量子点薄膜材料中的分布状态和有效掺杂率,找出利用掺杂调控硅量子点电子结构及光电性能的有效途径,获得掺杂可控、有效掺杂率高、光电性能好的掺杂型硅量子点材料。器件设计上,设计硅量子点尺寸,优化硅量子点掺杂参数,将掺杂型硅量子点引入石墨烯/硅异质结太阳能电池中,利用掺杂型硅量子点和石墨烯间的电荷转移行为来调控降低石墨烯的费米能级,增强石墨烯/n 型硅异质结耗尽区中的内建电场,从而提高石墨烯/硅异质结太阳能电池的光电转换效率。

6.2.2.2 研究目标

(1)研究硼、磷掺杂硅量子点材料中的硼、磷掺杂效应及其光电性能。分析硼、磷掺杂杂质在不同掺杂浓度和不同量子点尺寸硅量子点材料中的分布状态和有效掺杂效率,找到利用掺杂调控硅量子点电子结构及光电性质的有效途径。

(2)制备不同硼掺杂硅量子点/石墨烯异质结结构,测试并分析计算其石墨烯部分的功函数和费米能级的位置,得出硼掺杂硅量子点调控(降低)石墨烯费米能级的参数关系(硼掺杂浓度—石墨烯费米能级位置)。

(3)将硼掺杂硅量子点应用到石墨烯/n 型硅异质结太阳能电池中,设计出 p 型硅量子点/石墨烯/n 型硅"三明治"结构太阳能电池原型器件。通过 p 型硅量子点来调控降低石墨烯的费米能级,增强石墨烯/n 型硅异质结耗尽区的内建电场,以期获得光电转换效率大于10%的太阳能电池原型器件。

6.2.2.3 研究内容

机理研究方面,系统研究硼、磷杂质在硅量子点材料中的掺杂效应,找出利用掺杂调控硅量子点电子结构及光电性质的有效途径,获得高质量掺杂型硅量子点薄膜材料。将掺杂型硅量子点应用到石墨烯/n 型硅异质结太阳能电池上,通过掺杂型硅量子点来调控降低石墨烯的费米能级,从而增强石墨烯/n 型硅异质结中的内建电场,以期提高器件的光电转换效率(图 6-5)。具体来说,可分为硼(磷)掺杂硅量子点薄膜材料制备及其掺杂效应研究、掺杂型硅量子点调控石墨烯费米能级研究以及掺杂型硅量子点提升石墨烯/硅异质结太阳能电池光电性能的应用 3 个方面。

(1)硅量子点材料的制备、输运机制及掺杂行为的研究。制备非晶硅/介质层

(非晶碳化硅)交叠的多层薄膜结构,设计多层薄膜的周期数,通过准分子脉冲激光退火技术,得到平均量子点尺寸在 4nm、8nm 和 10nm 的硅量子点多层薄膜,对其结构进行表征。通过对其光学及电学性能测试,分析出不同尺寸硅量子点薄膜的光学带隙,研究不同尺寸硅量子点薄膜的输运性质,找出改善其输运性能的途径。此外,制备不同掺杂浓度的硼(磷)掺杂非晶硅/介质层(非晶碳化硅)交叠的多层薄膜,通过准分子脉冲激光退火形成 p 型或 n 型硅量子点薄膜,对其进行结构表征。通过对其化学组态、电子组态以及霍尔效应的测试,研究不同掺杂杂质(硼和磷)在硅量子点薄膜中的掺杂行为,研究不同的掺杂杂质及浓度在掺杂过程中对薄膜中载流子浓度的调控作用,找出制备掺杂类型及浓度可控的掺杂硅量子点薄膜的途径。

(2)硅量子点/石墨烯异质结中电荷转移行为的研究。制备硅量子点/石墨烯异质结,通过对硅量子点/石墨烯异质结结构电学 I-V 及 C-V 的测试,研究异质结中电荷的转移行为。分析计算石墨烯的功函数大小及载流子浓度,确定石墨烯费米能级的位置,进而研究硅量子点对石墨烯费米能级的调控作用,重点分析硅量子点的尺寸、掺杂杂质及浓度对石墨烯费米能级调控过程的作用或影响,建立起相应的能带模型。

(3)硅量子点在石墨烯/硅基异质结光伏器件中的应用。在前面研究的基础上,优化硅量子点薄膜的输运性能,确定量子点尺寸参数和掺杂浓度参数,将硅量子点引到石墨烯/n 型硅结构太阳能电池上,形成硅量子点/石墨烯/n 型硅结构太阳能电池,通过硅量子点来调控石墨烯的费米能级,增强石墨烯/n 型硅异质结耗尽区的内建电场,提高光生载流子在耗尽区的分离,从而提高光伏器件的开路电压和光电转换效率。

6.2.2.4　拟解决的关键科学问题

(1)研究不同尺寸的硅量子点薄膜的输运性质,找出改善硅量子点薄膜输运性能的有效途径。

(2)分析硅量子点和石墨烯之间的电荷转移行为,研究硅量子点材料对石墨烯费米能级的调控作用,建立起相应的能带模型。

(3)将硅量子点引到石墨烯/n 型硅结构太阳能电池上,通过硅量子点来调控石墨烯费米能级,提高器件的光电转换效率,得到硅量子点提高石墨烯/硅基异质结光伏器件光电性能的实践依据。

6.2.3　研究手段

6.2.3.1　分别制备不同掺杂浓度和量子点尺寸的硼(磷)掺杂硅量子点薄膜材料

(1)不同掺杂浓度(量子点尺寸固定)的硼(磷)掺杂硅量子点薄膜材料的制备。样品制备采用的是功率源频率为 13.56MHz 的常规射频等离子体增强化学气相沉

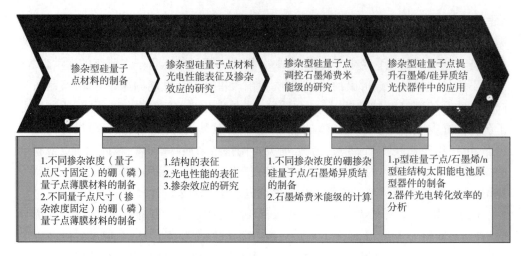

图 6-5 研究方案框图

积,图 6-6 为样品制备过程示意图。具体过程:①将清洗干净的衬底(不同的测试需要对应不同的衬底)装入反应腔内,通入流量为 20mL/min 的氢气(H_2),在射频功率为 30W 的条件下预处理 5min,利用氢离子的刻蚀和钝化作用提高沉积薄膜的质量。②将反应腔抽至真空,通入甲烷(CH_4)和硅烷(SiH_4)的混合气体作为反应气体,固定反应气体流量比 $R = [CH_4]/[SiH_4] = 50mL/min:5mL/min$,制备氢化非晶碳化硅($a$-$SiC:H$)薄膜作为介质层,目的是通过限制晶化原理来限制硅量子点生长的尺寸。沉积时间为 20s,沉积介质层的厚度为 2nm(该厚度的碳化硅介质层有利于硅量子点中载流子的隧穿,降低器件的串联电阻)。接下来,将反应腔抽至真空,通入甲烷和硼烷(B_2H_6)或磷烷(PH_3)的混合气体作为反应

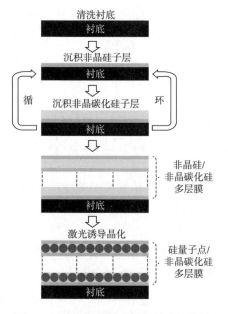

图 6-6 限制晶化原理制备尺寸可控的硅量子点多层薄膜制备示意图

气体,按照不同掺杂浓度的要求分别设置反应气体流量比为 $R = (B_2H_6)/(SiH_4)[(PH_3)/(SiH_4)] = 0.5mL/min:5mL/min(1mL/min:5mL/min)$、$R = (B_2H_6)/(SiH_4)[(PH_3)/(SiH_4)] = 1mL/min:5mL/min(2mL/min:5mL/min)$ 以及 $R = (B_2H_6)/(SiH_4)[(PH_3)/(SiH_4)] = 2.5mL/min:5mL/min(5mL/min:5mL/min)$,

沉积硼(磷)掺杂非晶硅薄膜。淀积时间根据所需量子点尺寸(8nm)而设置为80s,沉积薄膜厚度对应为8nm。上述两个过程交替进行(3.5个周期),制备氢化非晶碳化硅/磷(硼)掺杂非晶硅薄膜周期性多层膜结构。整个生长过程中,衬底温度维持在250℃,射频功率为30W。③上述非晶样品制备完成后,使用KrF准分子脉冲激光器对样品进行激光退火处理,激光脉冲能量为350 mJ/cm^2,重复辐照5个脉冲。选择这一能量进行激光晶化可使磷(硼)掺杂非晶硅薄膜子层发生结晶而氢化非晶碳化硅子层依旧保持着非晶相。由于限制性晶化原理,磷(硼)掺杂非晶硅薄膜子层中结晶成核,在纵向上受到两侧介质层的限制,形成量子点尺寸可控在8nm左右的硼(磷)掺杂型硅量子点。

(2)不同量子点尺寸(掺杂浓度固定)的硼(磷)掺杂硅量子点薄膜材料的制备。制备过程与上述所述一致,有所区别的是过程②沉积掺杂氢化非晶硅薄膜子层中,确定某一个掺杂浓度(综合考虑光学带隙的匹配和电导率的性质确定某个掺杂浓度),然后根据不同的量子点尺寸的需要,选择淀积时间分别设置为40s、60s和80s。最终分别形成4nm、6nm以及8nm量子点尺寸的硼(磷)掺杂硅量子点多层膜。

6.2.3.2　硼(磷)掺杂硅量子点薄膜结构、光电性能的表征以及掺杂效应研究

(1)在样品制备完成以后,通过Raman光谱、透射电子显微镜(TEM)、X射线衍射仪(XRD)等仪器对硼(磷)掺杂硅量子点薄膜的微结构进行表征与分析,获得掺杂硅量子点薄膜的晶化率以及量子点尺寸的大小。

(2)采用紫外—可见—近红外分光光度计对样品的透射率和反射率进行测试。研究硼(磷)掺杂硅量子点薄膜的光吸收性能,计算硼(磷)掺杂硅量子点薄膜的光学带隙(禁带宽度),并得到光学带隙随量子点尺寸及掺杂浓度变化的关系图像。

(3)对硼(磷)掺杂硅量子点薄膜进行X射线光电子谱(XPS)、电子自旋共振谱(ESR)的测试。通过分析不同深度的X射线光电子谱信号来获得掺杂硅量子点子层、碳化硅子层与子层界面等不同位置处的元素信息,研究硼、磷掺杂杂质在硅量子点薄膜中的分布状态;通过分析掺杂硅量子点中相关的悬挂键、缺陷态以及电子组态等变化,研究硼、磷掺杂杂质是处于纳米硅内部还是在纳米硅的界面,以及杂质是否能够替位式掺杂产生载流子或是以间隙式掺杂产生缺陷等掺杂行为。总结量子点尺寸和掺杂浓度对硼、磷杂质掺杂效应的影响,获悉其背后的物理机制。

(4)对硼(磷)掺杂硅量子点薄膜进行霍尔效应的测试,获得掺杂硅量子点薄膜的电导率、迁移率、载流子浓度等电学参数。通过载流子浓度和掺杂浓度的对比研究获得硼、磷掺杂杂质在薄膜中的有效掺杂率。总结量子点尺寸和掺杂浓度对薄膜电学性能的影响。

(5)基于以上分析,通过调整制备参数以及界面钝化等处理方式,提升掺杂型硅量子点薄膜材料的有效掺杂率,优化其电学性能,最终获得掺杂可控、有效掺杂率高、光电性能良好的掺杂型硅量子点薄膜材料。

6.2.3.3 硼掺杂硅量子点调控石墨烯费米能级的研究

在石英衬底上表面转移一层石墨烯层(厚度约为10nm),在石墨烯层上制备不同硼掺杂硅量子点多层薄膜(掺杂浓度和量子点尺寸参数需要通过对光学带隙和电导率的测试结果综合分析后进行筛选),以期形成硼掺杂硅量子点/石墨烯异质结结构。

(1)对异质结中石墨烯部分进行霍尔效应测试(图6-7),获得石墨烯载流子类型和载流子浓度,通过载流子浓度计算出石墨烯的功函数,确定其费米能级的所在位置。

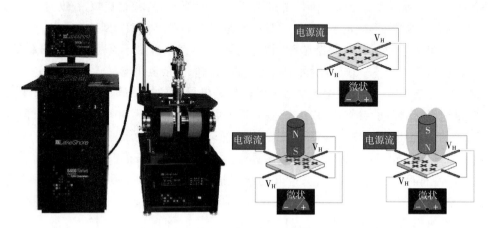

图6-7 霍尔效应测试仪器及其测试原理

(2)基于以上的分析与计算,获得不同浓度的硼掺杂硅量子点调控(降低)石墨烯费米能级的参数关系(硼掺杂浓度—石墨烯费米能级位置),进而获得最佳的硼掺杂调控参数。

6.2.3.4 掺杂型硅量子点在提升石墨烯/硅异质结太阳能电池光电性能中的应用

将硼掺杂硅量子点引入石墨烯/n型硅异质结太阳能电池中,形成p型硅量子点/石墨烯/n型硅"三明治"结构,太阳能原型器件制备过程如图6-8所示。

(1)通过PECVD方法在n型硅表面上制备一层二氧化硅绝缘层(对厚度进行适当选择),中间留出窗口位置。

(2)通过磁控溅射方式制备一层铝薄膜铺盖在二氧化硅绝缘层上作为顶电极使用,厚度为50nm左右。

(3)通过转移将石墨烯层铺盖在n型硅上表面窗口处,石墨烯层厚度为10~15nm,以期与n型硅形成异质结构。同时石墨烯层边缘与铝电极电学接触。

(4)通过PECVD方法在石墨烯层上制备硼掺杂非晶硅/非晶碳化硅多层膜结构,激光诱导晶化处理后形成p型硅量子点多层膜。p型硅量子点多层膜厚度为30nm左右,以期与石墨烯层形成异质结结构。其中p型硅量子点尺寸选择需要匹配光学带隙的设计(2.2eV左右),使可见光部分可透射至石墨烯层。

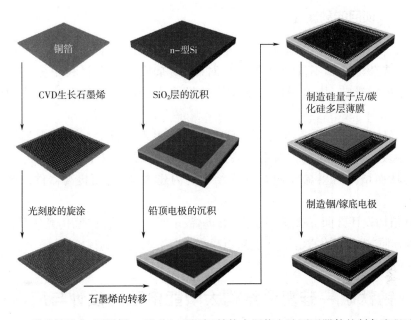

图 6-8　p 型硅量子点/石墨烯/n 型硅"三明治"结构太阳能电池原型器件的制备流程示意图

（5）在 n 型硅下表面制备铟/镓薄膜作为底电极使用。

（6）最终形成 p 型硅量子点/石墨烯/n 型硅"三明治"结构太阳能电池原型器件。

设计测试示意图如图 6-9 所示。经过上述结构的设计，测试 p 型硅量子点/石墨烯/n 型硅"三明治"结构太阳能电池原型器件的外量子效率、填充因子、短路电流、开路电压以及光电转换效率。通过优化制备工艺，光电转换效率争取达到 11%以上，为石墨烯/硅异质结太阳能电池的进一步商业应用提供科学依据。

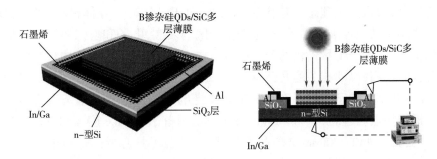

图 6-9　p 型硅量子点/石墨烯/n 型硅"三明治"结构
太阳能电池原型器件测试结构示意图

6.2.4 项目的创新性

（1）机理研究方面，系统研究硼、磷杂质在硅量子点材料中的掺杂效应，重点分析不同掺杂浓度和不同尺寸量子点对硼、磷杂质在掺杂过程中分布位置和有效掺杂效率的影响，找出利用掺杂调控硅量子点的电子结构及光电性能的有效途径。

（2）器件应用方面，首次将掺杂型硅量子点引入石墨烯/n 型硅异质结太阳能电池中，通过掺杂型硅量子与石墨烯间的电荷转移行为来调控（降低）石墨烯费米能级，从而增强石墨烯/n 型硅异质结中的内建电场，进而提高器件的光电转换效率。

（3）结构设计方面，p 型硅量子点/石墨烯/n 型硅"三明治"结构光伏器件结构简单，制备方便，避免了化学掺杂工艺对石墨烯材料造成的结构性破坏。

6.3 钙钛矿—硅复合结构太阳能电池的设计与应用探索

6.3.1 研究背景及应用前景

近年来，新型钙钛矿类半导体材料由于具有低成本、载流子迁移率高、带间缺陷少以及光吸收系数大等优点，在发光二极管、激光器、光探测器以及太阳能电池等光电器件中都显示出优异的性能，成为半导体研究领域中日益受到关注的研究方向之一。然而，有机和无机杂化钙钛矿在自然环境下不能长期稳定存在，阻碍了其在半导体光电子器件中的进一步应用。全无机铅卤化物钙钛矿材料 $CsPbX_3(X=Cl,Br,I)$ 去除了挥发性的有机组分，被认为是理想的替代品。此外，对于钙钛矿半导体材料，当其物理尺寸接近或小于其激子玻尔半径时，根据量子限制效应，电子和空穴的运动被限制在狭小的空间内，并产生量子化的分立能级结构，因而表现出不同于体材料的独特光电性质，如组分和尺寸相关的光致发光、荧光效率的增强、发光频谱的窄化现象等。因此，无机钙钛矿量子点材料在新型半导体光电子器件中的应用是当前国际上的研究前沿和热点问题之一。如 Yakunin 等成功制备了 $CsPbX_3(X=Cl,Br,I)$ 胶体量子点，观察到了 440~700nm 波段的发光，同时发现了具有低阈值的单光子的自发辐射放大效应，并实现了稳定、高效的激光发。Swarnkar 等制备了纯化的稳定性良好的 $CsPbI_3$ 量子点，在可见光下具有可调的带隙；进一步制备成薄膜并将其应用于太阳能电池，获得了 1.23V 的开路电压、10.77% 的光电转换效率和稳定的输出功率。

我们在先前也开展了无机钙钛矿量子点材料的制备与光学性质的研究工作,成功制备出了 CsPbBr$_3$ 胶体量子点,并利用时间分辨荧光光谱对其载流子的复合弛豫过程进行了测试分析。在实验中发现,旋涂于石英衬底表面的 CsPbBr$_3$ 量子点的荧光寿命为 51.2ns,而旋涂于单晶硅衬底上的量子点荧光寿命发生了显著变化,可以拟合为一个寿命为 4.9ns 的快态过程和一个寿命为 28.3ns 的慢态过程。虽然这在无机钙钛矿量子点材料中尚未报道过,但有学者在硒化镉、硫化铅等化合物量子点、硅量子点以及有机分子与硅基底构成的复合结构中发现过类似的现象。如 Nguyen 等利用自组装技术,分别在石英和单晶硅衬底上制备了单层的硒化镉量子点,时间分辨荧光光谱测试结果显示,相比旋涂于石英衬底上的硒化镉量子点,旋涂于单晶硅衬底上的量子点的荧光寿命从 12.8ns 变为 1.7ns,激子复合速率提高了近 8 倍。这被认为是由于在量子点—硅复合结构中存在着一种不同于电荷传递的非辐射能量传递(NRET)的过程,利用理论计算结合量子点荧光寿命的变化人们也证实了相关的非辐射能量传递过程的存在。如图 6-10 所示结构中,无机钙钛矿量子点—硅复合结构将具有较强光吸收系数的量子点材料——CsPbX$_3$,与具有较高的电导率和迁移率的半导体材料——硅相结合,在非辐射能量传递过程中,硅基底表面的 CsPbX$_3$ 量子点层吸收光能并将能量传递到硅基底的内部,从而影响了量子点的荧光寿命。根据寿命测试的结果我们初步估算了 CsPbBr$_3$—硅复合结构中非辐射能量传递过程的量子产率,计算得到量子产率为 58%。即在 CsPbBr$_3$ 量子点的激子复合过程中非辐射能量传递过程占据了主导。因此,对于无机钙钛矿量子点—硅复合结构,基于我们现有的实验结果,进一步探索和确认 CsPbX$_3$ 量子点与硅基底之间能量传递的物理机制是一个值得研究的课题。

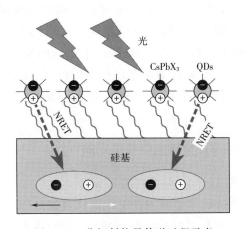

图 6-10　非辐射能量传递过程示意

进一步的,由于在无机钙钛矿量子点—硅复合结构中,利用非辐射能量传递过程将表面量子点层吸收的光子能量部分传递到硅基底的内部,而传递到硅基底内部的能量可以进一步激发载流子的产生,并且在光伏器件结构中内建电场的作用下,光生载流子可以很容易实现高效的分离和提取,这可以有效地减少载流子穿过界面时由于缺陷态俘获效应造成的电荷损失,因此无机钙钛矿量子点—硅复合结构中的非辐射能量传递过程在硅基光伏器件与光电探测器件中都有着良好的应用前景。特别是 $CsPbX_3$ 量子点吸收截面要比前文提到的传统的硒化镉纳米晶体大两个量级以上,具有更高的发光效率,其与硅基器件的光电性质耦合将具有很大的研究价值。在本项目中,我们提出将 $CsPbX_3$ 胶体量子点材料与不同类型的硅基太阳能电池结合构成复合结构,利用其中存在的非辐射能量传递过程提高载流子的提取效率,从而提高电池的光电转换效率。此种无机钙钛矿量子点—硅基复合结构太阳能电池相比钙钛矿/硅串联电池具有以下两点优势:①结构简单,无须使用如 Spiro-OMeTAD 等价格昂贵的电子及空穴传输材料,降低了制作成本,具有商业化的发展潜力;②载流子的分离和提取发生在硅基底内部而非界面处,有助于削弱界面俘获效应对电池光伏性能的影响并且提高载流子的收集效率,从而提高电池的光电转换效率,还可以避免叠层电池中存在的电流匹配的问题,更为未来低成本的薄膜化、柔性化的新型太阳能电池的发展提供了一条有效途径。

本项目将以无机钙钛矿量子点材料为研究对象,探究并调控优化钙钛矿量子点/硅纳米线复合结构中的非辐射能量传递过程,进而探索这一过程在新型硅基光伏器件中的应用。通过研究获得具有高量子产率非辐射能量传递过程的钙钛矿量子点/硅纳米线复合结构。在此基础之上设计出基于钙钛矿量子点/硅纳米线结构的异质结太阳能电池原型器件,利用优化的复合结构中的非辐射能量传递过程,有效地减少载流子穿过界面时由于缺陷态俘获效应造成的电荷损失,提高载流子的收集效率并提高太阳能电池的光电转换效率,争取达到实用化水平。后期完成太阳能电池成品的封装与测试,对制备工艺进行有效改进,使之兼容企业当前光伏器件的制备工艺,为新型硅基太阳能电池进一步商业化应用提供科学依据及实践经验。

6.3.2 当前研究内容及拟解决的科学问题

6.3.2.1 研究思路

本项目系统研究钙钛矿量子点/硅纳米线(CsPbX₃ QDs / Si NWs)复合结构中的非辐射能量传递过程及其背后的物理机制,探索分析钙钛矿量子点/硅纳米线复合结构中的激子动力学过程;通过参数调控(包括量子点的尺寸、密度、薄膜厚度以及表面折射率等)获得高量子产率的非辐射能量传递过程。在此基础之上设计出基于钙钛矿量子点/硅纳米线结构的异质结太阳能电池原型器件,利用优化的复合结构中的非辐射能量传递过程,有效地减少载流子穿过界面时由于缺陷态俘获效应造成的电荷损失,提高载流子的收集效率从而改善太阳能电池的器件性能。

6.3.2.2　研究内容

(1)$CsPbX_3$量子点化学组分与尺寸相关的光学性质分析。作为项目开展的基础,首先就是成功制备出 $CsPbX_3$ 量子点。通过工艺调控,改变反应物、反应温度和时间等参数,实验上获得尺寸与成分可控的 $CsPbX_3$ 量子点;研究量子点化学组分与尺寸相关的光致发光特性,分析其光学带隙与能带结构,计算发光的量子效率并进行比较分析。

(2)$CsPbX_3$/硅复合结构中的非辐射能量传递过程及其物理机制的研究。通过时间分辨荧光光谱测试分析 $CsPbX_3$ 与 $CsPbX_3$/硅复合结构荧光寿命的变化,研究 $CsPbX_3$/硅复合结构中的非辐射能量传递过程的物理机制,计算辐射发光过程寿命与非辐射能量传递过程寿命,进而计算非辐射能量传递过程的量子产率。

(3)$CsPbX_3$/硅复合结构中的非辐射能量传递过程在硅基太阳能电池中的应用探索。构建钙钛矿量子点/硅纳米线复合结构异质结太阳能电池,利用参数优化复合结构中的非辐射能量传递过程,有效地减少载流子穿过界面时由于缺陷态俘获效应造成的电荷损失,提高载流子的收集效率,从而改善太阳能电池的器件性能,获得高转换效率的硅基太阳能电池。

6.3.2.3　拟解决的关键科学问题

(1)$CsPbX_3$/硅复合结构中的非辐射能量传递过程的物理机制与调控。根据 $CsPbX_3$/硅复合结构时间分辨荧光光谱测试的结果,建立物理模型分析激子动力学过程,计算激子复合寿命,包括辐射复合发光寿命与非辐射能量传递过程寿命,计算非辐射能量传递过程的量子产率;进而探索非辐射能量传递过程量子产率与量子点的尺寸、密度、旋涂厚度以及衬底表面折射率等结构参数的依赖关系,理解其内部的调控机制。

(2)$CsPbX_3$/硅复合结构中的非辐射能量传递过程对硅基光伏器件性能的提高。在获得存在高量子产率非辐射能量传递过程的 $CsPbX_3$/硅复合结构的基础上,构建参数优化的 $CsPbX_3$/硅基复合结构太阳能电池,利用高量子产率的非辐射能量传递过程提高太阳能电池光生载流子的收集效率,进而提高器件性能,主要体现在光电转换效率和外量子效率的提高。

6.3.3　研究手段

本项目系统研究钙钛矿量子点/硅纳米线复合结构中的非辐射能量传递过程及

其背后的物理机制,通过参数调控获得高量子产率的非辐射能量传递过程。在此基础之上设计出基于钙钛矿量子点/硅纳米线结构的异质结太阳能电池原型器件,利用优化的复合结构中的非辐射能量传递过程,有效地减少载流子穿过界面时由于缺陷态俘获效应造成的电荷损失,提高载流子的收集效率,从而改善太阳能电池的器件性能(图6-11)。

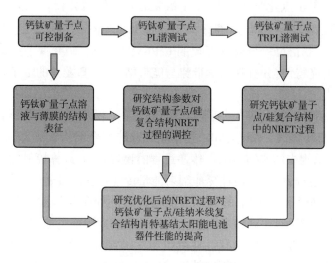

图 6-11　项目技术路线

6.3.3.1　CsPbX₃量子点的制备与结构表征

利用热注入法制备 $CsPbX_3$(X = Cl、Br、I)量子点,具体制备过程如下。

(1)将0.814g碳酸铯粉末、2.5mL油酸以及40mL十八烯溶液加入100mL三颈烧瓶中,随后通入氮气5min,然后将密封的三颈烧瓶抽至真空状态,在120℃的条件下加热混合液1h,干燥过程结束后,将反应温度升高至150℃并保持30min,使碳酸铯充分溶解,然后降温至100℃,完成前驱液的制备。

(2)将10mL十八烯分别与0.172g碘化铅粉末、0.138g溴化铅粉末、0.104g氯化铅粉末的不同比例混合物加入50mL的三颈烧瓶中,在真空条件下,120℃干燥1h。随后通入氮气,将1mL干燥的油酸溶液和1mL干燥的油胺溶液加入至混合溶液中,并将温度升高到170℃,等到温度稳定后,将第一步得到的油酸铯前驱液快速注射到混合溶液中并停止搅拌,等待5s后,将其反应溶液放入冰水中冷却,得到含有不同卤素元素比例的钙钛矿量子点悬浊液。取反应后的悬浊液在12000r/min的转速下离心10min,然后对离心后的沉淀进行多次洗涤,最后将沉淀保存在正己烷中,从而得到 $CsPbX_3$ 量子点溶液。本研究通过改变不同卤族元素的比例成功地制备了5种不同组分的钙钛矿量子点($CsPbCl_3$ 、 $CsPbBr_{1.5}Cl_{1.5}$ 、 $CsPbBr_3$ 、

CsPbBr$_{1.5}$I$_{1.5}$、CsPbI$_3$),实现了光学带隙从 3.01eV 到 1.76eV、发光从 404nm 到 685nm 波长范围的调控,如图 6-12 所示。不同组分的量子点的光学带隙、PL 发光峰位与半高宽结果总结在表 6-1 中。

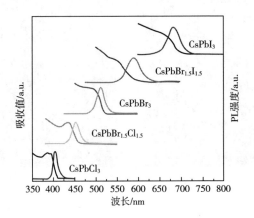

图 6-12　不同组分的钙钛矿量子点的发射光谱和吸收光谱

表 6-1　钙钛矿量子点发射光谱发射峰、半高宽和带隙

量子点种类	PL 峰/nm	半高宽/nm	带隙/eV
CsPbCl$_3$	404	15	3.01
CsPbBr$_{1.5}$Cl$_{1.5}$	453	17	2.68
CsPbBr$_3$	515	18	2.41
CsPbBr$_{1.5}$I$_{1.5}$	591	26	2.07
CsPbI$_3$	685	25	1.76

图 6-13(a)是 CsPbBr$_3$ 量子点的电镜图,可以看到尺寸均一、紧密排列的 CsPbBr$_3$ 钙钛矿量子点,图 6-13(b)是高分辨电镜照片,通过测量晶格条纹计算发现,晶格条纹的间距为 0.29nm,对应 CsPbBr$_3$ 量子点的(200)晶面。图 6-13(c)是粒径分布柱状图,可以看到量子点的平均尺寸为 9.8nm,微观形貌为典型均一的正方形块状晶体,这反应了其立方晶格的结构特征。图 6-13(d)是 X 射线衍射(XRD)谱,可以看到量子点在 30°附近呈现出单峰结构,较强峰、次强峰和较弱峰均有出现,表明制备的量子点的晶型为立方晶相,其衍射峰峰位与 CsPbBr$_3$ 的标准卡片 PDF#54-0752 一致,在 30°的衍射峰的强度最强,说明晶体在(200)晶面择优生长且结晶性较好。同时,衍射谱中未出现 PbBr$_2$ 的衍射峰,说明前驱物完全转化为了 CsPbBr$_3$ 量子点,制备的样品合成后提纯效果良好。

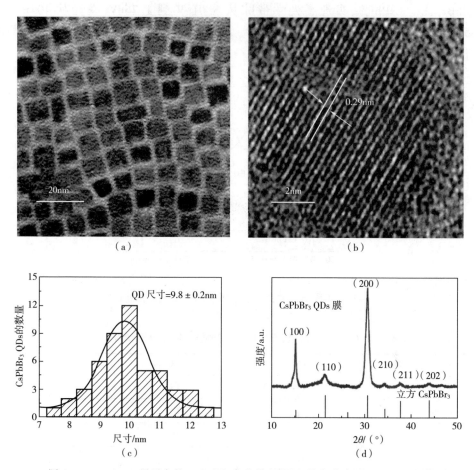

图 6-13　CsPbBr₃ 量子点的 TEM 图、高分辨电镜图、粒径分布图和 XRD 图谱

　　利用分层旋涂的方法将制备的 CsPbBr₃ 量子点溶液分别旋涂于石英衬底和单晶硅衬底上,制备 CsPbBr₃ 量子点薄膜。其中,旋涂的转速为 3000rad/min,每层旋涂时间为 1min。通过改变旋涂的层数获得不同厚度的 CsPbBr₃ 量子点薄膜,旋涂过程在充满氩气的手套箱中完成。图 6-14 是硅衬底表面旋涂 CsPbBr₃ 量子点的平面和截面扫描电子显微镜(SEM)图,图 6-14(a)是平面 SEM 图,可以看到旋涂的薄膜较为均匀平整,图 6-14(b)和(d)是层数不同的量子点薄膜截面 SEM 图,薄膜的厚度分别约为 23nm、49nm 和 70nm。随着旋涂层数的增加,量子点薄膜厚度呈现近似线性变化,说明通过分层的旋涂方法可以实现不同厚度 CsPbBr₃ 量子点薄膜的可控制备。

6.3.3.2　CsPbBr₃ 量子点的光学性质

　　利用紫外—可见—近红外吸收光谱仪(UV3600)测试 CsPbBr₃ 量子点的光吸收;

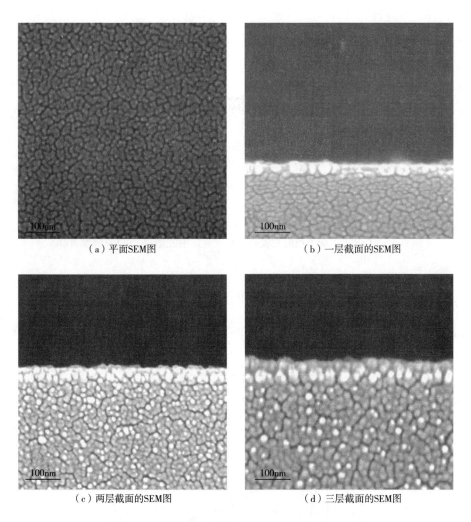

（a）平面SEM图　　　　　　　　　　（b）一层截面的SEM图

（c）两层截面的SEM图　　　　　　　　（d）三层截面的SEM图

图 6-14　硅衬底表面旋涂 $CsPbBr_3$ 量子点的 SEM 图

利用荧光光谱测试系统（FSL980）测试 $CsPbBr_3$ 量子点的光致发光谱（PL）以及激发谱（波长为 375nm 的半导体激光器和氙灯为激发光源）。测试结果如图 6-15（a）所示，从荧光发射谱可以看到样品的 PL 峰波长为 515nm，半峰宽为 18nm，荧光峰较强且尖锐，与镉系量子点相比，半高宽较窄，说明制备的量子点尺寸较为均一，单色性高好，色彩度纯度高。发光峰与吸收边对应，说明量子点的光致发光来自于导带电子和价带空穴的带带直接跃迁复合。图 6-15（b）是激发谱，可以看到 $CsPbBr_3$ 量子点在 250~400nm 波长范围内存在宽谱激发。

接下来，分别测试旋涂于石英衬底和硅衬底上的 $CsPbBr_3$ 量子点薄膜的时间

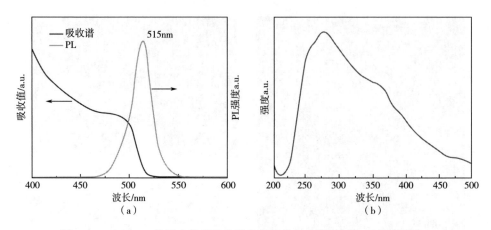

图 6-15　CsPbBr$_3$ 量子点的光吸收谱和荧光发射光谱（a）和 PL 激发谱（b）

分辨荧光光谱（TRPL），结果如图 6-16 所示。利用公式（6-1）计算材料的荧光寿命（τ）：

$$I(t) = \sum_{i=1}^{n} B_i \exp\left(-\frac{t}{\tau_i}\right) \qquad (6\text{-}1)$$

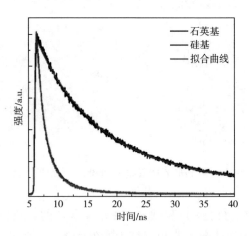

图 6-16　旋涂于石英衬底和硅衬底上 CsPbBr$_3$ 量子点薄膜的时间分辨荧光光谱

其中，B_i 和 τ_i 分别为时间分辨荧光光谱中每个衰减部分的振幅大小和衰减的寿命，$I(t)$ 表示某一特定温度下的瞬态 PL 强度。石英衬底上 CsPbBr$_3$ 量子点薄膜发光峰的时间分辨荧光光谱只需要一个衰减函数来拟合，为 25.91ns。由于硅衬底上 CsPbBr$_3$ 量子点薄膜时间分辨荧光光谱对应两段衰减曲线，则需要双指数函数（6-2）来进行拟合。

$$I(t) = B_1\exp(-t/\tau_1) + B_2\exp(-t/\tau_2) \tag{6-2}$$

拟合得到 $\tau_1 = 2.19ns$，$B_1 = 4159.8$，$\tau_2 = 7.26ns$，$B_2 = 853.8$，$CsPbBr_3$ 量子点薄膜的荧光寿命(τ_{meas})由公式(6-3)得出。

$$\tau_{meas} = \frac{B_1\tau_1^2 + B_2\tau_2^2}{B_1\tau_1 + B_2\tau_2} \tag{6-3}$$

计算得到硅衬底上 $CsPbBr_3$ 量子点薄膜在室温下荧光寿命数值 $\tau_{Si} = 4.24ns$。相比旋涂于石英衬底，旋涂于硅衬底上量子点的荧光寿命发生了显著的变化，激子复合速率提高了 6 倍，说明其中存在着快态的非辐射能量传递过程。

6.3.3.3　$CsPbBr_3$ 量子点—硅纳米线复合结构的制备与表征

采用金属离子辅助化学刻蚀法制备硅纳米线阵列结构，具体方法：首先，室温下，在塑料烧杯中配制好 0.02mol/L 的硝酸银($AgNO_3$)和氢氟酸(HF)的混合溶液，将表面清洗干净的 n 型硅片浸泡在配好的溶液中，刻蚀时间分别为 2min、5min 和 8min，刻蚀反应的化学方程式为：

$$4Ag^+(aq) + Si^0(s) + 6F^-(aq) \rightarrow 4Ag(s) + SiF_6^{2-}(aq)$$

将刻蚀好的硅片放入稀硝酸(HNO_3)中浸泡 15min，从而去除干净硅片表面残留的反应物，然后用去离子水充分冲洗刻蚀后的硅片，放入烘箱中烘干备用。

实验中利用场发射扫描电子显微镜(SEM)来表征不同的刻蚀时间对硅衬底微观结构的影响，图 6-17 是刻蚀时间分别为 2min、5min 和 8min 的硅纳米线阵列的 SEM 图，其中图 6-17(a)、(b)和(c)为平面图，可以测量出单根硅纳米线的直径；图 6-18(d)、(e)和(f)为截面图，可以测量出硅纳米线的长度。

在化学刻蚀的过程中，硅纳米线的长度可以通过改变反应时间来控制，且刻蚀的速率几乎不受时间的影响，故对于刻蚀 2min、5min 和 8min 后的硅纳米线阵列，其纳米线的长度近似呈线性的变化，分别为 230nm、720nm 和 1250nm；而单根硅纳米线的直径主要受 $AgNO_3$ 浓度的影响，因此单根硅纳米线的直径也几乎不变，都在 40nm 左右。

利用紫外—可见—近红外吸收光谱仪分别对平面硅衬底和刻蚀不同时间的硅纳米线阵列结构衬底进行反射谱的测试，测试的波谱为 300~1200nm。如图 6-18(a)所示，平面硅衬底在测试的波谱范围内其反射率都在 30% 以上，对比硅纳米线阵列结构衬底则表现出明显的抗反射效果，并且反射率随刻蚀时间的增加，抗反射效果进一步增强。

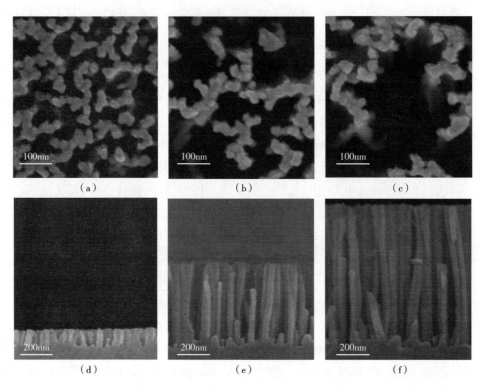

图 6-17　不同刻蚀时间的硅纳米线阵列平面[(a)、(b)和(c)]和截面[(d)、(e)和(f)]的 SEM 图

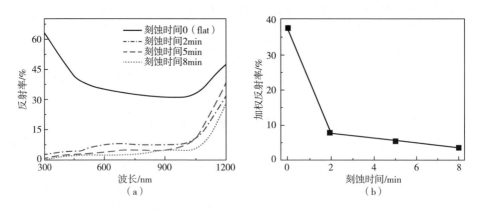

图 6-18　平面硅衬底与刻蚀时间不同的纳米线阵列结构衬底的反射谱(a)和
衬底的加权反射率随刻蚀时间的变化关系(b)

为了更进一步地定量表征刻蚀不同时间的硅纳米线阵列结构衬底的减反效果，将平面硅和刻蚀不同时间的硅纳米线阵列结构衬底的反射率对 AM 1.5 的太阳光谱进行加权平均，可以得到加权平均反射率（R_w）：

$$R_w = \frac{\int_{\lambda_1}^{\lambda_2} F(\lambda) \cdot R(\lambda)\, \mathrm{d}\lambda}{\int_{\lambda_1}^{\lambda_2} F(\lambda)\, \mathrm{d}\lambda} \tag{6-4}$$

其中，积分的波谱为 300~1200nm，$F(\lambda)$ 和 $R(\lambda)$ 为波长 λ 处的入射光强和不同衬底的反射率。如图 6-18(b)所示，平面硅衬底的加权平均反射率高达 37.7%，而刻蚀后的硅纳米线阵列结构衬底的加权平均反射率则明显降低。对于刻蚀时间为 2min 的硅纳米线衬底，其加权平均反射率降低至 7.6%，而当刻蚀时间增加到 8min 时，其加权平均反射率更是降低至 3.6%，与平面硅衬底相比反射率降低了 90%。Garnett 等通过理论计算发现，当入射光有序地在硅纳米线阵列结构中经过多次的散射，其入射光光程得到大大的增加，从而能够有效地提高样品在全波段，特别是短波范围内的光吸收能力。上述实验结果证明，利用金属离子辅助化学刻蚀法制备得到的硅纳米线阵列结构具有良好的抗反射效果。

在先前的工作中发现，杂化太阳能电池的性能随纳米线长度的增加在一定范围内不断得到提升，这是因为纳米线长度的增加使电池中硅基片的吸光性能增强和电荷收集能力提高，继续增加纳米线的长度，由于缺陷态密度明显的增大导致载流子收集效率降低，电池的效率则明显降低。700nm 为最优化的硅纳米线长度。因此，本项目选择的硅纳米线刻蚀时间为 5min。由于金属离子辅助化学刻蚀法在制备硅纳米线的过程中不可避免的引入大量的缺陷态，会对太阳能电池的性能造成影响，因此根据第二章介绍的方法，利用原子层沉积（ALD）沉积厚度 2nm 的氧化铝对硅纳米线进行表面钝化。图 6-19(a)为沉积氧化铝后的硅纳米线的 TEM 图，可以看到硅纳米线的表面的确均匀地覆盖了一层厚度为 2nm 的氧化铝薄膜。

利用能量色散 X 射线光谱仪（EDX）对硅纳米线进行相应元素分布的表征，如图 6-19(b)、(c)和(d)图分别为铝、氧和硅元素的图谱，该图谱与图 6-19(a)中矩型虚线部分相对应。从图谱可以看出，元素硅的分布较窄，与内部的硅纳米线相对应；而元素铝和氧的分布较宽且趋于一致，与硅纳米线外部的氧化铝相对应。因此，利用能量色散 X 射线光谱仪得到的元素图谱可以清楚地证明，通过 ALD 沉积的氧化铝层确实均匀地覆盖到了硅纳米线上，硅纳米线和氧化铝层呈现一种"核壳"结构。

6.3.3.4　$CsPbX_3$/硅复合结构太阳能电池器件的构建与光伏特性分析

将 $CsPbX_3$ 量子点分别与商用单晶硅、多晶硅太阳能电池、硅量子点/单晶硅（Si QDs/c-Si）和硅量子点/硅纳米线（Si QDs/Si NWs）异质结太阳能电池相结合，获得 $CsPbX_3$—硅复合结构太阳能电池原型器件。这里介绍硅量子点/单晶硅和硅量子点/

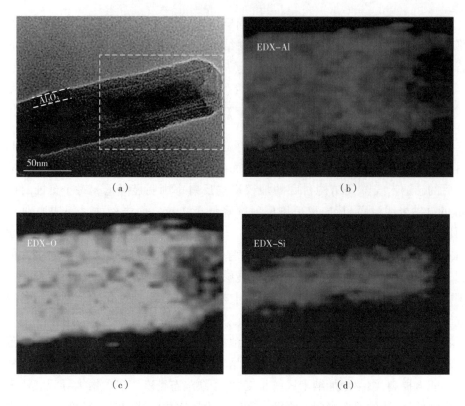

图 6-19　单根硅纳米线—氧化铝样品的 TEM 图和相应的利用 EDX
　　　　得到的元素铝、氧和硅的图谱[(b)、(c)和(d)]

硅纳米线异质结太阳能电池的制备方法:利用 PECVD 技术在平整单晶硅衬底和硅纳米线阵列衬底上制备非晶硅/碳化硅交替的多层膜,反应气体分别为硅烷气体与硅烷/甲烷的混合气体;通入硅烷/乙硼烷或硅烷/磷烷的混合气体制备硼或磷原子掺杂的非晶硅层,获得 p-i-n 的结构。利用高温退火技术结合限制性晶化原理使非晶硅层晶化,来获得基于硅量子点/碳化硅多层膜的 p-i-n 结构。利用真空镀膜机,在样品的上表面蒸镀梳状铝电极,背面蒸镀整面铝电极。最后,将蒸镀好电极的样品在氮气保护下进行合金化处理,以形成良好的欧姆接触,就形成了基于硅量子点/碳化硅周期性多层膜的硅量子点/单晶硅和硅量子点/硅纳米线异质结太阳能电池原型器件结构。

　　最后,取一定量制备好的 $CsPbX_3$ 胶体量子点墨水,分别旋涂在商用单晶硅、多晶硅电池片、硅量子点/单晶硅和硅量子点/硅纳米线异质结太阳能电池样品的表面,室温晾干后就完成了 $CsPbX_3$—硅复合结构太阳能电池器件的制备。

　　太阳能电池器件性能测试包括光电转换效率与外量子效率测试两部分。

在标准测试环境(环境温度25℃,辐照度100mW/cm² 的 AM 1.5 标准太阳光谱)下测试太阳能电池样品的电流密度-电压(J-V)关系,电池的光电转换效率为单位面积上电池的最大输出功率与辐照光功率之比。利用 Newport-Oriel 公司生产的 Solar Simulator 太阳能电池光电转换效率测试系统测量电池的效率,辐射光的均匀性在±2%以内,光强波动在±1%以下。首先利用权威机构认证效率的晶体硅太阳能电池标准片对 AM 1.5 模拟太阳光的辐照度进行校准,接着在模拟太阳光照射下测量太阳能电池样品的 J-V 曲线,得到电池的开路电压、短路电流密度、填充因子和光电转换效率等光伏特性参数值。

利用 PV Measurements 公司生产的 QEX-10 太阳能电池量子效率测试系统对太阳能电池的外量子效率(EQE)进行测量表征,分析电池样品对不同波长光谱的响应能力,特别是旋涂 $CsPbX_3$ 胶体量子点前后硅基太阳能电池 EQE 的变化。可以通过 EQE 的测试利用公式积分得到电池的短路电流密度 (J_{sc})。

$$J_{sc} = \int EQE(\lambda) \cdot e\varphi(\lambda)\,\mathrm{d}\lambda \tag{6-5}$$

其中,$\varphi(\lambda)$ 为每秒入射到电池表面的光通量,e 为电子电量,以此分析光谱响应的变化对电池短路电流密度的贡献。

6.3.4　项目的创新性

(1)在已经观察到旋涂于不同衬底的钙钛矿量子点荧光寿命发生变化的基础上,通过实验和理论分析,研究 $CsPbX_3$—硅复合结构中激子动力学过程的物理机制,探索并证实其中存在非辐射能量传递过程;进而通过对结构参数的调控和优化,获得具有高量子产率非辐射能量传递过程的 $CsPbX_3$—硅复合结构。

(2)构建参数优化的 $CsPbX_3$—硅基复合结构太阳能电池,利用高量子产率的非辐射能量传递过程提高光生载流子的提取效率,有效减少界面复合对太阳能电池光伏特性的影响,提高太阳能电池的器件性能。

(3)太阳能电池原型器件整个制备过程简单、成本低,且不涉及电学设计,只涉及光学过程,易于与产业化结合。

6.4　本章小结

在本章中,我们介绍了结合传统的硅基半导体材料和当前新型半导体材料(石墨烯、钙钛矿)而设计出的新型硅基太阳能电池,包括了新型石墨烯/硅异质结构太阳能电池以及钙钛矿—硅复合结构太阳能电池。

(1)石墨烯/硅异质结结构太阳能电池:将硅量子点引到石墨烯/n 型硅结构太阳

能电池上,形成硅量子点/石墨烯/n 型硅结构太能电池。通过硅量子点对石墨烯费米能级进行有效调控(降低其费米能级),增强石墨烯/n 型硅异质结耗尽区的内建电场,提高光生载流子在耗尽区的分离,获得光电转换效率>10%的硅量子点/石墨烯/n型硅结构太阳能电池原型器件。

（2）钙钛矿—硅复合结构太阳能电池:设计出基于钙钛矿量子点/硅纳米线结构的异质结太阳能电池原型器件,利用优化的复合结构中的非辐射能量传递过程,有效地减少载流子穿过界面时由于缺陷态俘获效应造成的电荷损失,提高载流子的收集效率并提高太阳能电池的光电转换效率。

参考文献

[1]小长井诚. 薄膜太阳电池的基础与应用:太阳能光伏发电的新发展[M]. 李安定,吕全亚,陈丹婷,等译. 北京:机械工业出版社,2011.

[2]Collins D. International energy agency's "bioenergy task 43"[J]. Forestry Chronicle,2013,89:277-278.

[3]Sze S M. 半导体器件物理与工艺[M]. 赵鹤鸣,等译. 苏州:苏州大学出版社,2002.

[4]Zhao J,Wang A,Yun F,et al. 20000 PERL silicon cells for the '1996 World Solar Challenge'solar car race[J]. Progress in Photovoltaics:Research and Applications,1997,5(4):269-276.

[5]Engelhart P,Wendt J,Schulze A,et al. R&D pilot line production of multi-crystalline Si solar cells exceeding cell efficiencies of 18%[J]. Energy Procedia,2011,8:313-317.

[6]Tsuda S,Tarui H,Matsuyama T,et al. Superlattice structure a-Si films fabricated by the photo-CVD method and their application to solar cells[J]. Japanese Journal of Applied Physics,1987,26(1R):28.

[7]Keevers M J,Young T L,Schubert U,et al. 10% efficient CSG minimodules [C]//22nd European Photovoltaic Solar Energy Conference. 2007,3(September):1783-1790.

[8]Geisz J F,Steiner M A,Garcí A I,et al. Enhanced external radiative efficiency for 20.8% efficient single-junction GaInP solar cells[J]. Applied Physics Letters,2013,103(4):041118.

[9]Kayes B M,Nie H,Twist R,et al. 27.6% conversion efficiency,a new record for single-junction solar cells under 1 sun illumination[C]//2011 37th IEEE Photovoltaic Specialists Conference. IEEE,2011:4-8.

[10]Romeo N,Bosio A,Canevari V,et al. Recent progress on CdTe/CdS thin film solar cells[J]. Solar Energy,2004,77(6):795-801.

［11］Singh R S,Rangari V K,Sanagapalli S,et al. Nano-structured CdTe,CdS and TiO$_2$ for thin film solar cell applications[J]. Solar Energy Materials and Solar Cells,2004, 82(1-2):315-330.

［12］Walter T,Content A,Velthaus K O,et al. Solar cells based on CuIn (Se,S)$_2$[J]. Solar energy materials and solar cells,1992,26(4):357-368.

［13］Chirilă A,Buecheler S,Pianezzi F,et al. Highly efficient Cu (In,Ga) Se$_2$ solar cells grown on flexible polymer films[J]. Nature Materials,2011,10(11):857-861.

［14］O'Regan B,Gratzel M. Light induced charge separation in nanocrydtalline films[J]. Nature, 1991,353:737.

［15］Stergiopoulos T,Arabatzis I M,Katsaros G,et al. Binary polyethylene oxide/titania solid-state redox electrolyte for highly efficient nanocrystalline TiO$_2$ photoelectrochemical cells [J]. Nano Letters,2002,2(11):1259-1261.

［16］Yella A,Lee H W,Tsao H N,et al. Porphyrin-sensitized solar cells with cobalt (II/ III)-based redox electrolyte exceed 12 percent efficiency[J]. Science,2011,334 (6056):629-634.

［17］Yang F,Shtein M,Forrest S R. Controlled growth of a molecular bulk heterojunction photovoltaic cell[J]. Nature Materials,2005,4(1):37-41.

［18］Cai W,Gong X,Cao Y. Polymer solar cells:recent development and possible routes for improvement in the performance [J]. Solar Energy Materials and Solar Cells, 2010,94(2):114-127.

［19］Dou L,You J,Yang J,et al. Tandem polymer solar cells featuring a spectrally matched low-bandgap polymer[J]. Nature Photonics,2012,6(3):180-185.

［20］Noh J H,Im S H,Heo J H,et al. Chemical management for colorful,efficient,and stable inorganic-organic hybrid nanostructured solar cells[J]. Nano Letters,2013,13 (4):1764-1769.

［21］Asghar M I,Miettunen K,Halme J,et al. Review of stability for advanced dye solar cells [J]. Energy & Environmental Science,2010,3(4):418-426.

［22］Seo J,Park S,Kim Y C,et al. Benefits of very thin PCBM and LiF layers for solution-processed p-i-n perovskite solar cells[J]. Energy & Environmental Science,2014,7(8): 2642-2646.

［23］Ryu M S,Cha H J,Jang J. Improvement of operation lifetime for conjugated polymer: fullerene organic solar cells by introducing a UV absorbing film[J]. Solar Energy Materials and Solar Cells,2010,94(2):152-156.

［24］Hezel R,Meyer R,Müller J W. Advances in manufacturable high-efficiency silicon solar cells based on the OECO technology[J].Proceedings of the 19th EPVSC, Paris,2004:994-997.

[25]Glunz S W,Benick J,Biro D,et al. N-type silicon-enabling efficiencies > 20% in industrial production[C]//2010 35th IEEE Photovoltaic Specialists Conference. IEEE, 2010:50-56.

[26]Zhou C Z,Verlinden P J,Crane R A,et al. 21.9% efficient silicon bifacial solar cells [C]//Conference Record of the Twenty Sixth IEEE Photovoltaic Specialists Conference- 1997. IEEE,1997:287-290.

[27]Zhao J,Wang A,Green M A. 24.5% Efficiency silicon PERT cells on MCZ substrates and 24.7% efficiency PERL cells on FZ substrates[J]. Progress in photovoltaics: research and applications,1999,7(6):471-474.

[28]Tanaka M,Okamoto S,Tsuge S,et al. Development of HIT solar cells with more than 21% conversion efficiency and commercialization of highest performance HIT modules [C]//3rd World Conference onPhotovoltaic Energy Conversion,2003. Proceedings of. IEEE,2003,1:955-958.

[29]Tang Y H,Dai X M,Zhao J H,et al. Rear surface passivation in buried contact solar cells[C]//Conference Record of the Twenty Sixth IEEE Photovoltaic Specialists Conference-1997. IEEE,1997:251-254.

[30]Clement F,Menkoe M,Erath D,et al. High throughput via-metallization technique for multi-crystalline metal wrap through (MWT) silicon solar cells exceeding 16% efficiency[J]. Solar Energy Materials and Solar Cells,2010,94(1):51-56.

[31]Shirasawa K,Fukui K,Okada K,et al. Over 17% large area multicrystalline silicon solar cells[C]//Proceedings of 14th European Photovoltaic Specialist Conference. 1997:384.

[32]Green M,Dunlop E,Hohl-Ebinger J,et al. Solar cell efficiency tables (version 57) [J]. Progress in Photovoltaics:Research and Applications,2021,29(1):3-15.

[33]Martin A. Green. 硅太阳能电池:高级原理与实践[M]. 狄大卫,等译. 上海:上海 交通大学出版社,2011.

[34]Strobel C,Zimmermann T,Albert M,et al. Productivity potential of an inline deposition system for amorphous and microcrystalline silicon solar cells[J]. Solar Energy Materials and Solar Cells,2009,93(9):1598-1607.

[35]Staebler D L,Wronski C R. Reversible conductivity changes in discharge-produced amorphous Si[J]. Applied Physics Letters,1977,31(4):292-294.

[36]Yan B,Yue G,Xu X,et al. High efficiency amorphous and nanocrystalline silicon solar cells[J]. Physica Status Solidi (a),2010,207(3):671-677.

[37] Rath J K, Liu Y, Brinza M, et al. Recent advances in very high frequency plasma enhanced CVD process for the fabrication of thin film silicon solar cells[J]. Thin Solid Films,2009,517(17):4758-4761.

[38] Torres P, Meier J, Flückiger R, et al. Device grade microcrystalline silicon owing to reduced oxygen contamination[J]. Applied Physics Letters,1996,69(10):1373-1375.

[39] Kroll U, Meier J, Keppner H, et al. Origins of atmospheric contamination in amorphous silicon prepared by very high frequency (70 MHz) glow discharge[J]. Journal of Vacuum Science & Technology A:Vacuum,Surfaces,and Films,1995,13(6):2742-2746.

[40] Takatsuka H,Noda M,Yonekura Y,et al. Development of high efficiency large area silicon thin film modules using VHF-PECVD[J]. Solar Energy,2004,77(6):951-960.

[41] Catchpole K R,McCann M J,Blakers A W,et al. A review of thin film silicon for solar cell applications [C]//Proceedings 16th European Photovoltaic Solar Energy Conference. 2000:1165-1168.

[42] Green M A. Third generation photovoltaics:Ultra-high conversion efficiency at low cost [J]. Progress in photovoltaics:Research and Applications,2001,9(2):123-135.

[43] Queisser H J. Slip patterns on boron-doped silicon surfaces[J]. Journal of Applied Physics,1961,32(9):1776-1780.

[44] Lee C,Wei X,Kysar J W,et al. Measurement of the elastic properties and intrinsic strength of monolayer graphene[J]. Science,2008,321(5887):385-388.

[45] Chen J H, Jang C, Xiao S D, et al. Intrinsic and extrinsic performance limits of graphene devices on SiO_2[J]. Nature Nanotechnology,2008,3(4):206-209.

[46] Service R F. Carbon sheets an atom thick give rise to graphene dreams[J]. Science,2009,324(5929):875-877.

[47] Balandin A A,Ghosh S,Bao W,et al. Superior thermal conductivity of single-layer graphene[J]. Nano Letters,2008,8(3):902-907.

[48] Wei D C,Liu Y Q. Controllable synthesis of graphene and its applications[J]. Advanced Materials,2010,22(30):3225-3241.

[49] Koppens F H L,Mueller T,Avouris P,et al. Photodetectors based on graphene,other two-dimensional materials and hybrid systems[J]. Nature Nanotechnology, 2014, 9 (10): 780-793.

[50] Zeng L H,Wang M Z,Hu H,et al. Monolayer graphene/germanium schottky junction as high-performance self-driven infrared light photodetector[J]. ACS Applied Materials & Interfaces,2013,5(19):9362-9366.

[51] Yang L, Yu X, Xu M, et al. Interface engineering for efficient and stable chemical-

doping – free graphene – on – silicon solar cells by introducing a graphene oxide interlayer[J]. Journal of Materials Chemistry A,2014,2(40):16877–16883.

[52] Miao X,Tongay S,Petterson M K,et al. High efficiency graphene solar cells by chemical doping[J]. Nano Letters,2012,12(6):2745–2750.

[53] Diao S,Zhang X,Shao Z,et al. 12. 35% efficient graphene quantum dots/silicon heterojunction solar cells using graphene transparent electrode[J]. Nano Energy, 2017,31:359–366.

[54] Song Y,Li X,Mackin C,et al. Role of interfacial oxide in high–efficiency graphene– silicon Schottky barrier solar cells[J]. Nano Letters,2015,15(3):2104–2110.

[55] An X,Liu F,Jung Y J,et al. Tunable graphene – silicon heterojunctions for ultrasensitive photodetection[J]. Nano Letters,2013,13(3):909–916.

[56] Wassei J K,Cha K C,Tung V C,et al. The effects of thionyl chloride on the properties of graphene and graphene – carbon nanotube composites[J]. Journal of Materials Chemistry,2011,21(10):3391.

[57] Liu H,Liu Y,Zhu D. Chemical doping of graphene[J]. Journal of Materials Chemistry, 2011,21(10):3335–3345.

[58] Tongay S,Berke K,Lemaitre M,et al. Stable hole doping of graphene for low electrical resistance and high optical transparency[J]. Nanotechnology,2011,22(42):425701.

[59] Kim K K,Reina A,Shi Y M,et al. Enhancing the conductivity of transparent graphene films via doping[J]. Nanotechnology,2010,21(28):285205.

[60] Yang W R,Ratinac K,Ringer S,et al. Carbon nanomaterials in biosensors:Should you use nanotubes or graphene? [J]. Angewandte Chemie International Edition,2010,49 (12):2114–2138.

[61] Huang X,Qi X Y,Boey F,et al. Graphene–based composites[J]. Chemical Society Reviews,2012,41(2):666–686.

[62] Konstantatos G,Badioli M,Gaudreau L,et al. Hybrid graphene – quantum dot phototr- ansistors with ultrahigh gain[J]. Nature Nanotechnology,2012,7(6):363–368.

[63] Zhang D Y,Gan L,Cao Y,et al. Understanding charge transfer at PbS – decorated graphene surfaces toward a tunable photosensor[J]. Advanced Materials, 2012, 24 (20):2715–2720.

[64] Yu T,Wang F,Xu Y,et al. Graphene coupled with silicon quantum dots for high– performance bulk – silicon – based schottky – junction photodetectors [J]. Advanced Materials,2016,28(24):4912–4919.

[65] Jang J H,Li S,Kim D H,et al. Materials,device structures,and applications of

flexible perovskite light-emitting diodes[J]. Advanced Electronic Materials,2023,9(9):2201271.

[66]Shen X,Kwak S L,Jeong W H,et al. Thermal management enables stable perovskite nanocrystal light-emitting diodes with novel hole transport material[J]. Small,2023,19(45):2303472.

[67]Ye Y C,Shen Y,Zhou W,et al. Interfacial molecule control enables efficient perovskite light-emitting diodes[J]. Advanced Functional Materials,2023,33(52):2307818.

[68]Zhuge M,Yin J,Liu Y,et al. Precise control of single-crystal perovskite nanolasers[J]. Advanced Materials,2023,35(28):2300344.

[69]Zhou X,Lu Z,Zhang L,et al. Wide-bandgap all-inorganic lead-free perovskites for ultraviolet photodetectors[J]. Nano Energy,2023:108908.

[70]Lin C F,Huang K W,Chen Y T,et al. Perovskite-based X-ray detectors[J]. Nanomaterials,2023,13(13):2024.

[71]Bhattarai S,Pandey R,Madan J,et al. Chlorine-doped perovskite materials for highly efficient perovskite solar cell design offering an efficiency of nearly 29%[J]. Progress in Photovoltaics:Research and Applications,2024,32(1):25-34.

[72]Abate A. Stable tin-based perovskite solar cells[J]. ACS Energy Letters,2023,8(4):1896-1899.

[73]Guo Y,Huang L,Wang C,et al. Advances on the application of wide band-gap insulating materials in perovskite solar cells[J]. Small Methods,2023,7(9):2300377.

[74]Pisoni A,Jacmovic J,Barisic S,et al. Ultra-low thermal conductivity in organic-inorganic hybrid perovskite $CH_3NH_3PbI_3$[J]. The Journal of Physical Chemistry Letters,2014,5(14):2488-2492.

[75]Schmidt L C,Pertegás A,González-Carrero S,et al. Nontemplate synthesis of $CH_3NH_3PbBr_3$ perovskite nanoparticles[J]. Journal of the American Chemical Society,2014,136(3):850-853.

[76]Protesescu L,Yakunin S,Bodnarchuk M I,et al. Nanocrystals of cesium lead halide perovskites ($CsPbX_3$, X = Cl, Br, and I):novel optoelectronic materials showing bright emission with wide color gamut[J]. Nano Letters,2015,15(6):3692-3696.

[77]Nedelcu G,Protesescu L,Yakunin S,et al. Fast anion-exchange in highly luminescent nanocrystals of cesium lead halide perovskites ($CsPbX_3$,X= Cl,Br,I)[J]. Nano Letters,2015,15(8):5635-5640.

[78]Yakunin S,Protesescu L,Krieg F,et al. Low-threshold amplified spontaneous emission and lasing from colloidal nanocrystals of caesium lead halide perovskites[J]. Nature

Communications,2015,6(1):8056.

[79]Swarnkar A,Marshall A R,Sanehira E M,et al. Quantum dot-induced phase stabilization of α-CsPbI₃ perovskite for high-efficiency photovoltaics[J]. Science,2016,354(6308): 92-95.

[80]Lu S Y,Madhukar A. Nonradiative resonant excitation transfer from nanocrystal quantum dots to adjacent quantum channels[J]. Nano Letters,2007,7(11):3443-3451.

[81]Seitz O,Caillard L,Nguyen H M,et al. Optimizing non-radiative energy transfer in hybrid colloidal-nanocrystal/silicon structures by controlled nanopillar architectures for future photovoltaic cells[J]. Applied Physics Letters,2012,100(2):161904.

[82]Nguyen H M,Seitz O,Aureau D,et al. Spectroscopic evidence for nonradiative energy transfer between colloidal CdSe/ZnS nanocrystals and functionalized silicon substrates [J]. Applied Physics Letters,2011,98(16):161904.

[83]Lu S,Lingley Z,Asano T,et al. Photocurrent induced by nonradiative energy transfer from nanocrystal quantum dots to adjacent silicon nanowire conducting channels: toward a new solar cell paradigm[J]. Nano Letters,2009,9(12):4548-4552.

[84]Dutta M,Thirugnanam L,Trinh P V,et al. High efficiency hybrid solar cells using nanocrystalline Si quantum dots and Si nanowires[J]. ACS Nano,2015,9(7):6891-6899.

[85]Blumstengel S,Sadofev S,Xu C,et al. Converting wannier into Frenkel excitons in an inorganic/organic hybrid semiconductor nanostructure[J]. Physical Review Letters,2006, 97(23):237401.

[86] Heliotis G, Itskos G, Murray R, et al. Hybrid inorganic/organic semiconductor heterostructures with efficient non-radiative energy transfer[J]. Advanced Materials, 2006,18(3):334-338.

[87]Hu F,Zhang H,Sun C,et al. Superior optical properties of perovskite nanocrystals as single photon emitters[J]. ACS Nano,2015,9(12):12410-12416.

[88]Werner J,Weng C H,Walter A,et al. Efficient monolithic perovskite/silicon tandem solar cell with cell area >1 cm² [J]. The Journal of Physical Chemistry Letters,2016, 7(1):161-166.

[89]Bush K A,Palmstrom A F,Yu Z J,et al. 23.6%-efficient monolithic perovskite/silicon tandem solar cells with improved stability[J]. Nature Energy,2017,2(4):1-7.

[90] Burschka J, Pellet N, Moon S J, et al. Sequential deposition as a route to high-performance perovskite-sensitized solar cells[J]. Nature,2013,499(7458):316-319.

[91]Jeon N J,Noh J H,Kim Y C,et al. Solvent engineering for high-performance inorganic-

organic hybrid perovskite solar cells[J]. Nature Materials,2014,13(9):897-903.

[92]Jeon N J,Noh J H,Yang W S,et al. Compositional engineering of perovskite materials for high-performance solar cells[J]. Nature,2015,517(7535):476-480.

[93]Mei A,Li X,Liu L,et al. A hole-conductor-free,fully printable mesoscopic perovskite solar cell with high stability[J]. Science,2014,345(6194):295-298.

[94]Chen W,Wu Y,Yue Y,et al. Efficient and stable large-area perovskite solar cells with inorganic charge extraction layers[J]. Science,2015,350(6263):944-948.